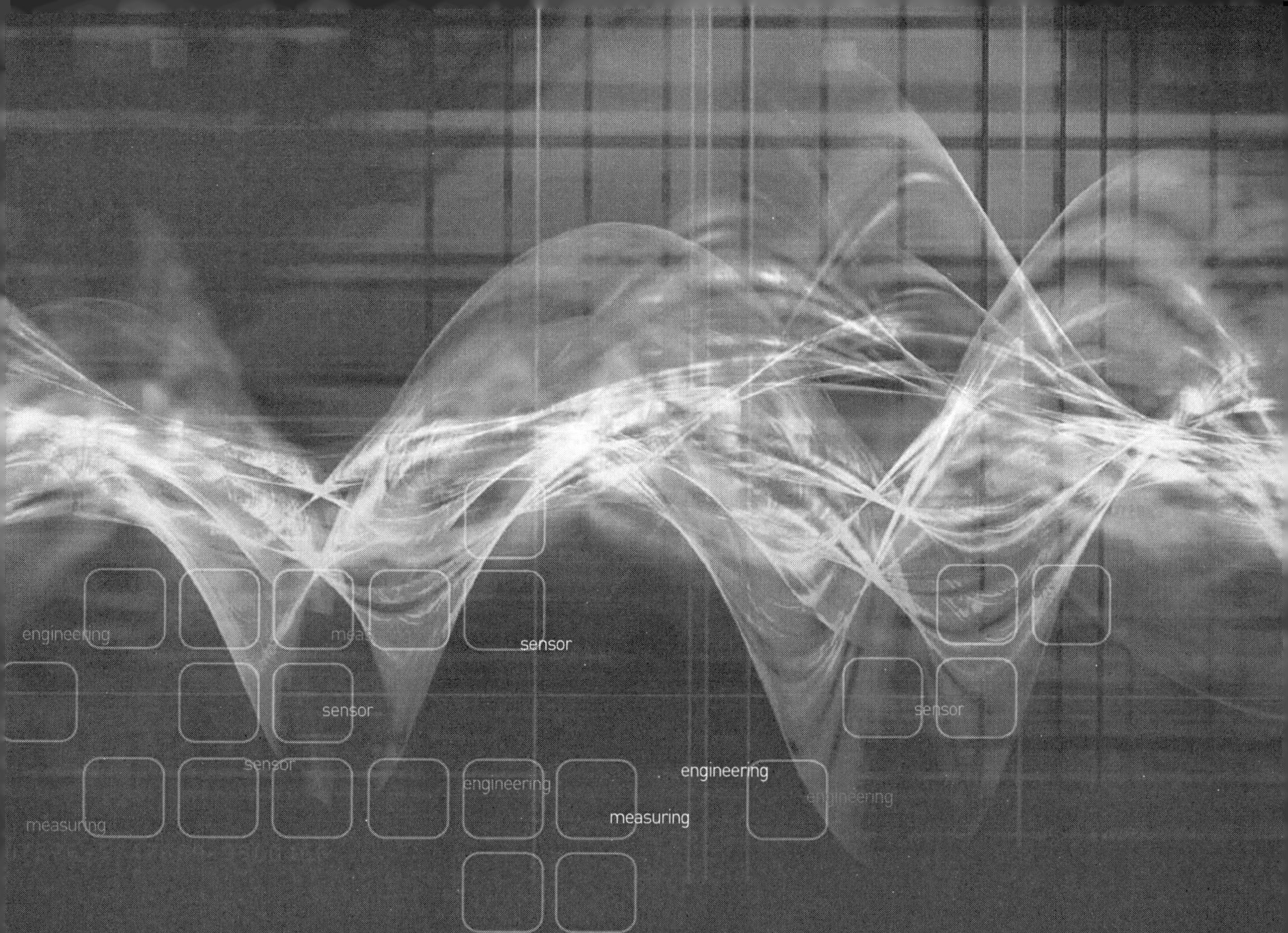

센서 계측공학

Sensor measurement engineering

저자 이병렬

홍릉과학출판사

머리말

Sensor, Measurements and Instrumentation Engineering

산업이 고도화되면서 공학 분야에서 적절한 계측 장치의 설계와 측정결과에 대한 정확한 분석의 중요성은 아무리 강조해도 지나치지 않다. 이처럼 계측 공학은 다양한 공학 분야의 설계, 연구 개발, 산업 현장에서 공통적으로 요구되는 필수적인 학문으로 자리 잡고 있다. 한편 계측기술도 각종 센서의 개발, 전자공학과 컴퓨터 기술의 급속한 발전과 함께 변천하여 현재는 해당 공학 분야의 기초 없이는 정확한 계측이 어려운 실정이다. 이러한 추세에 맞추어 메카트로닉스와 같은 학제간의 연계에 대한 중요성도 커지고 있다.

이 책은 계측공학에 있어 메카트로닉스 전공자 뿐 아니라 기계공학이나 전기/전자, 컴퓨터 공학을 전공하는 학부생과 산업현장의 공학자들이 쉽게 참고할 수 있는 수준으로 구성하였다. 물리량의 측정에 필요한 기초적인 계측 이론과 측정된 데이터의 통계적 처리 방법을 기반으로 계측 시스템을 구성하는 핵심 요소인 센서 기술과 이에 대한 신호처리 방법을 자세히 다루었으며, 특히 아날로그 방식의 센서 계측 기술뿐 아니라 디지털 계측으로의 변화추세에 대응하기 위해 디지털 측정 기술도 별도의 지면에서 자세히 기술하였다. 본 교재의 구성은 다음과 같다.

1장 "계측 시스템"에서는 계측 시스템의 전반적인 구성과 계측 신호 그리고 교정의 개념을 소개하였다. 특히 계측 데이터를 표시하는 체계와 시각화 하는 방법을 정리함으로서 학부생이나 현장 기술자들이 측정 결과를 공학적으로 명확하게 표현 할 수 있도록 도움을 주고자 하였다. 이어서 2장 "계측 시스템의 거동"에서는 계측 시스템의 응답성과 주요 측정 파라미터를 소개하고 시스템 모델링을 통해 동적 거동 특성을 설명하였다.

3장 "계측 데이터의 분석"에서는 기초 통계 이론으로부터 측정된 신호에 대한 통계 데이터 추출 방법을 다루고 있다. 특히 이 장에서는 산업 현장에서 6 sigma 추진을 위해 사용하는 표준 소프트웨어인 MiniTab을 활용하여 데이터의 확률 분포, 정규성 분석, 중심극한 이론, 불확실도의 전파, 측정 시스템 분석 등을 수행하는 방법을 다루고 있다.

4장 "센서 기술"에서는 센서의 성능 지표와 센서 분류 체계를 소개하고, 주요 측정 대상인 변위, 힘, 온도, 광, 자기장을 측정하기 위한 다양한 센서 기술에 대해 자세히 다루었다. 이는 센서를 이용한 계측 시스템의 설계에 있어서 가장 중요한 부분이지만 방대한 영역이기 때문에 전체 교재의 흐름을 거슬리지 않는 수준에서 핵심적인 내용만 포함시켰다. 이어서 5장 "계측 회로"에서는 센서의 물리적 출력은 전기적 신호로 변환하고 이를 신호 처리에 적합하게 조정하는 내용을 다루고 있다. 주로 기초회로이론을 기반으로 연산증폭기와 필터와 같은 아날로그 회로이론을 정리한 것이기 때문에 전기/전자공학을 전공하지 않았더라도 쉽게 참조할 수 있도록 구성하였다.

6장과 7장에서는 실제적인 센서 계측 문제를 다루고 있다. 특히 6장 "아날로그 계측"에서는 산업현장에서 주로 사용하는 저항형, 유도형, 용량형, 광학형 센서의 활용에 필요한 내용과 이에 요구되는 신호처리 기술에 대해 자세히 다루고 있다. 7장 "디지털 계측"에서는 샘플링과 양자화를 통해 아날로그 측정 신호를 디지털 신호로 변환 수집하고 이를 복원하는데 필요한 요소에 대한 이론과 NI사의 LabView를 기반으로 하는 가상 계측 기술을 설명하였다. 이어 실제적인 디지털 계측을 학습할 수 있도록 몇 가지 계측 시스템 구성의 예를 통해 설명하였다.

센서를 이용한 계측 기술이라는 분야 자체가 방대한 학문적 영역이기 때문에 본 교재가 모든 내용을 자세히 다루고 있지는 못하지만 계측 시스템에 대한 기본적인 개념을 확고하게 해주며 측정 시스템을 설계하고 운용, 분석하는 데 충분한 참고가 될 것으로 기대한다. 보완할 분야나 내용상 오류에 대해선 아낌없이 지적해 주기 바라며 추후 개정판에서 더 많은 응용 사례 추가와 함께 충실히 보완할 예정이다. 아무쪼록 이 교재가 계측 분야에 관심을 갖고 있는 많은 분들에게 조금이라도 도움이 되기를 고대한다.

2011. 8.

이 병 렬

차 례

Sensor, Measurements and Instrumentation Engineering

제1장

계측 시스템

1.1 계측 방식

1.2 계측 특성

1.3 계측 시스템 교정

1.4 데이터 표시체계

1.5 데이터 시각화

01
계측 시스템

Sensor, Measurements and Instrumentation Engineering

현대 사회에 사용하는 대부분의 장치는 전기부품과 컴퓨터 모니터링 또는 제어 형태를 포함하고 있다. 자동차, 산업현장, 휴대 장치 등 대부분의 기기에서 제어와 계측을 사용하지 않는 것을 찾기 힘들 정도이다. 특히 마이크로 컨트롤러의 활용이 보편화 되면서 시스템의 유연성과 제어력은 큰 폭으로 커졌는데 이들을 통칭해서 제어 계측 시스템 혹은 메카트로닉스 시스템(mechatronics system)이라고 한다.

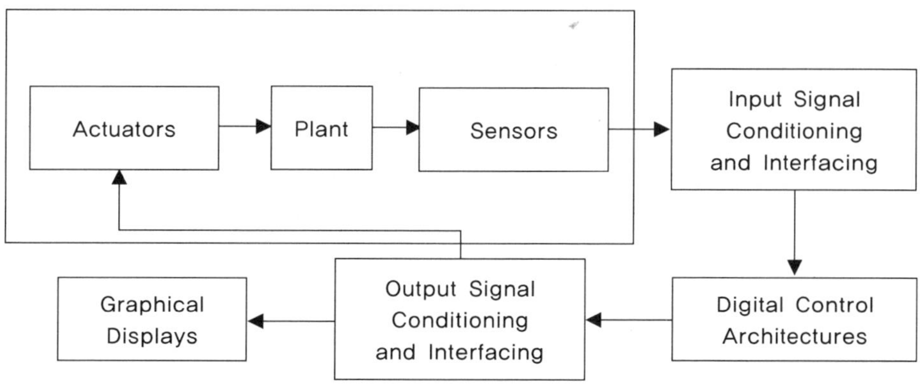

그림 1.1 일반적인 제어 계측 시스템의 구성

이러한 메카트로닉스 시스템의 핵심적인 부분이 계측 시스템(measurement system)이다. 계측 시스템은 일반적으로 변환기(transducer), 신호처리(signal conditioning), 출력(readout), 궤환(feedback) 등이 일부 혹은 전체로 구성된다.

먼저 트랜스듀서(transducer)는 물리적 현상을 이용하여 측정해야 할 변수를 감지하는 요소인 센서(sensor) 기능과 이로부터 감지된 정보를 쉽게 정량화할 수 있는 형태로 변형시키는 역할을 한다. 예를 들면 수은 온도계의 유리관에 들어 있는 액체는 주변과 열적 평형을 이룰 때까지 에너지를 교환하고, 열적 평형 시점에서 같은 온도가 된다. 이러한 에너지 교환에 의한 액체의 열팽창은 유리관 내에서 상승과 하강을 일으키게 되어 이것이 온도를 정량화할 수 있는 출력 신호가 되는 것이다.

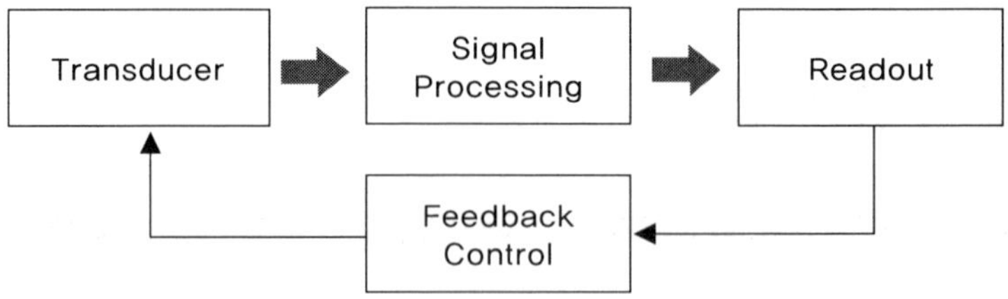

그림 1.2 계측 시스템의 구성

신호처리(signal processing)부는 변환기의 신호로부터 원하는 출력량을 결정한다. 이 단계는 신호의 증폭이나 필터링을 통한 잡음의 부분적 제거 등을 통해 의미 있는 출력을 결정하는 데 도움을 주기 위한 것이다. 예를 들어 디지털 온도계의 경우 열전쌍(thermocouple)은 온도를 전압으로 변환하는 센서인데 출력이 작기 때문에 아날로그-디지털 변환을 하기 전에 전압을 증폭하는 것이 일반적이다. 또한 잡음을 제거하기 위한 디지털 필터링도 필요하다.

출력(readout) 단계는 계측된 수치를 표현하거나 기록하는 도구이며 컴퓨터, 복사기 또는 간단한 표시 장치가 여기에 해당한다. 앞서 설명한 디지털 온도계의 경우 LED(Light Emitting Diode) 표시 장치가 여기에 해당하며, 수은 온도계의 경우는 유리관의 눈금이 출력 장치이다. 출력 장치는 종종 기록 장치(recorder)와 연결되어 온라인 모니터링이나 계속적인 처리를 위해 센서 데이터를 유지하는 데 사용된다.

궤환 제어(feedback control) 단계는 센서 동작의 비이상성을 보완하기 위한 역할로 일반적인 제어 계측 시스템에서 프로세스를 제어하는 것과는 구분된다. 교정(calibration)도 이 단계에 포함된다. 예를 들어 힘 평형 방식(force balancing)으로 동작하는 미량 저울의 경우 하중에 의한 변형이 출력단에서 관측되면 이에 비례하는 힘을 트랜스듀서에 인가한다. 이를 통해 변형은 제거되고 변형을 제거하기 위한 제어 신호를 출력으로 읽어오게 되면 전체 계측 시스템의 선형성과 분해능을 개선할 수 있다.

1.1 계측 방식

계측은 크게 직접 비교 방식과 간접 비교 방식으로 구분한다. 직접 비교 방식의 예로는 길이를 측정하고자 할 때 표준이 되는 강철자를 이용하는 것을 들 수 있다. 이는 가장 간단한 방식이기는 하지만 인간의 감각으로 비교하는 것이기 때문에 정확도가 떨어질 수 있다.

간접 비교는 통상 계측기라고 불리는 장비와 연결한 변환 장치를 통해 변형 신호를 만들어 내고 이를 도표상의 눈금이나 디지털 방식으로 표현하는 방식이다. 이는 앞서 설명한 트랜스듀서와 신호처리부, 출력부, 피드백 제어가 혼합되어 있는 형태이다.

계측방식의 분류는 트랜스듀서에서 변환이 일어나는 단계의 차수에 따라 1차와 2차 방식으로 구분하거나 혹은 트랜스듀서에 변환 에너지를 공급하는 방식에 따라 수동형과 능동형으로 구분할 수도 있다. 또는 계측 시스템의 출력 신호 형태에 따라 아날로그와 디지털 형으로 구분하거나, 혹은 궤환 제어의 유무에 따라 변화량 검출 방식과 힘 평형 방식으로 구분하기도 한다. 이는 주로 센서에 따라 달라지므로 4장 센서 기술에서 자세히 살펴보기로 한다.

1.2 계측 특성

계측 특성은 시간 종속성에 따라 정적 계측과 동적 계측 특성으로 나눌 수 있다. 정적(static)이란 의미는 시간(또는 공간 포함)이라는 독립변수에 대해 측정 결과의 의존성이 없다는 의미이다. 반면 동적(dynamic)은 시간(또는 공간)에 대해 의존적이고 이에 따른 변화정보가 필요한 경우이다.

정적, 동적 계측을 막론하고 가장 우선적으로 고려해야 하는 특성은 측정 오차(measurement error, ϵ_n)이다. 계측에서 오차는 참값(Y_n)과 측정값(X_n)의 차이로 정의된다. 즉 계측의 정확성은 참값과 측정값이 얼마나 가깝게 일치하는가를 나타내는 지표라고 할 수 있다.

$$\epsilon_n = X_n - Y_n \tag{1.1}$$

여기서 참값은 계측변수의 정확한 값을 의미하므로, 실제적으로는 알 수 없지만 공학적인 관점에서 가상적으로 극히 해상도가 높게 계측한 결과를 의미한다. 따라서 계측의 정확성은 사실상 정성적인 개념이다. 이로부터 상대적인 오차의 정도를 정량화할 수 있는 데 이것이 정확도(accuracy)이다. 이는 상대 정확도로 불리기도 하며 일반적으로 % 정확도로 표시한다.

$$A_n = 1 - \left| \frac{X_n - Y_n}{Y_n} \right| = 1 - \frac{|\epsilon_n|}{Y_n} \tag{1.2}$$

측정을 N회 반복했을 때 측정치의 평균(mean)과 분산(variance) 그리고 표준편차(standard deviation)는 다음과 같이 구할 수 있다. 평균 측정치가 참 값에 가까울수록 계측 시스템이 정확하다고 할 수 있다.

$$\overline{X}=\frac{1}{N}\sum_{n=1}^{N}X_n \tag{1.3}$$

$$\sigma_X^2=\frac{1}{N}\sum_{n=1}^{N}\left(X_n-\overline{X}\right)^2 \tag{1.4}$$

$$\sigma_X=\sqrt{\sigma_X^2}=\sqrt{\frac{1}{N}\sum_{n=1}^{N}\left(X_n-\overline{X}\right)^2} \tag{1.5}$$

그러나 정확한 계측 시스템이라도 반복해서 측정할 때마다 동일한 결과를 얻을 수 있는 것은 아니다. 즉 정확도는 평균치와 관련이 있는 물리량일 뿐 측정치의 산포와는 무관하다. 반복 측정하는 과정에서의 재현성(reproducibility)과 반복성(repeatibility)을 측정치의 산포 크기로 나타낼 수 있는 데 이것이 계측 시스템의 정밀도(precision)를 표현하는 지표이다. 정밀도와 정확도 그리고 측정 오차사이의 관계는 아래와 같다.

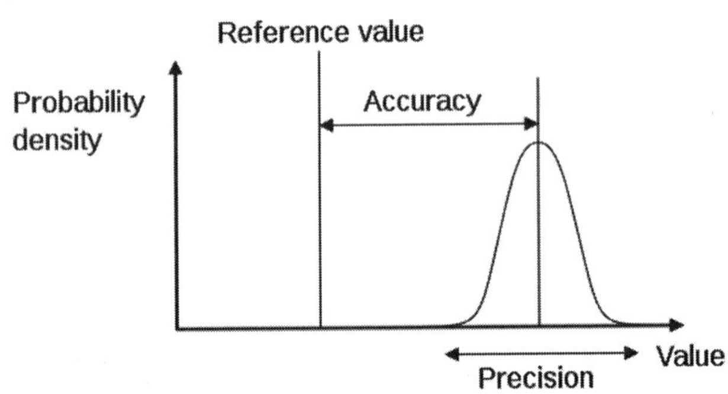

그림 1.3 정확도와 정밀도

따라서 간혹 계측 시스템이 정밀하다 또는 정확하다는 식으로 혼용해서 사용하는 경우가 있는데 이는 공학적으로 엄밀한 차이가 있다. 정밀도와 정확도의 개념은 다음 그림을 참고하기 바란다. 이 그림에서 가운데 과녁을 참값으로, 그리고 투척 결과를 측정값에 비유해서 생각할 수 있다. 좋은 계측 시스템이란 반복해서 측정할 때 산포가 적고 평균치가 참값에 가까워야 할 것이다. 그러나 평균치는 참값에 가까우나 산포가 큰 경우 매번의 측정이 좋은 결과를 가져다 줄 것으로 기대하기 어렵다. 반면 평균치는 참값과 다르지만 산포가 작은 경우는 적절한 보정을 거치면 정밀하면서 정확한 결과를 만들어 낼 수 있다.

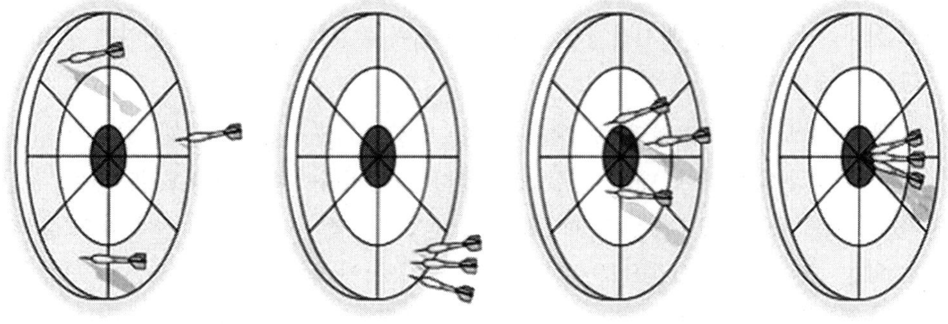

a) 낮은 정밀도 낮은 정확도　b) 높은 정밀도 높은 정확도　c) 낮은 정밀도 높은 정확도　d) 높은 정밀도 높은 정확도

그림 1.4 정밀도와 정확도의 차이

계측에서 발생하는 오차는 계통 오차(systematic error)와 확률 오차(random error)로 구분해서 생각할 수 있다. 계통 오차는 측정 평균치와 참 값의 차이로 편향(bias)라고 부르기도 하는데 이는 적절한 보상이나 교정을 통해 해결 가능한 오차이다. 계통 오차의 원인은 예를 들어 온도 변화에 의해 계측 시스템의 입력 조건이 달라진 경우 또는 반복되는 측정에 의한 응력으로 계측대상 자체의 변화한 경우 등을 들 수 있다.

반면 확률 오차는 무작위로 발생하는 오차로 흔히 잡음의 원인이라고 볼 수 있다. 예를 들면 백색 잡음이나 마이크로폰에서 주변 잡음, 60 [Hz] 잡음 등이 여기에 해당한다. 따라서 높은 정밀도는 낮은 무작위 오차, 더 좋은 반복성, 측정 간 더 작은 차이를 의미한다.

정밀도는 다시 반복성과 재현성으로 구분하는데 먼저 계측 시스템에서의 반복성이란 동일한 측정 조건, 즉 하나의 계측 장치와 동일한 인력이 짧은 기간 동안 동일한 측정대상을 반복해서 측정했을 때 발생하는 산포를 의미한다. 반면 재현성은 동일한 대상을 계측하지만 다른 계측 장치로 다른 작업자가 장기간에 걸쳐 측정을 반복할 때 발생하는 산포로 구분된다. 이는 계측기의 특성을 나타내는 중요한 지표인 Gage R&R과 관련이 있다.

1.3 계측 시스템 교정

교정(calibration)은 표준(standard) 계측기로 측정한 참값과 실제 계측기의 출력 사이의 상관 관계를 결정하는 과정을 말한다. 이를 통해 계측기의 출력과 계측대상인 입력 크기와의 연관성을 정확히 표현할 수 있다. 따라서 교정은 정확한 표준을 기준으로 이루어져야 한다. 어떤 계측 시스템의 교정 과정은 하나의 입력이 아니라 수많은 표준 입력에 대한 응답을 비교하는 과정을 거쳐야 한다. 이를 다점 교정(multipoint calibration)이라고 한다. 만일 계측기가 시간에 따라 변하는 입력을 검출하는 데 사용된다면 동적(dynamic) 교정이 필요하다.

계측 시스템에서 교정과 유사한 과정이 보상(compensation)인데 이는 설계 과정에서 원하지 않았던 입력에 대한 영향을 반영하는 것이다. 예를 들어 전압제어 수정발진기(Voltage Controlled Crystal Oscillator, VCXO)는 전압에 비례하는 주파수 출력을 얻을 수 있는 소자인데 통상적으로 온도의 영향도 동시에 받는다. 따라서 온도 보상형 전압제어 수정발진기(Temperature Compensated VCXO, TCVCXO)의 경우는 내부 온도 변화에 대해 출력 변동을 최소화하도록 설계상 보완을 한 것이다.

1.4 데이터 표시체계

차원(dimension)은 물리적 시스템의 특성을 표현하는 데 사용되는 물리적 변수로 정의한다. 단위는 차원의 정량적 지표로 정의하는데 국제단위계(International System of Units, SI)를 단위의 국제 표준으로 사용하고 있다. SI단위계는 7개의 기본적인 물리량을 표현하는 기본단위계(SI base unit)와 이로부터 확장된 유도단위계(SI derived unit)로 구성한다. 유도단위계의 형태는 무수히 많지만, 주로 많이 사용하는 유도단위계는 고유한 기호가 정의되어 있다. 아래 표는 7개의 기본단위계와 함께 주로 많이 사용하는 유도단위계를 보인 것이다.

표 1.1 기본단위계

물리변수	기호	단위	비고
길이(length)	l	meter [m]	-
질량(mass)	m	kilogram [kg]	-
시간(time)	t	second [s]	-
전류(electric current)	I	ampere [A]	$I=\frac{dQ}{dt}$ [c/s]
광도(luminous intensity)	I_V	candela [cd]	-
온도(thermodynamic temperature)	T	kelvin [K]	K=℃+273.15
물질량(amount of substance)	n	mole [mol]	-

표 1.2 유도단위계

물리변수	기호	단위	비고
주파수(frequency)	f	hertz [Hz]	$f=\frac{1}{T}$ [1/s]
각도(angle)	θ	radian [rad]	–
입체각(solid angle)	Ω	steradian [sr]	–
힘(force, weight)	F	newton [N]	–
압력(pressure, stress)	P	pascal [Pa]	$P=\frac{dF}{dA}$ [N/m^2]
에너지(energy, work, heat)	W	joule [J]	$W=N \cdot m$
동력(power)	P	watt [W]	$P=\frac{dW}{dt}$ [J/s, VA]
전하(electric charge)	Q	coulomb [C]	–
전위차(voltage, emf)	V	volt [V]	$V=\frac{dW}{dQ}$ [J/C, W/A]
커패시턴스(electric capacitance)	C	farad [F]	$C=\frac{dQ}{dV}$ [C/V]
전기저항(electric resistance)	R	ohm [Ω]	$R=\frac{dV}{dI}$ [V/A]
전기전도성(electric conductance)	G	siemens [S]	$G=\frac{1}{R}$ [1/Ω]
자속(magnetic flux)	B	weber [Wb]	$B=\frac{W}{I}$ [J/A]
자계(magnetic field)	H	tesla [T]	$B=\mu \cdot H$
인덕턴스(inductance)	L	henry [H]	$L=\frac{dB}{dI}$ [Wb/A]
온도(celsius temperature)	T	degree Celsius [℃]	K=℃+273.15
광속(luminous flux)	F	lumen [lm]	$F=I_V \cdot \Omega$ [cd]
조광(illuminance)	E_V	lux [lx]	$E=\frac{dF}{dA}$ [lm/m^2]

물리량 중에서도 고유한 기호로 표기되지는 않지만 2개 이상 단위의 곱으로 표현하는 물리량이 많이 있다. 다음 표는 이 중에서 계측에서 자주 사용하는 복합단위계를 보인 것이다.

표 1.3 복합단위계

물리변수	기호	단위	비고
면적(area)	A	[m^2]	–
체적(volume)	V	[m^3]	–
속도(speed, velocity)	v	[m/s]	–
가속도(acceleration)	a	[m/s^2]	–
각가속도(angular acceleration)	α	[rad/s^2]	–
각속도(angular velocity)	ω	[rad/s]	$\omega = \frac{2\pi}{T}$ [1/s]
밀도(density)	ρ	[kg/m^3]	–
표면 장력(surface tension)	γ	[N/m]	[J/m^2]
동점도(dynamic viscosity)	η	[Pa · s]	–
열유속(heat flux density)	q''	[W/m^2]	–
비열용량(specific heat capacity)	C	[J/(K · kg)]	–
모멘텀(momentum)	p	[N · s]	$p = m \cdot v$
토크(torque, moment of force)	r	[N · m]	–
비저항(resistivity)	ρ	[Ω · m]	–
전도도(conductivity)	σ	[S/m]	$\sigma = 1/\rho$
유전율(permittivity)	ϵ	[F/m]	–
투자율(permeability)	μ	[H/m]	–
전계(electric field)	E	[V/m]	–
자계(magnetic field)	H	[A/m]	–

한편 물리량의 수치적 표현을 쉽게 하기 위해 공학 접두기호 (engineering prefix)를 단위계에 부가하여 사용할 수 있다. 공학 접두기호는 10의 급수 형태를 이용하여 아주 크거나 작은 양을 표현하는데 10^2 이상과 10^{-2} 이하는 1000의 급수 체계를 사용한다. 주로 많이 사용하는 공학 접두기호는 다음 표와 같다.

표 1.4 공학 접두기호

배수	deca	hecto	kilo	mega	giga	tera	peta	exa	zetta
	da	h	k	M	G	T	P	E	Z
	10^1	10^2	10^3	10^6	10^9	10^{12}	10^{15}	10^{18}	10^{21}
소수	deci	centi	milli	micro	nano	pico	femto	atto	zepto
	d	c	m	μ	n	p	f	a	z
	10^{-1}	10^{-2}	10^{-3}	10^{-6}	10^{-9}	10^{-12}	10^{-15}	10^{-18}	10^{-21}

이러한 공학 접두기호와 단위계를 표현하는 데는 기본적인 원칙이 존재한다. 중요한 내용만 간략히 요약하면 아래와 같다.

• 소수점은 ○○.○○ 또는 ○○,○○로 표시한다. 그러나 같은 문장에서 소수점으로 ○○.○○와 ○,○○를 혼용해서는 안 된다.

> Eg.) 34,567.87654 → 34 567.876 54 또는 34 567,876 54로 표기,
> 95.5 % → 95.5 % 또는 95,5 %
> 14.5 kg → 14.5 kg 또는 14,5 kg

• 수치와 단위기호를 표시할 때 그 사이를 반 칸(컴퓨터로서는 1 바이트) 띄운다. 가감승제(~, / 등 포함)의 띄어쓰기에서는 한 칸 띈다. 백분율(%)도 한 칸 띈다. 다만, 평면각(angle)의 도 (°), 분 (′), 초 (″)는 기호와 수치 사이를 띄지 않는다.

> Eg.) 35 ㎜ (○)　25 ℃ (○)　15°30′45″　(○)
> 35㎜ (×)　25℃ (×)　15 ° 30 ′ 45 ″(×)

• 범위를 표시하는 경우에는 수치 부분을 괄호로 묶고 공통 단위기호는 뒤에 쓴다.

> Eg.) 23.4 ℃ ± 0.5 ℃ (○)　(23.4 ± 0.5) ℃ (○)
> 23.4 ± 0.1 ℃ (×)　23.4℃ ± 0.1℃ (×)

• 양(量)의 기호는 이탤릭체(사체)로 쓰며, 단위기호는 로마자(직립체)로 기록한다. 단, 단위의 명칭이 고유명사에서 유래한 것은 첫 글자를 대문자로 기록한다.

> Eg.) 양의 기호 : *m* (질량),　*t* (시간),　*l* (length)
> 단위 기호 : m (meter),　t (ton),　L or l (liter)
> 단위 기호 : K, Pa, Hz, N, W, F, V, Da 등

• 단위기호는 복수의 경우라 해도 복수로 표시하지 않으며, 단위기호 뒤에 마침표 등 다른 기호나 다른 문자를 첨가해서는 안 된다.

> Eg.) 3 kg (○) : 3 Kg (×),　3 kgs (×)
> 5 s (○) : 5s (×), 5 sec(×), 5 sec. (×), 5 secs (×)
> 5 min (○) : 5min(×), 5 min. (×), 5 mins (×)
> 5 h (○) : 5h (×),　5 h. (×),　5 hr. (×),　5 hrs (×)

• 두 개 이상의 단위의 곱으로 표시되는 유도 단위는 가운뎃점이나 한 칸을 띄어 쓴다.

> Eg.) N·m 또는 N m

• 두 개 이상의 단위가 분수로 표시되는 때에는 사선, 횡선, 음의 지수, 또는 괄호로 묶는 등의 방법으로 표기해야만 한다. 사선 (/) 다음에 두 개 이상의 단위가 올 때에는 반드시 괄호로 묶어 표시한다.

> Eg.) 비열용량 : J/(kg·K) (○), (m·kg)/(s^2·mol) (○), m·kg·s^{-2}·mol^{-1} (○)
> J/kg·K (×), m·kg/s^2·mol (×)

1.5 데이터 시각화

계측 데이터로부터 의미 있는 정보를 쉽게 전달하기 위하여 시각화 하는 작업을 많이 사용한다. 주로 차트나 그래프를 많이 사용하는데 이렇게 함으로서 데이터의 속성 특히 산포의 속성을 이해하는 데 도움을 줄 수 있다. 결국 신호와 잡음을 분리하는 데 도움이 되기 때문에 데이터 시각화는 분석에 있어서 가장 중요한 도구이다. 차트나 그래프를 그리는 것은 Excel이나 MiniTab 같은 소프트웨어 도구를 이용하면 쉽게 할 수 있는데 대표적인 표현 방식을 살펴보면 다음과 같다.

1.5.1 히스토그램(Histogram)

데이터의 분포를 나타낼 때 주로 사용하는 방식으로 빈도를 그림으로 보여준다. 확률분포 등 통계적 데이터를 나타낼 때 유용하며 아래는 평균이 0이고 표준편차가 1인 난수 10,000개의 빈도를 보인 것이다.

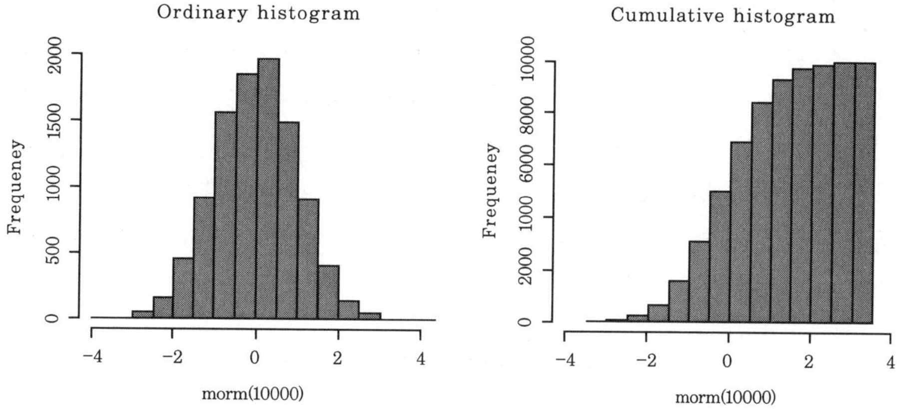

그림 1.5 평균이 0이고 표준편차가 1인 난수 10,000개의 빈도 히스토그램

1.5.2 도트 플롯(Dot plot)

데이터의 경향을 쉽게 표시하는 방법으로 측정 데이터가 수가 많지 않은 경우 히스토그램과 유사한 표시 방법이다.

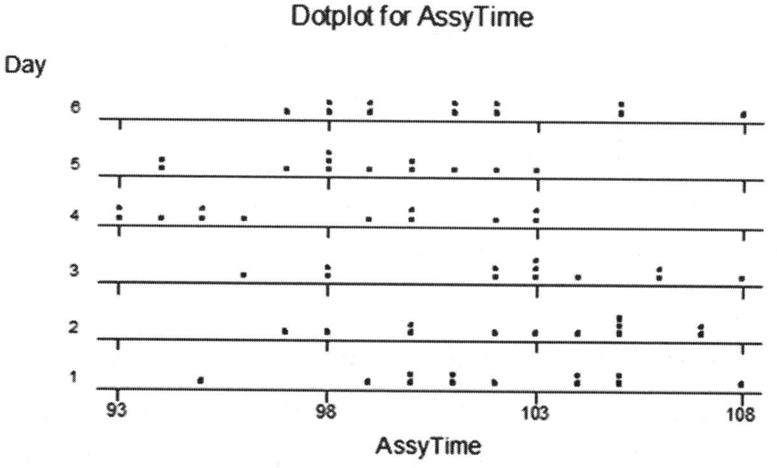

그림 1.6 도트 플롯 예

1.5.3 파레토 차트(Pareto chart)

공정 관리 시 개선 목표의 우선순위를 정할 때 많이 사용하는 방법이다. 흔히 파레토의 법칙으로 알려진 20대 80의 법칙에 근거하여 전체 불량의 80 [%]의 원인이 되는 핵심적인 20 [%]의 문제를 파악하고자 할 때 유용하다. 통상 좌측 수직축은 불량 발생 빈도 등 중요하게 다뤄야 될 사건의 빈도를 표시하고, 우측 수직축은 전체 사건의 누적 백분율을 나타낸다. 가로축은 핵심 인자별 빈도를 낮은 순으로 표시하는데 이렇게 하면 좌측 소수의 인자가 문제를 일으키는 비중을 쉽게 알 수 있다.

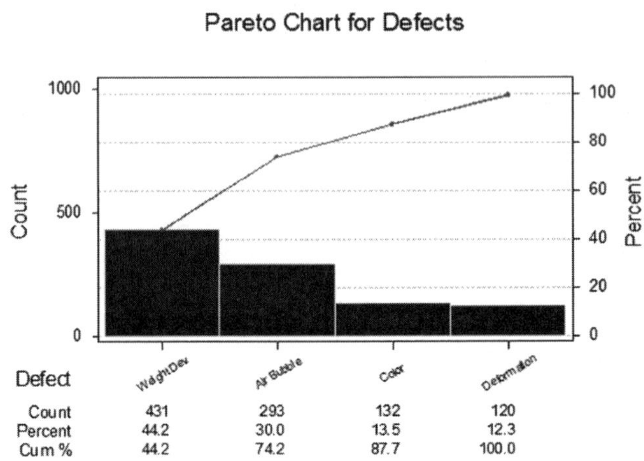

그림 1.7 파레토 차트 예

1.5.4 바 차트(Bar chart)

바 차트 혹은 바 그래프는 데이터를 수평 혹은 수직의 바 형태 그림으로 나타낸 것으로 주로 불연속적인 데이터를 표현할 때 사용한다.

1.5.5 스캐터 그래프(Scatter graph)

직교 좌표계에 데이터를 표현하는 방식으로 주로 수평축에는 독립변수 혹은 제어변수를 놓고, 세로축에는 종속변수인 측정치를 표시하는 방식이다. 스캐터 그래프로 변수 간의 상관 관계와 신뢰구간 등을 파악할 수 있다.

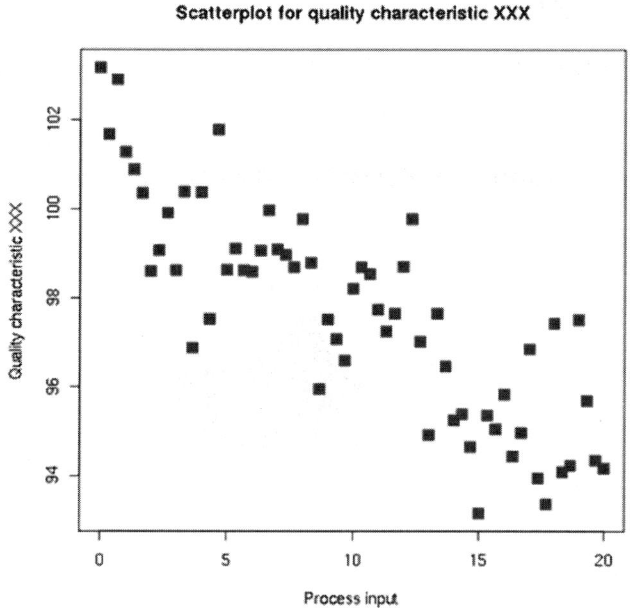

그림 1.8 스캐터 차트의 예

1.5.6 라인 차트(Line chart)

라인 차트 혹은 라인 그래프는 일련의 데이터 포인트를 연결한 선으로 스캐터 그래프의 변형이라고 볼 수 있다. 주로 실험을 통한 계측 데이터를 나타낼 때 좋은 방법으로 도표보다 데이터의 경향성을 쉽게 보여준다. 필요한 경우 좌표상에 같은 간격이 아니라 반로그(semi log) 형태를 사용하기도 한다.

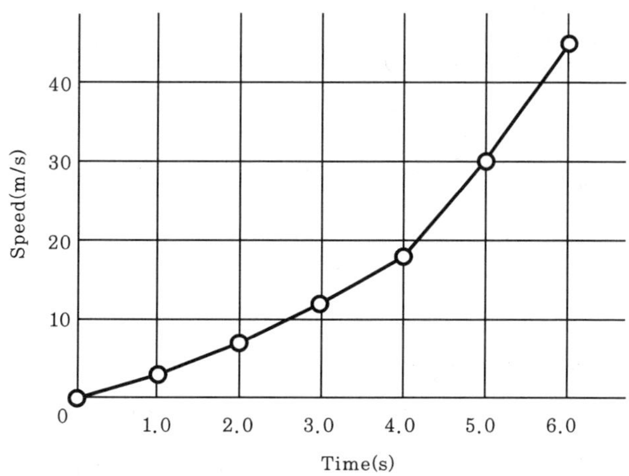

그림 1.9 라인 차트 예

1.5.7 3D 차트(3D chart)

결과 데이터에서 2개 이상의 인자에 대한 경향을 알고 싶을 때 사용하는 그래프로 3D plot, 3D wireframe plot, 3D surface plot 등이 있다.

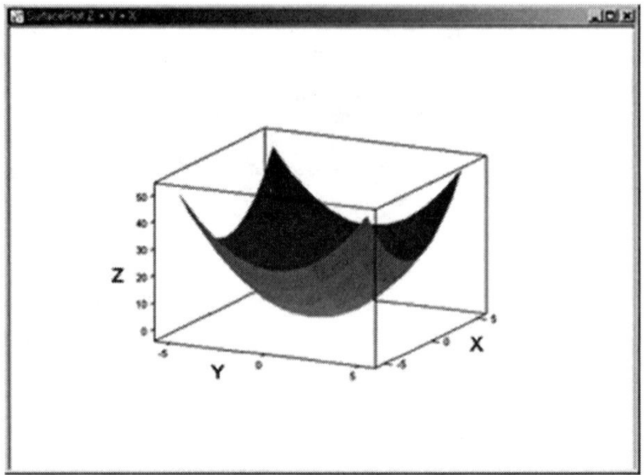

그림 1.10 3D 차트 예

1.5.8 런 차트(Run chart)

라인 차트와 유사한 방식이며 주로 시간이 경과함에 따른 데이터의 경향을 보여줄 때 많이 사용한다. 특히 공정 관리가 필요한 현장에서 데이터에 대한 관리도로 유용하다.

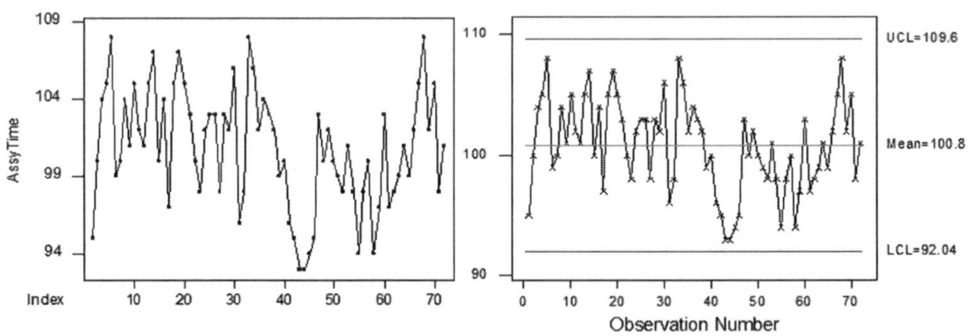

그림 1.11 런 차트 예

1.5.9 박스 플롯(Box plot)

반복 측정 시 결과 데이터의 퍼짐 정도 즉 산포를 그림으로 나타내기 쉬운 방법이다. 측정 데이터에서 최대, 최소, 중간값 그리고 1/4분위, 3/4분위 데이터 5개로 표시한다. 이렇게 함으로서 데이터의 경향과 측정 오류에 의한 특이치(outlier)들을 쉽게 판별할 수 있다.

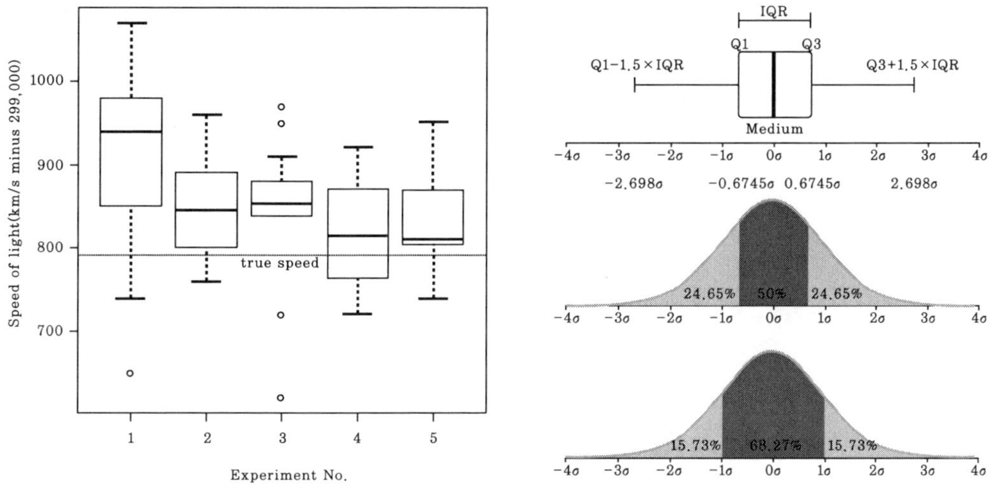

그림 1.12 박스 플롯 예

1.5.10 보드 선도(Bode plot)

보드 선도는 선형 시불변 시스템의 주파수 특성을 보이기 위해 전달함수(transfer function)를 주파수에 대해 로그 축에 표시한 것이다. 주로 전달함수의 크기와 위상을 함께 나타내어 주파수별 증폭비와 위상 지연량을 표시한다. 특히 보드 선도를 로그 축에 표시하면 크기와 위상을 대수적인 합으로 간단히 표현할 수 있다.

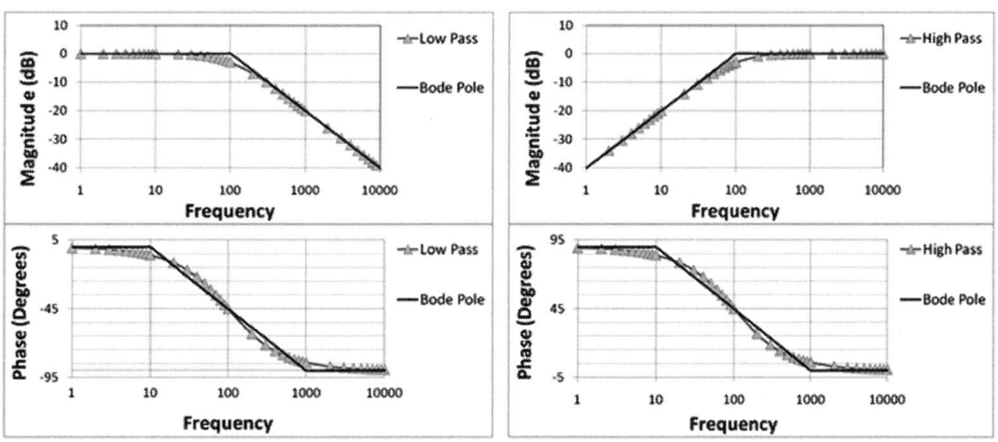

그림 1.13 저역통과 필터와 고역통과 필터의 보드 선도

제2장

계측 시스템 거동

2.1 계측 시스템 응답

2.2 계측 시스템 모델

02

계측 시스템 거동

Sensor, Measurements and Instrumentation Engineering

특정한 입력에 대해 시간에 의존하는 계측 시스템의 거동은 그 입력에 대한 시스템 응답(system response)으로 기술할 수 있다. 응답성은 계측 시스템의 충실도를 나타내는 물리량이며 피측정량 속에 포함되는 불필요한 정보를 제외하고 관계된 정보만 정확히 감지해서 전달하고 이를 표시하는 능력이라고 할 수 있다. 이처럼 출력 신호로부터 입력의 정보를 파악하기 위해서는 여러 종류의 입력에 대한 시스템 응답을 파악해야 한다. 이 장에서는 계측 시스템의 수학적 모델을 통해 시스템의 설계 사양과 관련한 중요한 몇 가지 응답에 대해 살펴볼 것이다.

2.1 계측 시스템 응답

계측 시스템은 물리적 입력을 받아들여 이에 해당하는 응답을 관찰하고 기록할 수 있는 신호로 변환시킨다. 이때 얻어지는 출력 신호는 통상적으로 전기적인 파형(waveform)의 형태이므로 입력에 대한 크기와 진폭 또는 시간에 따른 변화를 나타내는 주파수정보를 담고 있다.

계측 시스템에서 다루는 응답은 크게 정적 응답과 동적 응답으로 나눌 수 있는데, 정적 응답은 주파수가 0인 동적 응답의 특수한 경우라고 볼 수 있다. 계측 시스템의 성능은 크게 진폭 응답(amplitude response), 주파수 응답(frequency response), 위상 응답(phase response), 지연(delay) 특성 등으로 나타낼 수 있다.

먼저 진폭 응답은 입력의 크기 변화에 대해 균질한 입출력 특성을 생성할 수 있는 능력을 나타낸다. 예를 들어 다음과 같은 입출력 특성을 갖는 시스템은 0.01 [V] 이하의 입력에 대해서는 비례하는 출력을 얻을 수 있지만, 더 큰 입력에 대해서는 출력이 포화되는 현상을 나타낸다. 따라서 이 시스템의 진폭 응답은 0.01 [V] 이하이다.

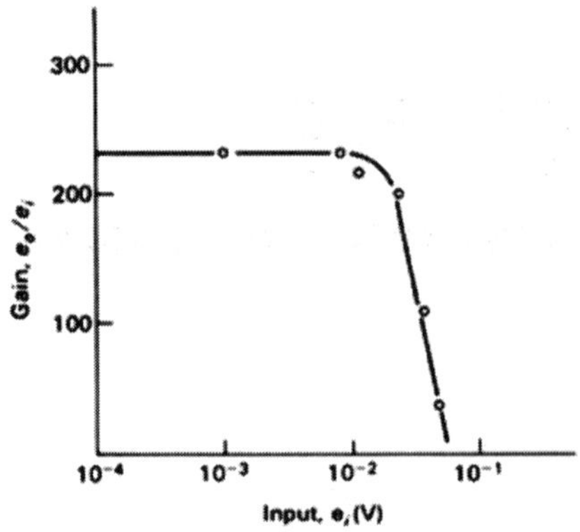

그림 2.1 계측 시스템의 진폭 응답특성

진폭 응답으로부터 계측 시스템의 입력범위(input range)를 규정할 수 있다. 입력 범위는 계측 시스템의 입출력 특성이 선형성을 유지하는 범위를 의미하며 이 범위에 대응하는 출력범위(output range)도 유사하게 정의된다. 즉 아래와 같은 입출력특성에서 제한적인 입력구간 내에서만 출력은 선형성을 보이며 이에 해당하는 출력범위가 결정된다.

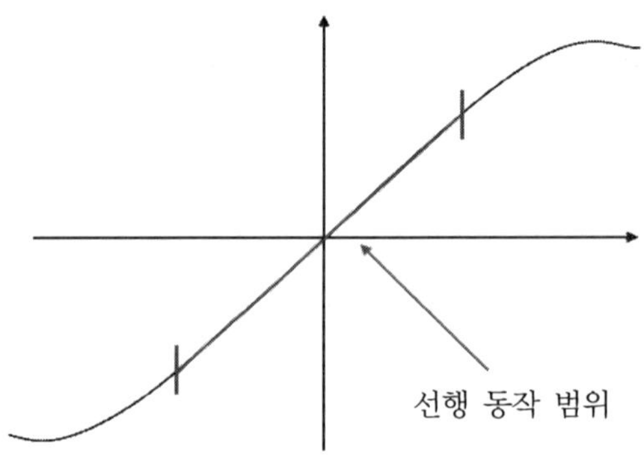

그림 2.2 계측 시스템의 입출력범위

이때 선형 입력범위의 내에서 입출력 특성 곡선의 기울기를 감도(sensitivity-scale factor)로 정의한다. 감도는 입력범위에 따라 달라지는 데 아래와 같이 특정구간을 입력범위로 사용한다면 이에 해당하는 영역의 기울기가 감도가 된다. 따라서 계측 시스템의 감도를 나타낼 때는 입력구간과 출력구간을 동시에 명시해야 한다.

$$Sensitivity = \frac{\Delta_{out}}{\Delta_{in}} \tag{2.1}$$

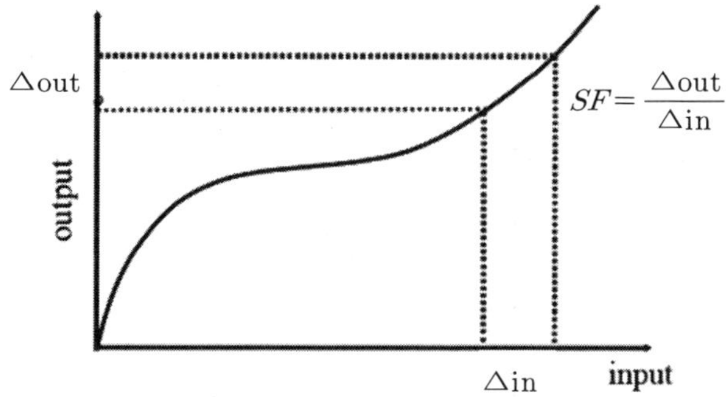

그림 2.3 입출력범위에 따른 계측 시스템의 감도

그림 2.3의 경우 전체적인 입출력특성은 비선형성이 심하더라도 국부적으로는 선형적이므로 입력범위와 감도 그리고 비선형성은 서로 밀접한 상관성을 갖고 있다. 따라서 이상적인 계측 시스템이라면 입력범위가 넓으면서 감도가 커야 한다. 또한 입력범위 내에서 입출력특성이 직선에 가까울수록 좋은데, 이때 입출력을 선형으로 교정한 직선과 실제 출력 사이의 오차(error)로부터 비선형성(nonlinearity)을 정의한다. 교정 직선을 표시하는 방법에 따라 비선형성도 조금씩 달라지는 데 대표적인 방법은 아래 그림과 같다.

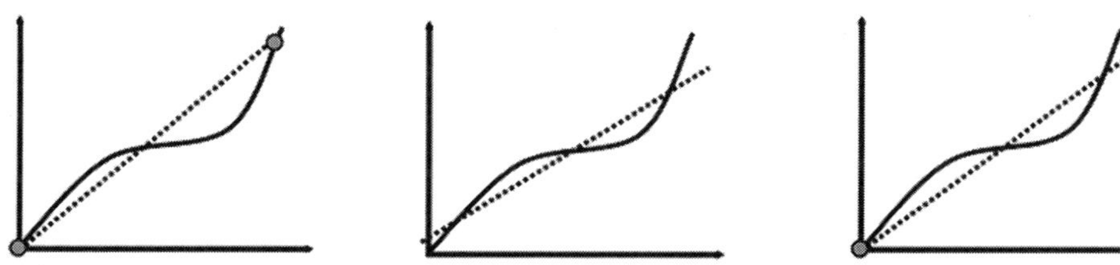

a) 최소/최대 입력에 대한 출력값으로 선형 교정 b) 최소 자승 오차 조건 교정 c) 바이어스가 없는 상태에서 최소 오차가 되도록 교정

그림 2.4 계측 시스템의 비선형성 규정방법

첫 번째 방식은 입력 범위 양 끝단에 의한 교정 직선과의 오차로 정의한 것이다. 두 번째는 최소 자승 오차(least square error)에 의한 교정 직선으로 비선형성은 줄어드는 반면 바이어스(offset)가 포함되는 방식이다. 세 번째 경우는 원점을 지나는 최소 자승 오차 교정 직선으로 입출력을 교정하는 방법이므로 앞의 두 경우에 대한 절충 방식이다.

계측 시스템의 특성 중에서 입출력 거동의 단조(monotone)성은 입력변수가 증가 또는 감소할 때 출력도 같은 방향으로 움직이는 것을 의미한다. 이력(hysteresis)특성은 동일 입력에 대한 출력이 입력의 방향에 따라 달라지는 정도를 나타낸다.

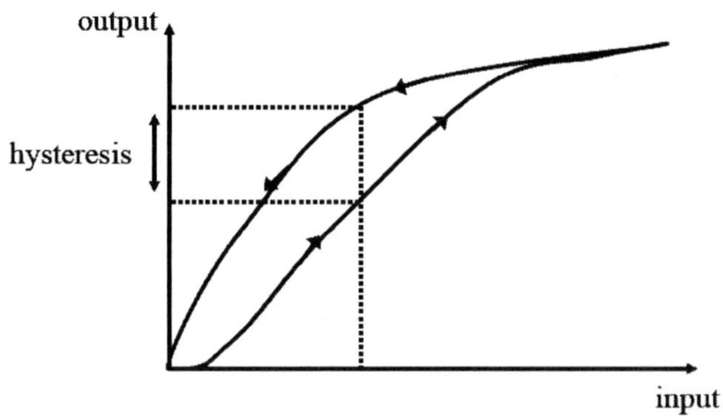

그림 2.5 계측 시스템의 이력특성

이 외에도 계측 시스템의 진폭특성 중에서 반복성(repeatability)과 재현성(reproducibility)도 매우 중요한 부분이다. 우선 반복성은 동일 조건에서 단기간에 걸쳐 동일한 대상을 반복적으로 측정할 때 출력의 일치 정도를 나타낸다. 반면 재현성은 작업자를 변경하거나 측정 시기를 달리하는 것처럼 다른 조건에서 출력의 일치 정도를 나타낸다. 이들은 계측 시스템의 체계 오차(systematic error)와 통계적 오차(random error)와 관련되어 있으며 측정 분해능(resolution)과 정밀도(precision)를 결정하는 중요한 요소이다.

한편 동적특성은 흔히 주파수 응답으로도 불리는데 이는 입력 주파수에 따라 출력의 진폭과 위상특성이 변하는 정도를 나타낸다. 계측 시스템의 동적 응답은 일반적으로 정적 응답과 다르게 나타나는데 이 원인은 시스템 내에 질량이나 인덕턴스, 커패시턴스와 같은 에너지 저장 요소가 있기 때문이다. 동적 응답은 주로 임펄스(impulse), 계단(step), 램프(ramp), 정현(sinusoidal), 랜덤 잡음(random noise)과 같은 다양한 입력에 대한 응답을 분석해서 판정한다.

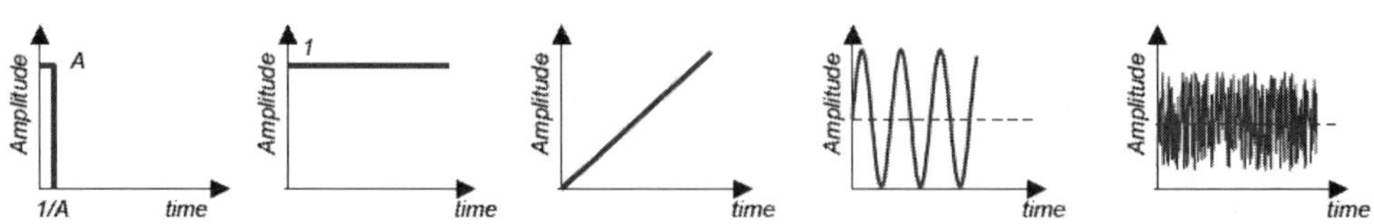

a) 임펄스 신호 b) 계단 신호 c) 램프 신호 d) 정현 신호 e) 랜덤 잡음

그림 2.6 동적특성 분석을 위한 입력 신호의 예

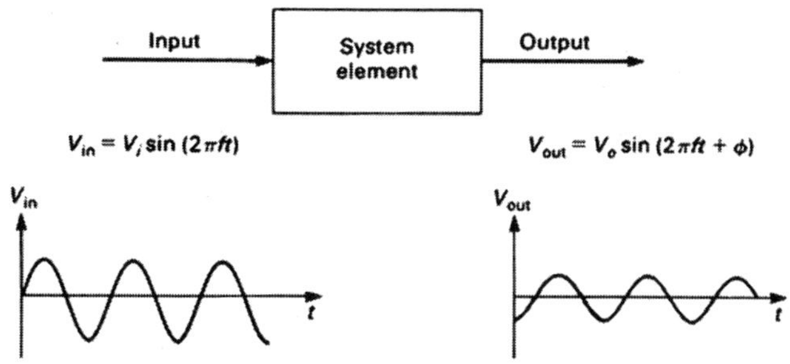

그림 2.7 정현 입력에 대한 출력의 진폭과 위상 변화

동적특성에서 가장 기본적인 것은 주파수 진폭 응답으로 이는 입력 주파수 변화에 대해 일정한 감도를 유지하는 능력을 나타낸다. 예를 들어 아래와 같은 입출력특성을 갖는 시스템은 10 [kHz] 이하의 입력에 대해서는 일정한 감도로 입력 크기에 비례하는 출력을 생성하지만, 그 이상의 주파수입력에 대해서는 더 이상 선형적이지 않다. 따라서 이 시스템의 주파수 진폭 응답은 10 [kHz] 이하이다.

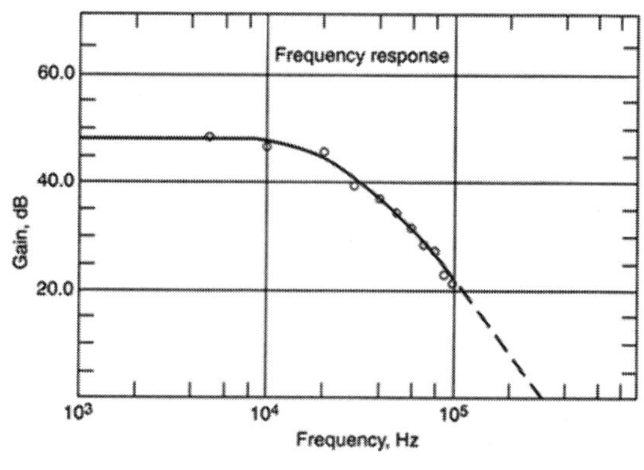

그림 2.8 계측 시스템의 주파수 진폭 응답특성

위상 응답은 입력 주파수 변화에 대한 출력 응답 신호의 반응속도를 나타낸다. 아래의 경우 1 [kHz] 이하의 입력에 대해서는 위상변화가 없지만 100 [kHz]의 입력이 가해지면 입력 신호에 대해 60˚의 위상차가 발생한다.

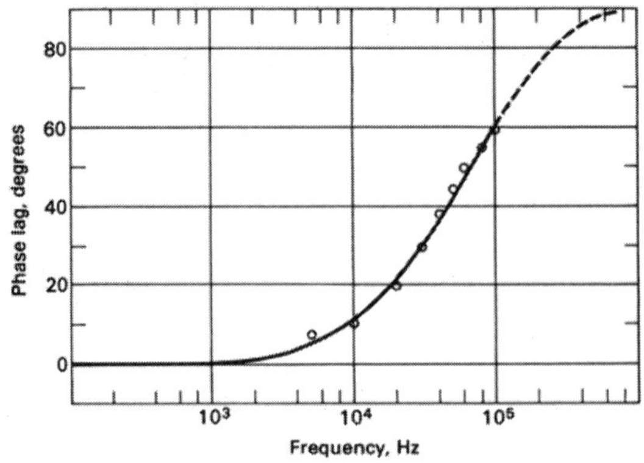

그림 2.9 계측 시스템의 주파수 위상특성

정현 입력 대신 계단 입력을 가하면 동적특성에 의해 응답이 시간적으로 지연될 수 있다. 이때 상승시간(rise time)은 최종 응답(steady state response) 크기의 10 [%]에서 90 [%]에 도달하는 데 걸리는 시간으로 정의한다.

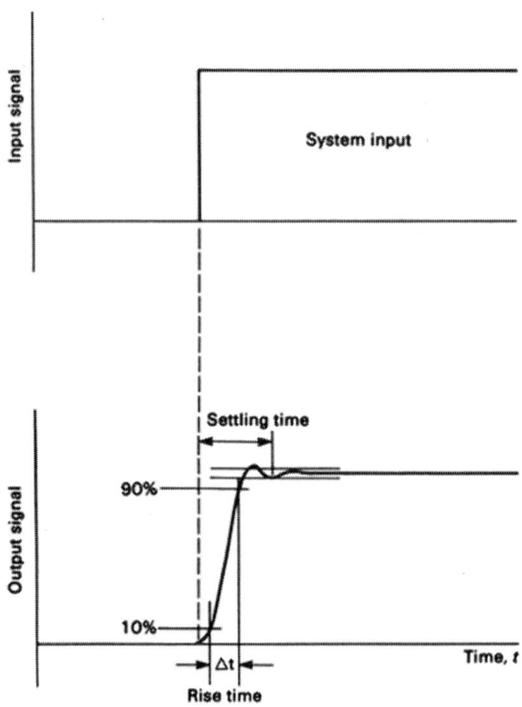

그림 2.10 계단 입력에 대한 지연특성

2.2 계측 시스템 모델

2.2.1 전달함수

계측 시스템의 입출력 특성은 선형 상미분 방정식으로 기술할 수 있고 대부분의 경우 2차이내로 표현된다. 따라서 미분 방정식을 다항식으로 변경할 수 있는 라플라스(Laplace) 변환을 이용하면 계측 시스템의 동적특성을 쉽게 해석할 수 있다.

$$a_k \cdot \frac{d^k y(t)}{dt^k} + \cdots + a_2 \cdot \frac{d^2 y(t)}{dt^2} + a_1 \cdot \frac{dy(t)}{dt} + a_o \cdot y(t) = x(t) \tag{2.2}$$

$$\left(a_k s^k + \cdots + a_2 s^2 + a_1 s + a_o\right) Y(s) = X(s)$$

$$G(s) = \frac{Y(s)}{X(s)} = \frac{1}{a_k s^k + \cdots + a_2 s^2 + a_1 s + a_o} \tag{2.3}$$

입력과 출력에 대한 라플라스 변환식의 비율을 전달함수(transfer function)라고 하며, $s(=\sigma + j\omega)$로 정의한 복소 주파수(complex frequency)의 유리함수(rational function)로 기술한다. 전달함수의 크기가 무한대가 되는 복수 주파수를 극점(pole)이라 하고 복소 평면(complex plane) 위에 표시할 수 있는데, 계측 시스템의 동적 응답특성은 이 전달함수의 극점(pole)의 위치에 의해 결정된다.

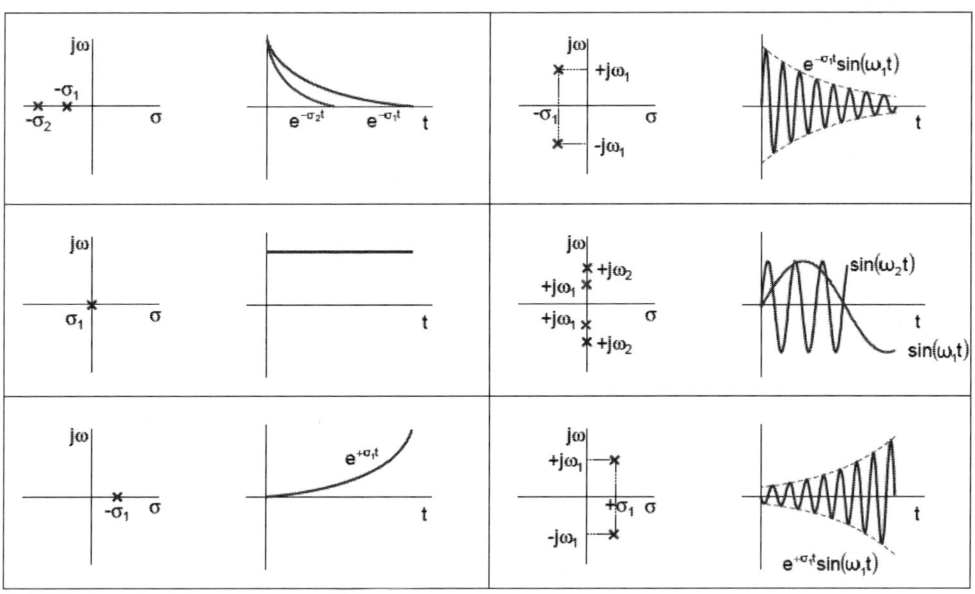

그림 2.11 전달함수의 극점에 따른 응답특성

2.2.2 0차 시스템

0차 시스템은 정적신호 계측의 기본적인 모델로 지연요소가 없고 입력에 대해 출력의 진폭특성만 달라진다. 따라서 감도(sensitivity)가 중요한 응답특성을 나타내며 대역폭(bandwidth)은 무한대로 동역학적으로 고려할 부분이 없다.

$$a_o \cdot y(t) = x(t) \tag{2.4}$$

$$Sensitivity,\ K = \frac{1}{a_o} \tag{2.5}$$

예를 들어 저항성 변위 센서 등이 대표적인 0차계 시스템이다.

2.2.3 1차 시스템

에너지를 저장하는 소자 1개와 소비하는 소자 1개로 구성되는 경우를 나타내며 입출력특성은 1차 선형 상미분 방정식으로 기술된다. 따라서 입력 변화에 즉각적으로 반응하지 못하고 응답 지연이 발생한다.

$$a_1 \cdot \frac{dy(t)}{dt} + a_o \cdot y(t) = x(t) \tag{2.6}$$

$$\tau \cdot \frac{dy(t)}{dt} + y(t) = K \cdot x(t) \tag{2.7}$$

$$time\ constant,\ \tau = \frac{a_1}{a_o} \tag{2.8}$$

$$Sensitivity,\ K = \frac{1}{a_o}$$

1차 시스템에 대한 계단 응답특성은 지수함수적인 거동을 보이므로 시정 수(time constant, τ)와 감도로 나타낼 수 있다. 시정 수는 최종 출력값의 약63 [%]($=1-e^{-1}$)에 도달하는 시간으로 정의하며, 4τ가 지나면 최종값의 98 [%]에 도달한다. 5τ에는 근사적으로 최종값이라고 볼 수 있다. 경우에 따라 시정 수 대신 상승시간을 표시하기도 하는데 이는 최종값의 10 [%]에서 90 [%]에 도달하는 데 걸리는 시간을 나타내므로 약 2.3τ에 해당한다.

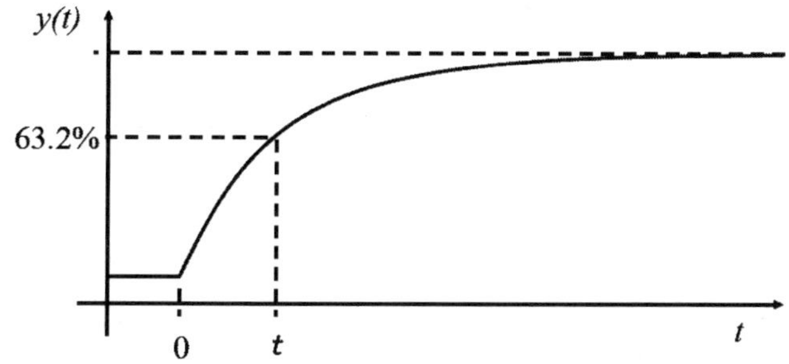

그림 2.12 1차 시스템의 계단 응답특성

계단 입력은 온도나 하중 혹은 압력 등의 급격한 변화를 다룰 때 용이하다. 예를 들어 초기 출력이 y_o인 계측 시스템에 진폭이 A인 계단 입력이 가해지면 시간에 대한 출력은 아래와 같이 기술할 수 있다. 여기서 출력의 좌측 항은 정상상태 응답을 나타내고 우측은 과도 응답(transient response)으로 시간이 지나면 소멸하는 성분이다.

$$\tau \cdot \frac{dy(t)}{dt} + y(t) = K \cdot Au(t) = \begin{cases} K \cdot A & t \le 0 \\ 0 & t > 0 \end{cases} \tag{2.9}$$

$$y(t) = K \cdot A + (y_o - KA)e^{-t/\tau} \tag{2.10}$$

온도 센서의 경우 대표적인 1차 시스템특성을 보인다. 상온 θ_o에 방치한 온도 센서를 온도가 θ_T인 액체에 집어넣는 경우가 계단 입력을 가하는 것과 같다. 이 경우 시간에 따른 온도 센서의 출력은 다음과 같이 구할 수 있다. 여기서 시정 수는 열적 용량(thermal capacity, C)와 열적 흐름에 대한 저항(thermal resistance, R)의 곱으로 표현된다.

$$\frac{d\theta(t)}{dt} = \frac{\theta_T - \theta(t)}{R \cdot C} \tag{2.11}$$

$$\int \frac{1}{\theta_T - \theta(t)} d\theta = \int \frac{1}{R \cdot C} dt \tag{2.12}$$

$$\theta(t) = \theta_T (1 - e^{-t/RC}) \tag{2.13}$$

1차 시스템에 계단 입력 대신 정현 입력을 가하면 주파수 응답 특성을 확인할 수 있다. 계측 시스템에서의 정현 입력은 진동 구조물이나 기계적인 왕복 운동과 같은 주기적인 입력에 해당한다. 예를 들어 초기 출력이 y_o인 계측 시스템에 진폭이 A인 정현 입력이 가해질 때 시간에 대한 출력은 다음과 같이 기술할 수 있다.

$$\tau \cdot \frac{dy(t)}{dt} + y(t) = K \cdot A \sin\omega t \tag{2.14}$$

$$y(t) = C \cdot e^{-t/\tau} + \frac{K \cdot A}{\sqrt{1+(\omega\tau)^2}} \sin(\omega t - \tan^{-1}\omega\tau) \tag{2.15}$$

여기서 좌측 항은 지연을 나타내는 성분으로 시간이 지나면 소멸하는 과도 현상이고 우측 항이 정상상태에서의 정현 출력성분이다. 정상상태 출력에서 진폭의 증폭비와 위상 지연량이 주파수에 따라 달라지는 정도를 주파수 응답으로 나타낸다.

$$y(t) = C \cdot e^{-t/\tau} + \frac{K \cdot A}{\sqrt{1+(\omega\tau)^2}} \sin(\omega t - \tan^{-1}\omega\tau) \tag{2.16}$$

$$Gain,\ M(\omega) = \frac{1}{\sqrt{1+(\omega\tau)^2}} \tag{2.17}$$

$$Phase,\ \phi(\omega) = -\tan^{-1}\omega\tau \tag{2.18}$$

위 식에서 증폭비가 1에 가까울수록 입력의 변화가 출력에 잘 전달되는 것을 의미한다. 위상 지연도 0에 가까울수록 좋으므로 시정수 τ가 작을수록 주파수 응답이 좋아짐을 알 수 있다.

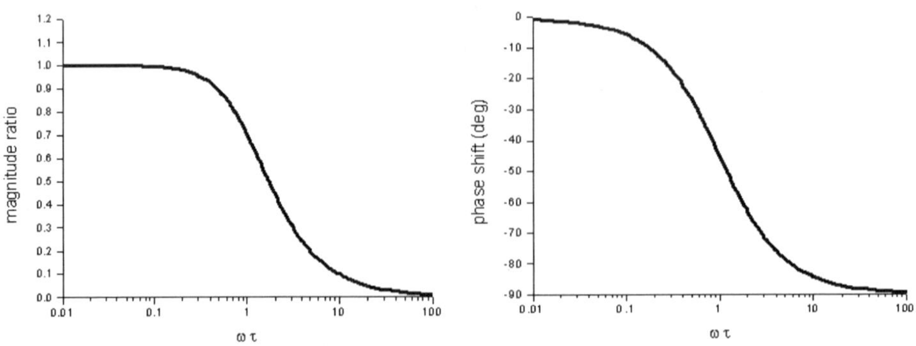

그림 2.13 1차 시스템의 주파수 응답특성

1차 계측 시스템의 주파수 대역(bandwidth)은 증폭비가 0.707($=1/\sqrt{2}$)배로 떨어지는 주파수로 정의한다. 이에 의해 계측 시스템을 사용할 수 있는 최대 주파수가 정해진다.

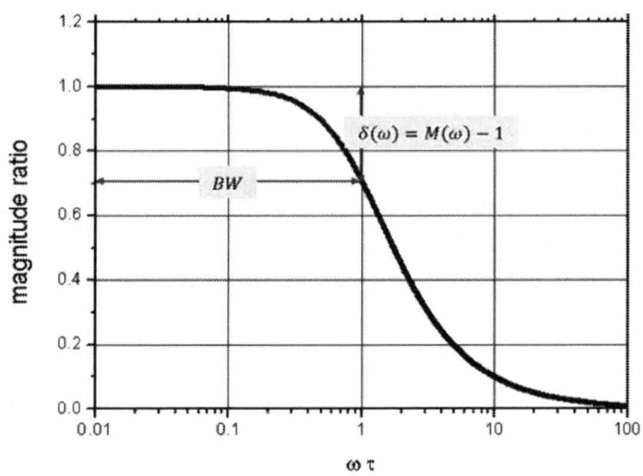

그림 2.14 1차 시스템의 주파수 대역

2.2.4 2차 시스템

질량에 의한 관성력이 존재하는 시스템은 2차 시스템의 특성을 보인다. 대표적인 예로 가속도 센서, 압력 센서, LVDT(Linear Variable Differential Transformer) 등을 들 수 있다. 2차 시스템의 출력은 고유 진동수(natural frequency)와 감쇄비(damping ratio)로 정의된다.

$$a_2 \cdot \frac{d^2y(t)}{dt^2} + a_1 \cdot \frac{dy(t)}{dt} + a_o \cdot y(t) = x(t) \tag{2.19}$$

$$\frac{1}{\omega_n^2} \cdot \frac{d^2y(t)}{dt^2} + 2\frac{\xi}{\omega_n} \cdot \frac{dy(t)}{dt} + y(t) = K \cdot x(t) \tag{2.20}$$

$$natural\ frequency, \omega_n = \sqrt{\frac{K}{M}} = \sqrt{\frac{a_0}{a_2}} \tag{2.21}$$

$$damping\ ratio, \xi = \frac{c}{2\sqrt{M \cdot K}} = \frac{a_1}{2\sqrt{a_0 a_1}} \tag{2.22}$$

2차 시스템의 일반적인 거동은 1차계와 마찬가지로 계단 입력이나 정현 입력을 가하는 경우의 응답으로 기술한다. 먼저 입력 크기가 A인 계단 입력에 대한 응답은 감쇠비의 크기에 따라 무감쇠(undamped), 저감쇠(under damped), 임계 감쇠(critically damped), 과 감쇠(over damped) 조건에 따라 달라진다.

$$\xi = 0 : undamped \tag{2.23}$$

$$y(t) = KA(1 - \cos\omega_n t)u(t)$$

$$0 \le \xi < 1 : under\ damped \tag{2.24}$$

$$y(t) = KA - KAe^{-\xi\omega_n t}\left[\frac{\xi}{\sqrt{1-\xi^2}}\sin\left(\omega_n\sqrt{1-\xi^2}\,t\right) + \cos\left(\omega_n\sqrt{1-\xi^2}\,t\right)\right]$$

$$\xi = 1 : critically\ damped \tag{2.25}$$

$$y(t) = KA - KA(1 + \omega_n t)e^{-\omega_n t}$$

$$\xi > 1 : over\ damped \tag{2.26}$$

$$y(t) = KA - KAe^{-\xi\omega_n t}\left[\frac{\xi + \sqrt{1-\xi^2}}{2\sqrt{1-\xi^2}}e^{-\left(\xi + \sqrt{1-\xi^2}\right)\omega_n t} + \frac{\xi - \sqrt{1-\xi^2}}{2\sqrt{1-\xi^2}}e^{-\left(\xi - \sqrt{1-\xi^2}\right)\omega_n t}\right]$$

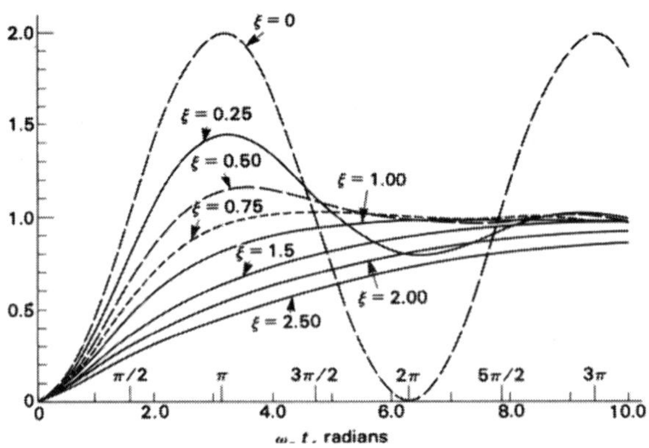

그림 2.15 2차 시스템의 계단 응답특성

감쇠율(ξ)에 따른 감쇠 주기 T_d와 감쇠 주파수 ω_d는 다음과 같다.

$$\omega_d = \omega_n\sqrt{1-\xi^2} \tag{2.27}$$

$$T_d = \frac{2\pi}{\omega_d} \tag{2.28}$$

계단 응답의 특성을 시간으로 나타내기도 하는데 일반적으로 상승시간(rise time)은 정상상태 출력의 90 [%]에 달하는 시간이며 정착시간(settling time)은 감쇠진동에 의한 오차가 정상값의 10 [%] 이내에 들어오는 시간으로 정의한다.

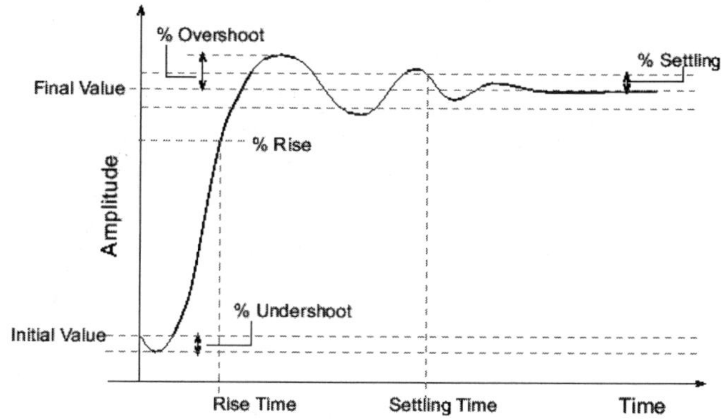

그림 2.16 2차 시스템의 상승시간과 정착시간

2차 시스템에서 계단 입력 대신 정현 입력을 가할 때의 정상상태 응답으로부터 주파수 응답 특성을 나타낼 수 있다. 진폭이 A인 정현 입력을 가했을 때 시간에 따라 달라지는 정상상태 출력에서 진폭 증폭비와 위상 지연 정도는 다음과 같다.

$$y(t) = \frac{KA\sin(\omega t + \phi)}{\sqrt{\left[1-\left(\frac{\omega}{\omega_n}\right)^2\right]^2 + \left[2\xi\frac{\omega}{\omega_n}\right]^2}} \tag{2.29}$$

$$Gain,\ M(\omega) = \frac{1}{\sqrt{\left[1-\left(\frac{\omega}{\omega_n}\right)^2\right]^2 + \left[2\xi\frac{\omega}{\omega_n}\right]^2}} \tag{2.30}$$

$$Phase,\ \phi(\omega) = -\tan^{-1}\left[\frac{2\xi\frac{\omega}{\omega_n}}{1-\left(\frac{\omega}{\omega_n}\right)^2}\right] \tag{2.31}$$

1차 시스템과 가장 큰 차이점은 저감쇠(under damped)의 경우 공진 현상이 나타날 수 있으며 예민한 진동계의 경우 파손시킬 가능성도 있기 때문에 주의를 기해야 한다. 일반적으로 전달 대역(transmission band)은 입력 주파수에 따른 진폭오차가 5 [%] 미만인 주파수 대역을 나타낸다.

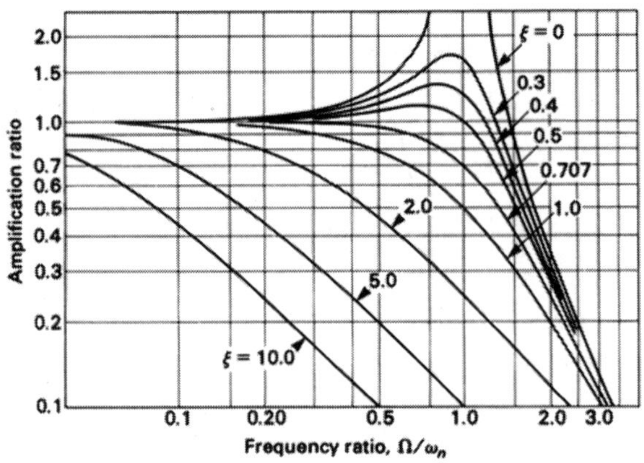

그림 2.17 2차 시스템의 주파수 응답특성

제3장

계측 데이터 분석

03
계측 데이터 분석

Sensor, Measurements and Instrumentation Engineering

공학적인 문제에서 계측을 하는 목적은 이를 통해 측정대상의 특성을 파악하기 위해서이다. 그런데 측정하는 과정 자체가 이상적이지 않다면 이후의 계측 결과에도 상당한 오류가 포함되었을 것이다. 따라서 이처럼 오차가 포함된 계측 데이터로부터 측정대상의 특성을 파악하는 것은 매우 어렵고도 중요한 문제이다.

계측 과정 자체가 양호하다는 것은 측정 오차(Measurement Error, ϵ_n)가 작다는 것과 같은 의미이다. 계측 결과에 나타나는 오차는 참값(Y_n)과 측정값(X_n)의 차이로 정의되므로 계측의 양호성을 나타내는 지표라고 할 수 있다.

$$\epsilon_n = X_n - Y_n \tag{3.1}$$

그런데 측정 오차를 정량화하기 위해선 참값 자체를 알고 있어야 한다. 참값을 알기 위해 측정을 하는데 실제 참값을 모르기 때문에 측정 결과에 오차가 얼마나 포함되어 있는지 알 수 없다는 모순이 발생하는 것이다. 그러나 오차가 정확히 얼마라고 정의하는 것은 불가능하지만 오차의 크기가 얼마 이하일 가능성은 정량화할 수 있다. 이를 신뢰 수준(confidence interval)과 불확도(uncertainty)란 용어로 표현하고 일상에서도 이미 많이 사용하고 있다. 예를 들어 선거에서 출구 조사 결과를 95 [%] 신뢰 수준에 ±5 [%] 오차범위로 지지율이 50 [%]라고 발표 한다면, 이는 선거 결과라는 참 값이 20번 중 19번은 45~55 [%] 사이에 있을 거라는 의미이다. 명백히 출구 조사대상을 늘리면 오차범위는 줄어들 것이지만 전체를 조사하지 않는 한 실제 참값은 일정한 범위로만 추정이 가능한 것이다. 공학적인 문제를 예로 들면 눈금 간격이 1 [cm]인 줄자로 길이가 100 [cm]인 구조물을 측정한다고 하자. 이 경우 길이 측정 오차는 아무리 크더라도 5 [mm]를 넘을 확률은 거의 없을 것이다.

이러한 오차나 불확도는 다수의 측정이 이루어질 때 통계적 기법으로 평가가 가능하다. 따라서 측정을 수행하는 공학자는 측정 오차를 최소화하기 위해 어떻게 계측을 수행할지 그리고 어떤 계측 시스템을 사용해야 하는지를 생각해야 한다. 이 장에서는 계측 데이터 평가에 필요한 기초적인 통계로부터 측정 결과와 측정 시스템을 평가하고 분석하는 내용을 다룰 것이다.

3.1 기초 통계량

측정 오차의 유형은 크게 계통 오차(systematic error)와 무작위 오차(random error)로 구분하는데 이는 각각 측정 시스템의 정확도와 정밀도를 결정하는 중요한 지표이다. 계통 오차는 매번 측정 시 동일한 경향으로 오차가 발생하는 것이다. 예를 들어 장기간에 걸쳐 유량을 측정하는데 센서의 동작 온도가 상승하여 출력에 영향을 받는 경우를 생각할 수 있다. 또는 특정 계측기로 압력을 재면 항상 실제값보다 일정 비율로 낮게 나온다던지 한다면 이는 계측기의 교정이 필요한 부분이다. 반면 무작위 오차는 동일한 측정을 반복할 때 평균값 주위로 불규칙하게 변하는 결과이다. 예를 들어 마이크로폰으로 일정한 음압을 계측할 때 주변 소음에 의해 결과치가 매번 미세하게 달라지는 것을 볼 수 있다. 이처럼 측정 데이터에 외부변수가 미치는 영향은 잡음이나 간섭으로 표현할 수 있다. 잡음은 외부변수의 변화에 대한 측정 신호의 불규칙한 변화로 나타난다. 잡음은 데이터의 산포를 증가시키며 간섭은 측정값에 바람직하지 않은 특정한 경향을 만들어 낸다.

센서를 이용한 측정 결과는 통상적으로 전류나 전압 형태인 전기적인 신호로 나타난다. 이때 신호는 물리적 현상의 정보를 담고 있는 데이터 집합이라고 볼 수 있다. 출력 신호의 형태는 크게 결정형(deterministic) 성분과 무작위(random) 성분으로 구분한다. 결정형 신호는 수학적 표현으로 기술 가능하고 예측할 수 있으며 의도한 대로 설계할 수 있는 성분이다. 반면 무작위 신호는 완전하게 예측할 수는 없는 잡음의 특성을 나타낸다. 이로부터 신호의 크기에 대한 잡음의 비율을 신호 대 잡음 비(Signal to Noise Ratio, SNR)로 정의한다.

$$SNR = 20\log\frac{Signal_{voltage}}{Noise_{voltage}} = 10\log\frac{Signal_{power}}{Noise_{power}} \tag{3.2}$$

이처럼 좋은 계측 결과를 얻기 위해선 센서 출력 신호의 SNR이 커야 한다. 그런데 무작위성 오차 형태로 나타나는 잡음의 경우 특정한 순간에 정확히 얼마라고 예측할 수는 없지만 통계적 기법으로 어느 정도의 범위로 존재한다고 정량화는 할 수 있다. 이처럼 잡음도 완전히 예측 불가능한 것은 아니고 불확도(uncertainty)의 형태로 평가가 가능하다.

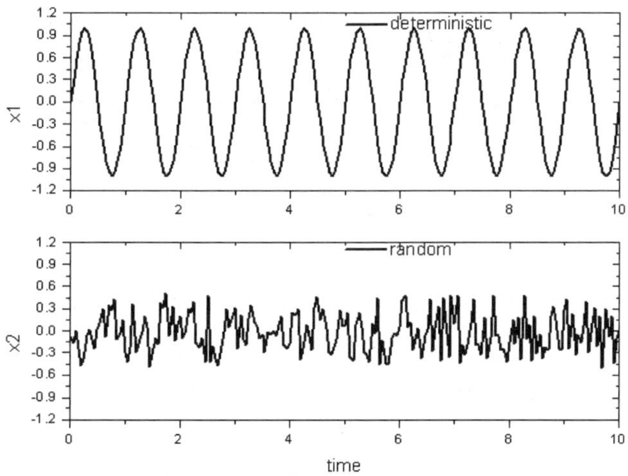

그림 3.1 신호와 잡음의 예

오차나 불확도는 다수의 측정이 행해졌을 때 확률과 통계적 기법으로 평가가 가능하다. 불확도를 해석하기 위해선 오차의 분포(distribution)를 알아야 하는 데 분포는 주어진 크기의 오차가 발생할 확률을 나타낸다. 이 양은 확률밀도함수(probability density function)로 기술할 수 있으며 이로부터 오차의 평균값(mean), 분산 혹은 변동(variance), 표준편차(standard deviation), 파워 스펙트럼밀도(power spectrum density) 등을 파악할 수 있다.

반복 측정을 통해 얻은 측정 데이터 집합으로부터 정량화하고 싶은 결과는 주로 데이터의 대표값이라고 할 수 있는 중심적 지표와 측정된 데이터의 퍼짐 정도를 나타내는 지표이다. 그리고 중심적 지표가 실제 참값을 얼마나 잘 대표하고 있는지도 알 필요가 있다. 이러한 사항을 파악하기 위하여 측정 데이터 분석에 필요한 기초 통계 이론에 대해 살펴보기로 하자.

먼저 모집단(population)이란 측정대상 내에 존재하는 모든 개체에 대한 측정치의 집합을 의미한다. 많은 경우 모집단 전체를 측정하는 것은 불가능하거나 비효율적이기 때문에 모집단으로부터 추출한 측정값의 집합인 n개의 표본(sample)으로부터 모집단의 특성을 추정한다. 예를 들어 어떤 구조물의 변형률을 반복 측정하는 것은 특정한 변형률을 반복적으로 표본 추출한 것이다. 이러한 반복적인 표본 추출로 변형률 측정 과정에서 발생하는 정밀 오차의 분포를 통계적으로 평가할 수 있다.

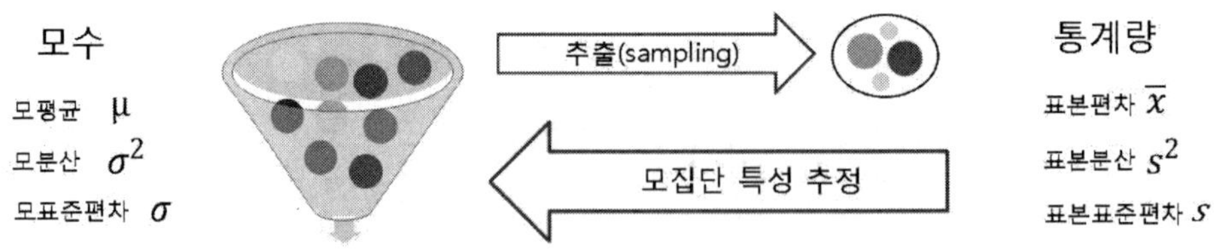

그림 3.2 모집단과 표본

모수(parameter)는 모집단의 특성을 나타내는 값으로 모 평균(μ), 모 분산(σ^2), 모 표준편차(σ) 등으로 기술된다. 또한 통계량(statistics)은 표본으로부터 계산한 특성으로 모집단의 특성을 추정할 수 있는 값이며 표본 평균($\bar{x}$), 표본 분산(s^2), 표본 표준편차(s) 등으로 기술한다. 예를 들어 선거 결과를 예측하기 위해 설문 조사를 했다면 전체 유권자가 모집단이고 설문 조사를 위해 여론 조사기관에서 선정한 유권자가 표본이 된다. 동일 모집단에서 추출한 다른 두 표본의 통계량은 완전히 일치하지는 않을 것이다. 즉 다른 설문 조사기관에서 수행한 결과와는 차이가 있지만 각각은 어느 정도의 불확도 수준에서 근사화되며 표본과 모집단의 특성 차이는 표본수가 증가할수록 줄어든다.

통계는 크게 기술 통계(descriptive statistics)와 추론 통계(inferential statistics)로 나뉜다. 먼저 기술 통계는 방대한 수적 데이터를 수집하고 이를 체계적으로 정리한 것으로 자료의 전체적 특성을 알아보기 쉽도록 도표화하는 것이 일반적이다. 이로부터 데이터의 특성을 대표하는 통계량으로 기술한다. 예를 들어 데이터의 중심적 경향(cental tendency)은 평균치(mean)나 중앙값(median) 등으로 표시하고, 데이터의 퍼짐 정도(dispersion)는 분산(variance), 표준편차(standard deviation), 범위(range) 등으로 나타내는 것이다. 또한 데이터의 형상(shape)은 왜도(skewness), 첨도(kurtosis, peakedness), 정규성(normality) 등으로 표현한다.

추론 통계는 표본에서 얻은 통계량을 기초로 확률적 지식에 근거하여 모집단의 특성을 추정하고 통계적 판단을 위한 모델을 설정하는 것을 의미한다. 주로 미지의 특성에 대해 주어진 정보로부터 결론을 내리고 미래에 일어날 특성치에 대한 예측을 하는 것이다. 대표적인 방법이 가설검정(hypothesis testing), 분산 분석(ANalysis Of VAriance, ANOVA), 회귀 분석(regression) 등이다. 대표적인 예로 선거에서 출구 조사 결과로부터 표본 오차와 신뢰 수준을 고려하여 선거결과를 예측해서 발표하는 것을 들 수 있다.

기술 통계에서 사용하는 통계량 중 데이터의 중심적 경향을 먼저 살펴보기로 한다. 먼저 평균치는 측정치의 총합을 측정횟수 n으로 나눈 것이다. 이는 가장 간단한 방법이지만 측정 오류에 의한 극단치(outlier)가 생겼을 때 이에 민감하다는 단점이 있다.

아래의 예는 모터의 회전속도를 7회 반복 측정한 결과인데, 마지막 측정에서 오류가 발생하여 다른 측정치에 비해 속도가 매우 크게 계측되었고 이에 의해 전체 평균이 크게 증가한 것처럼 보이는 것이다.

$$mean = \bar{x} = \frac{1}{n}\sum_{i=1}^{n} x_i \tag{3.3}$$

A	B	C	D	E	F	G	Mean
2	2	1	3	2	9	30	7

중앙값은 n개의 측정 데이터를 크기순으로 배열했을 때 순서상 중앙에 위치하는 값이다. 이때 만일 데이터의 개수가 짝수라면 가운데 위치한 2개 값의 평균을 취하면 된다. 중앙값은 평균치에 비해 극단치의 영향을 적게 받는다는 장점이 있다.

$$median : 50\%\ \text{위치} = \frac{n+1}{2}\text{위치}$$

A	B	C	D	E	F	G	H	Med.
2	2	1	3	2	9	30		2
2	2	1	3	2	9	30	10	2.5

최빈값(mode)은 데이터의 빈도수(frequency)가 가장 큰 것을 찾는 것으로 이 역시 극단치의 영향을 적게 받을 수 있는 방법이다. 그러나 이는 측정횟수가 많아야만 의미 있는 결과 데이터를 얻을 수 있다.

A	B	C	D	E	F	G	Mode
2	2	1	3	2	9	30	2

그러나 측정 데이터의 중심적 경향만을 고려하여 모집단의 특성을 판단하는 것은 잘못된 결과를 가져올 수 있다. 예를 들어 자동차의 연비를 측정한 결과 A 차량은 5~15 [km/l]이고 B 차량은 8~10 [km/l]였다고 하자. 이 경우 평균 연비는 분명 A 차량이 높지만 반드시 B 차량이 나쁘다고 할 수는 없다. 따라서 데이터의 퍼짐(dispersion) 정도를 반드시 고려해야 하는 데 이를 보이는 가장 간단한 방법은 데이터의 범위를 나타내는 것이다. 이는 측정치의 최대값과 최소값의 차이로 구할 수 있다. 그러나 범위로 퍼짐을 나타내는 방식에서 대부분의 데이터가 밀집해 있더라도 극단치가 존재한다면 범위가 크게 표현된다는 단점이 있다.

$$range = \max. - \min. \tag{3.4}$$

	A	B	C	D	E	F	G	Max.	Min.	Range
Data	4	8	7	5	2	6	3	8	2	6.00

이에 비해 데이터를 사분위수(quartile)로 표현하면 상대적으로 극단치에 영향을 덜 받는다. 이는 측정 데이터를 순서에 따라 배열하고 4등분 위치에 따라 Q1, Q2, Q3 값을 결정하는 방식이다. 그리고 3사분위와 1사분위 값의 차이를 IOQ(interquartile) 범위로 나타낸다. 이러한 4사분위수 표현은 1장에서 소개한 박스 플롯으로 주로 표시한다.

$$Q_1 : 25\%\ \text{위치} = \frac{n+1}{4}\ \text{위치}$$

$$Q_2 : 50\%\ \text{위치} = \frac{n+1}{2}\ \text{위치}$$

$$Q_3 : 75\%\ \text{위치} = 3\frac{n+1}{4}\ \text{위치}$$

$$IOQ = Q_3 - Q_1 \tag{3.5}$$

	A	B	C	D	E	F	G	H	Max.	Q3	Q2	Q1	Min.	IOQ
Data	2	8	20	4	9	5	4	3	20	8.25	4.5	3.25	2	4.5

한편 데이터의 퍼짐 정도를 나타내는 가장 일반적인 방법은 분산과 표준편차를 사용하는 것이다. 이는 모두 측정치가 평균치에서 얼마나 멀리 떨어져 있는가를 나타내는 지표이다. 가장 간단한 것은 각 측정치와 평균치 사이의 편차를 조사하면 되는데 만일 개별 편차는 크더라도 전체의 총합이 작은 경우는 퍼짐 정도를 정확히 알려주지 못한다. 그래서 평균치에서 벗어난 정도를 제곱하고 다시 제곱근을 구하는 방식으로 데이터의 흩어진 정도를 표시한다. 모집단과 표본에 대한 분산과 표준편차는 아래와 같이 계산할 수 있다.

$$\sigma^2 = \frac{1}{N}\sum_{i=1}^{N}(x_i - \mu)^2 \tag{3.6}$$

$$\sigma = \sqrt{\sigma^2} = \sqrt{\frac{1}{N}\sum_{i=1}^{N}(x_i - \mu)^2} \tag{3.7}$$

$$s^2 = \frac{1}{n-1}\sum_{i=1}^{n}\left(x_i - \overline{x}\right)^2 \tag{3.8}$$

$$s = \sqrt{s^2} = \sqrt{\frac{1}{n-1}\sum_{i=1}^{n}\left(x_i - \overline{x}\right)^2} \tag{3.9}$$

	A	B	C	D	E	F	G	Mean	DevSq	Var	StDev
Data	4	8	7	5	2	6	3	5	28	4.667	2.16
Dev.	1	−3	−2	0	3	−1	2	0			

측정 데이터의 분포 모양이 정규 분포(normal distribution)에서 얼마나 벗어나 있는지를 표현하는 방법으로 왜도와 첨도를 주로 사용한다. 먼저 왜도는 데이터 분포의 대칭성의 척도로서 0에 가까울수록 대칭적인 분포이지만 양의 값을 가지면 평균값이 중앙값보다 큰 형태로 오른쪽으로 긴 꼬리가 생기는 분포이다. 반면 음의 값을 가지면 평균값보다 중앙값이 더 커서 왼쪽으로 긴 꼬리가 있는 분포를 의미한다.

$$Skewnwss = \frac{1}{n-1}\frac{1}{s^3}\sum_{i=1}^{n}\left(x_i - \overline{x}\right)^3 \tag{3.10}$$

A	B	C	D	E	F	G	H	I	J	Median	Mean	Skewness
1	2	3	4	5	6	7	8	9	10	5.5	5.5	0
1	2	3	4	5	6	7	8	9	100	5.5	14.5	3.1189

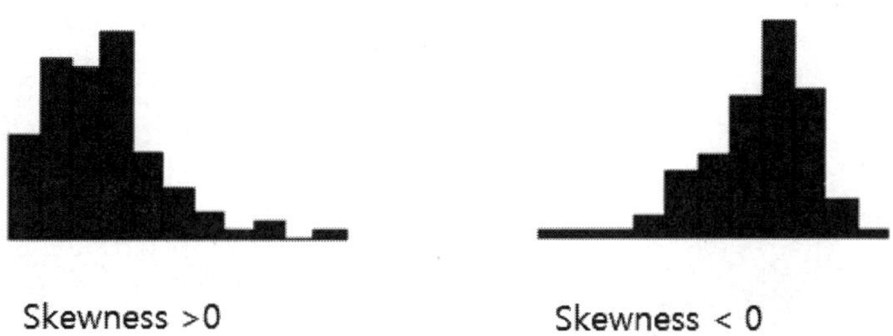

그림 3.3 데이터의 왜도

한편 첨도는 측정 데이터의 분포 형태가 얼마나 중심에 밀집되어 있는가를 나타내는 상대적인 수치로 0에 가까울수록 정규 분포에 가깝다. 첨도가 양의 값이면 정규 분포보다 더 뾰족한 형태이고, 음이면 상대적으로 평편한 분포이다.

$$Kurtosis = \frac{1}{n-1}\frac{1}{s^4}\sum_{i=1}^{n}\left(x_i - \overline{x}\right)^4 - 3 \tag{3.11}$$

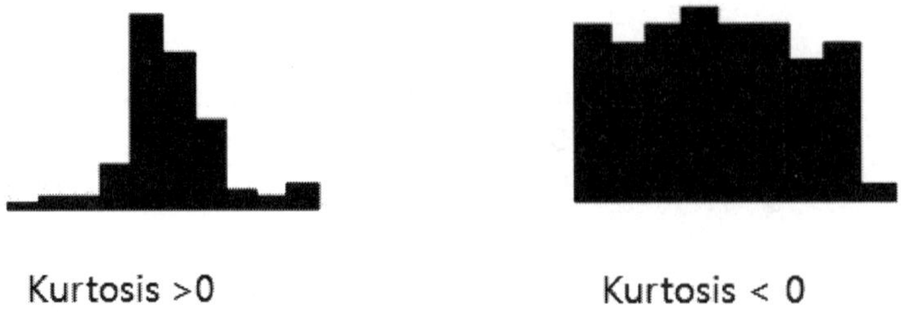

그림 3.4 데이터의 첨도

이러한 측정 데이터를 표현하는 다양한 파라미터는 Excel이나 MiniTab 등 상용 소프트웨어를 이용하면 쉽게 계산할 수 있다. MiniTab은 1972년에 펜실베니아 주립대 통계학과에서 개발한 소프트웨어로 Mini+Tabulator의 약어로 통계적 데이터를 쉽게 계산할 수 있게 도와주는 프로그램이다. 1995년에 미국 GE사에서 6sigma를 전사적으로 추진할 때 공식 소프트웨어로 사용하면서 널리 알려졌고 현재도 많은 기업에서 사용하고 있다. MiniTab은 데이터 분석 외에도 데이터를 그래프로 시각화시키는 데에도 유용하기 때문에 이후 본 교재에서는 MiniTab을 이용한 결과를 주로 보일 것이다.

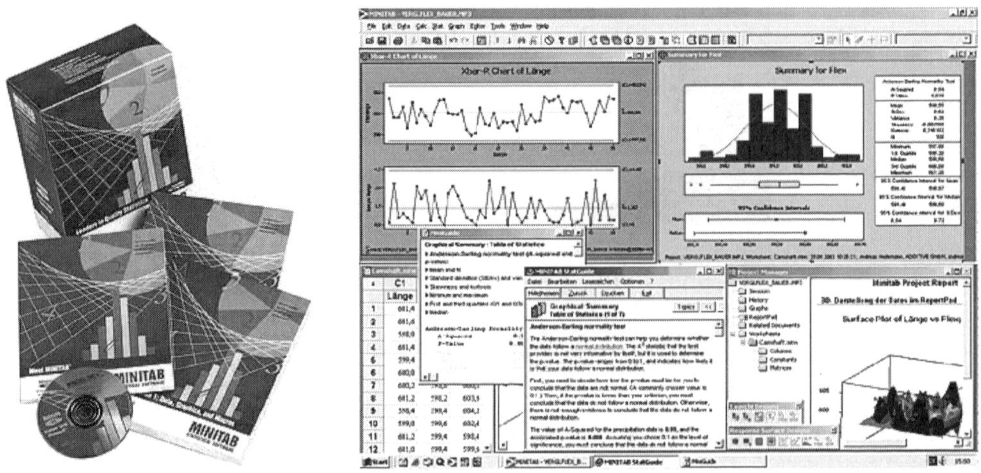

그림 3.5 MiniTab

아래는 앞서 설명한 왜도를 MiniTab으로 분석한 결과이다. 왜도가 양일 경우는 데이터가 우측으로 길게 꼬리가 생기고 중심치에 비해 평균치가 크다는 것을 확인할 수 있다.

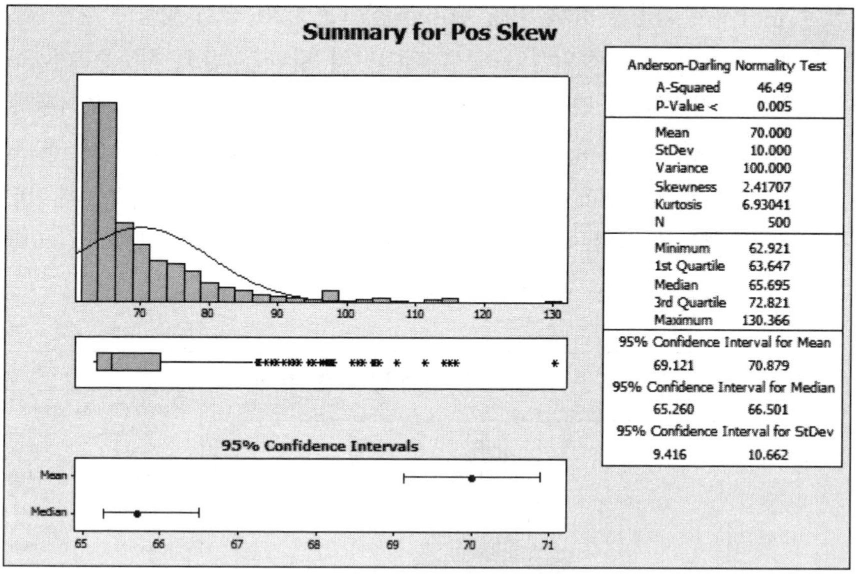

그림 3.6 양의 왜도를 갖는 데이터 분포

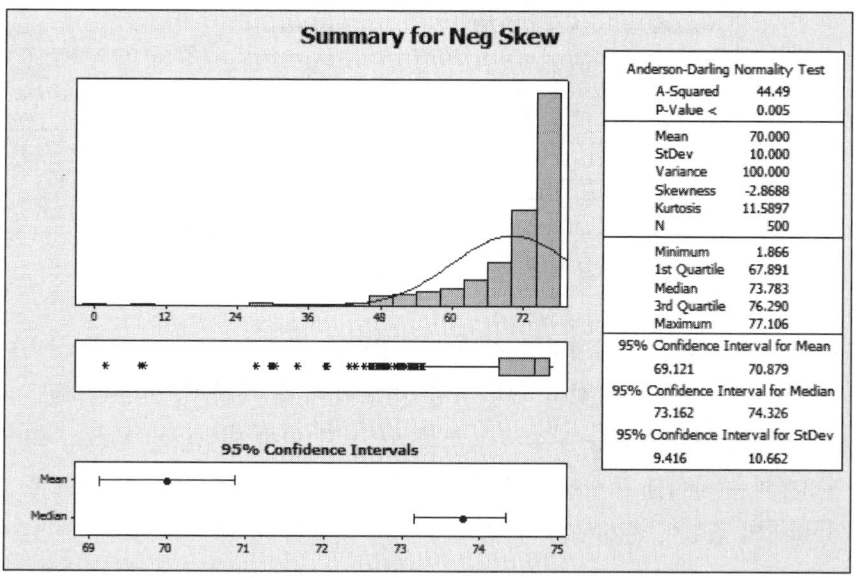

그림 3.7 음의 왜도를 갖는 데이터 분포

3.2 확률 분포 이론

공학 분야에서 측정을 통해 얻은 데이터 집합은 어떤 중심 성향에 대해 좌우로 분포되어 나타난다. 완전히 무작위성인 측정 데이터의 결과를 빈도 히스토그램으로 그려보면 통상적으로 아래와 같이 평균치에 대해 좌우 대칭이며 종 모양으로 표시된다. 이러한 데이터 분포를 정규 분포(normal distribution) 혹은 가우시안(Gaussian) 분포라고 부르는데, 이는 가장 정상적이고 자연스러운 데이터의 모양이다. 물론 모든 데이터가 정규 분포를 따르는 것은 아니며 이 외에도 스튜던트 t 분포(Student's t-distribution), 카이제곱 분포(χ^2-distribution) 등 다양한 형태도 존재한다.

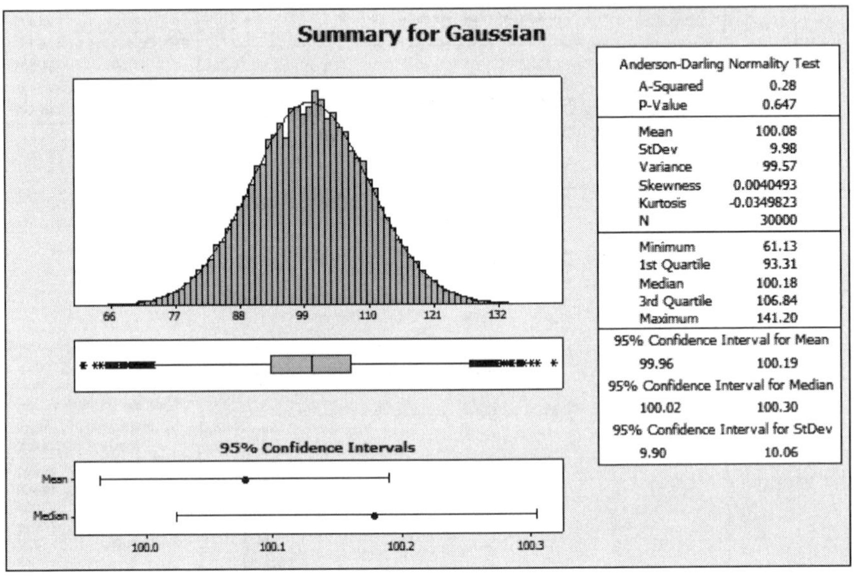

그림 3.8 정규 분포특성을 갖는 무작위 데이터

정규 분포의 특성을 살펴보기 전에 확률밀도(probability density)를 살펴보기로 한다. 먼저 확률이란 발생 가능성이 있는 모든 경우에 대해 특정 사건이 발생할 가능성을 나타낸다. 즉 동일한 실험을 무수히 반복할 때 어떤 일이 일어나는 비율을 의미한다. 예를 들어 2개의 주사위를 동시에 던져서 합을 구하는 경우를 생각해 보자. 표본 공간은 36가지의 결과의 집합이 존재하는 데 합이 4가 될 확률은 $3/36 = 8.3\%$ 인 반면, 합이 7이 될 확률은 $6/36 = 16.7\%$ 이다. 이때 표본 공간의 각각의 값에 실수를 부여한 것을 확률 변수(random variable)라 하고 확률변수가 취할 수 있는 값과 이러한 값을 취할 가능성을 함수나 그래프 형태로 표현한 것을 확률 분포(probability distribution)라고 한다.

확률 분포를 이용하면 확률변수가 어떤 값이나 어떤 범위 내의 값을 가질 확률을 미리 파악할 수 있다.

주사위의 경우와 달리 표본 공간이 무한할 경우 확률 분포는 연속적인 곡선이 될 것이다. 이를 연속형 혹은 계량형 확률 분포라고 하는데 정규 분포는 계량형 확률 분포의 대표적인 예이다. 연속형 확률 분포는 확률밀도함수(Probability Density F unction, PDF)으로 표시하는데 정규 분포일 경우 평균과 분산(또는 표준편차)으로 나타낸다. 정규 분포를 따르는 확률변수 x에 대해 특정한 값을 얻을 확률을 나타내는 확률밀도함수 $p(x)$는 다음과 같이 정의된다.

$$p(x) = \frac{1}{\sqrt{2\pi}\,\sigma} e^{-\frac{(x-\mu)^2}{2\sigma^2}}, \quad -\infty < x < \infty \tag{3.12}$$

데이터의 평균치와 산포에 따라 확률밀도함수(probability density function)를 그려보면 정규 분포의 의미를 명확히 알 수 있다. 아래 그림에서 볼 수 있듯이 산포가 작을수록 첨도는 커지며 평균치의 이동에 의한 계통 오차도 쉽게 파악 된다.

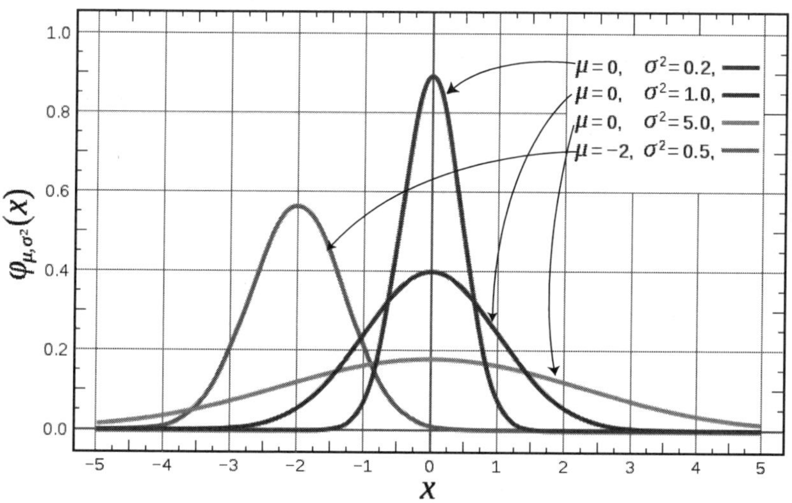

그림 3.9 정규 분포 데이터의 확률밀도함수

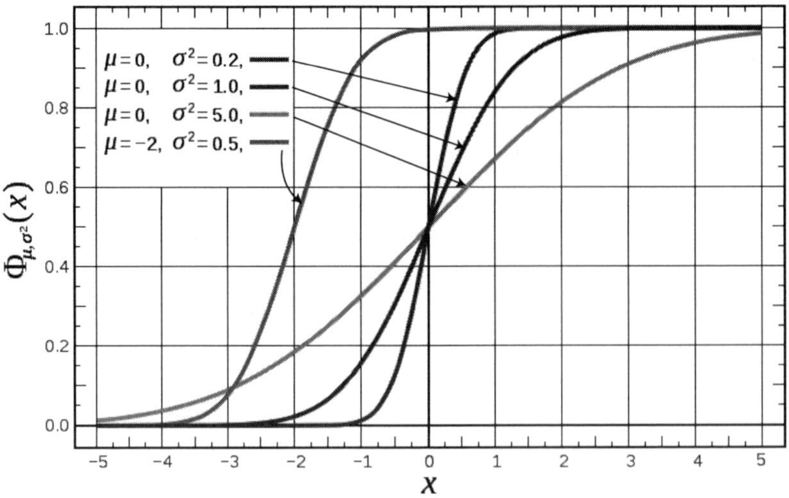

그림 3.10 정규 분포 데이터의 누적 확률밀도함수

한편 확률밀도함수란 특정한 값의 데이터가 존재할 확률이 아니라 확률변수의 단위 변화구간 내에 발생할 확률을 나타낸다. 즉 구간 $\Delta x = x_2 - x_1$ 내의 변수가 측정될 확률은 x_1과 x_2 사이의 확률분포함수의 아래 곡선의 면적이다. 따라서 어떤 x가 측정될 확률은 전체 확률변수의 구간에 대해 적분하면 1이 됨을 알 수 있다. 이 관계를 표시한 것이 누적 확률밀도함수(cumulative distribution function)이다. 즉 측정을 했을 때 정확히 평균치와 같은 값을 얻을 확률은 알 수 없지만 평균치보다 작은 결과를 얻을 확률은 50 %임이 분명하다. 또한 평균치로부터 표준편차 범위 내에는 모든 데이터의 68.27 %가 존재하며 표준편차의 0.6745배 이내에 전체 데이터의 50 %가 존재한다. 따라서 정규 분포특성을 갖는 측정 데이터를 사분위계로 표시하면 다음 관계가 성립한다.

$$Q_1 = \mu - 0.6745\sigma \tag{3.13}$$

$$Q_3 = \mu + 0.6745\sigma \tag{3.14}$$

$$IOQ = Q_3 - Q_1 = 1.35\sigma \tag{3.15}$$

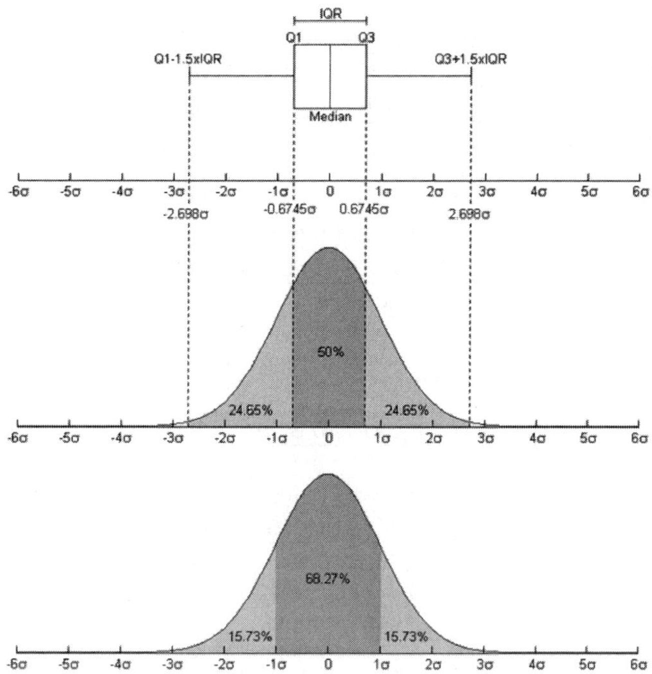

그림 3.11 표준 정규 분포 곡선

이러한 정규 분포특성의 관계를 표준화시킨 것이 표준 정규 분포 혹은 z분포(z-distribution)이다. 즉 평균이 0이고 분산이 1인 정규 분포를 표준 정규 분포라고 부르며 아래와 같이 표현할 수 있다.

$$z = \frac{x-\mu}{\sigma} \tag{3.16}$$

$$p(z) = \frac{1}{\sqrt{2\pi}\,\sigma} e^{-\frac{z^2}{2}}, -\infty < x < \infty \tag{3.17}$$

표준 정규 분포를 이용하면 표준편차와의 상대적인 비율에 따른 데이터의 점유 확률을 쉽게 파악할 수 있다. 다음은 표준 정규 분포함수로부터 변수 z로 정의되는 표준 정규 분포표를 정리한 것이다. 정규 데이터인 경우 이 표를 이용하면 표준편차만으로도 대략적인 데이터의 분포 확률을 쉽게 파악할 수 있다.

표 3.1 표준 정규 분포표

Z값	0	0.01	0.02	0.03	0.04	0.05	0.06	0.07	0.08	0.09
0.0	0.0000	0.0040	0.0080	0.0120	0.0160	0.0199	0.0239	0.0279	0.0319	0.0359
0.1	0.0398	0.0438	0.0478	0.0517	0.0557	0.0596	0.0636	0.0675	0.0714	0.0753
0.2	0.0793	0.0832	0.0871	0.0910	0.0948	0.0987	0.1026	0.1064	0.1103	0.1141
0.3	0.1179	0.1217	0.1255	0.1293	0.1331	0.1368	0.1406	0.1443	0.1480	0.1517
0.4	0.1554	0.1591	0.1628	0.1664	0.1700	0.1736	0.1772	0.1808	0.1844	0.1879
0.5	0.1915	0.1950	0.1985	0.2019	0.2054	0.2088	0.2123	0.2157	0.2190	0.2224
0.6	0.2257	0.2291	0.2324	0.2357	0.2389	0.2422	0.2454	0.2486	0.2517	0.2549
0.7	0.2580	0.2611	0.2642	0.2673	0.2704	0.2734	0.2764	0.2794	0.2823	0.2852
0.8	0.2881	0.2910	0.2939	0.2967	0.2995	0.3023	0.3051	0.3078	0.3106	0.3133
0.9	0.3159	0.3186	0.3212	0.3238	0.3264	0.3289	0.3315	0.3340	0.3365	0.3389
1.0	0.3413	0.3438	0.3461	0.3485	0.3508	0.3531	0.3554	0.3577	0.3599	0.3621
1.1	0.3643	0.3665	0.3686	0.3708	0.3729	0.3749	0.3770	0.3790	0.3810	0.3830
1.2	0.3849	0.3869	0.3888	0.3907	0.3925	0.3944	0.3962	0.3980	0.3997	0.4015
1.3	0.4032	0.4049	0.4066	0.4082	0.4099	0.4115	0.4131	0.4147	0.4162	0.4177
1.4	0.4192	0.4207	0.4222	0.4236	0.4251	0.4265	0.4279	0.4292	0.4306	0.4319
1.5	0.4332	0.4345	0.4357	0.4370	0.4382	0.4394	0.4406	0.4418	0.4429	0.4441
1.6	0.4452	0.4463	0.4474	0.4484	0.4495	0.4505	0.4515	0.4525	0.4535	0.4545
1.7	0.4554	0.4564	0.4573	0.4582	0.4591	0.4599	0.4608	0.4616	0.4625	0.4633
1.8	0.4641	0.4649	0.4656	0.4664	0.4671	0.4678	0.4686	0.4693	0.4699	0.4706
1.9	0.4713	0.4719	0.4726	0.4732	0.4738	0.4744	0.4750	0.4756	0.4761	0.4767
2.0	0.4772	0.4778	0.4783	0.4788	0.4793	0.4798	0.4803	0.4808	0.4812	0.4817
2.1	0.4821	0.4826	0.4830	0.4834	0.4838	0.4842	0.4846	0.4850	0.4854	0.4857
2.2	0.4861	0.4864	0.4868	0.4871	0.4875	0.4878	0.4881	0.4884	0.4887	0.4890
2.3	0.4893	0.4896	0.4898	0.4901	0.4904	0.4906	0.4909	0.4911	0.4913	0.4916
2.4	0.4918	0.4920	0.4922	0.4925	0.4927	0.4929	0.4931	0.4932	0.4934	0.4936
2.5	0.4938	0.4940	0.4941	0.4943	0.4945	0.4946	0.4948	0.4949	0.4951	0.4952
2.6	0.4953	0.4955	0.4956	0.4957	0.4959	0.4960	0.4961	0.4962	0.4963	0.4964
2.7	0.4965	0.4966	0.4967	0.4968	0.4969	0.4970	0.4971	0.4972	0.4973	0.4974
2.8	0.4974	0.4975	0.4976	0.4977	0.4977	0.4978	0.4979	0.4979	0.4980	0.4981
2.9	0.4981	0.4982	0.4982	0.4983	0.4984	0.4984	0.4985	0.4985	0.4986	0.4986
3.0	0.4987	0.4987	0.4987	0.4988	0.4988	0.4989	0.4989	0.4989	0.4990	0.4990

σ 크기	면적 점유율	영역을 벗어날확률
±0.6745 σ	50.00 %	1/2
±1.0000 σ	68.26 %	1/3
±1.6449 σ	90.00 %	1/10
±2.0000 σ	95.44 %	1/20
±3.0000 σ	99.74 %	1/370
±3.2900 σ	99.90 %	1/1000
±4.0000 σ	99.99 %	1/16000

한편 데이터의 정규성은 누적확률밀도함수로부터 계산할 수 있다. 누적확률밀도함수에서 벗어난 정도를 바탕으로 정규 분포인지 아닌지를 결정하는데 이 부분도 MiniTab에서 간단히 결과를 얻을 수 있다. 이는 누적확률밀도 곡선을 직선으로 변환한 다음 데이터의 빈도를 겹쳐서 표시한 것으로 이 결과가 직선에 가까운 경우는 정규 누적확률밀도 함수를 따른다는 의미이다. 아래는 정규 분포를 갖는 데이터와 평균이 다른 2개의 정규 분포 데이터를 더한 새로운 데이터에 대해 정규성을 판별한 결과이다.

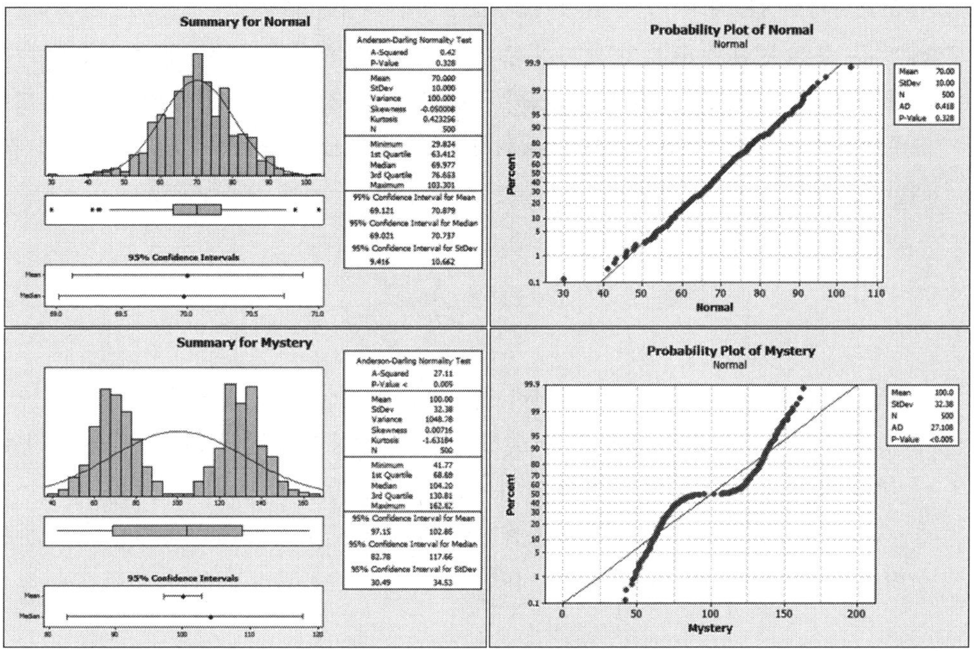

그림 3.12 데이터의 정규성 판별

3.3 중심 극한 정리

공학적인 측정에서 표본을 통해 얻은 데이터가 실제 참값인지 알 수 없기 때문에 반복 측정을 통해 오차가 줄이는 과정이 필요하다. 그러나 오차를 줄이기 위해 무한히 많은 측정을 할 수 없으므로 일부 반복 측정을 통해 실제 값을 추론해야 한다. 그렇다면 반복 측정을 통한 표본 평균($\overline{x}$)이 실 평균(μ)에 얼마나 떨어져 있을지를 추정하는 것이 중요한 문제이다.

3.2장에서 설명한 정규 분포는 무작위성을 갖는 측정에서 흔히 관측되는 현상이다. 특히 중요한 사실은 임의의 모집단에서 추출한 표본을 반복측정해서 얻은 평균($\bar{x}$)의 분포는 항상 정규성을 띈다는 것이다. 따라서 표본 평균값($\bar{x}$)의 분포에서 얻어진 평균($\bar{\bar{x}}$)이 참 평균(μ)과 거의 일치하며, 표본 평균값의 개수가 늘면 평균의 산포($\sigma_{\bar{x}}$)도 줄어든다. 이런 특성을 이용하여 모 평균(μ)과 표본 평균($\bar{x}$)이 얼마나 가까운지 여부를 따질 수 있는데 이때 중심 극한 정리(cental limit theorem)을 적용하면 오차의 범위 추정이 가능하다.

중심 극한 정리에 의하면 임의의 모집단에서 n개의 표본 $x_1, x_2, x_3, x_4 \cdots x_n$으로부터 얻은 표본 평균은 표본의 크기가 충분히 크면 대략적으로 정규 분포가 되고, 만일 모집단이 정규 분포였다면 표본의 평균치들은 정확히 정규 분포에 따른다. 이때 평균치의 표준편차를 평균값의 평균 오차(standard error of the mean)라 부르고 다음과 같이 정의한다.

$$\sigma_{\bar{x}} = \frac{\sigma_x}{\sqrt{n}} \tag{3.18}$$

이는 개별 관측치 보다 표본 크기의 제곱근만큼 평균값이 더 안정된다는 의미이다. 따라서 평균치의 추정값은 표본 수가 증가하면 더 안정될 수밖에 없다. 이는 선거에서 출구 조사 결과와 최종 투표 결과의 차이를 줄이려면 출구 조사 수를 늘려야 하는 것과 같은 개념이다. 이를 계측 시스템에 적용하면 측정 오차를 절반으로 줄이기 위해선 4회 측정해서 평균치를 사용하면 되는 것이다.

$$\sigma_{MS(mean)} = \frac{\sigma_{MS}}{\sqrt{n}} \tag{3.19}$$

예를 들어 모 평균이 70이고 표준편차가 9인 정규 분포 데이터가 있다고 하자. 이 중에서 9개씩 추출해서 평균치를 계산하는 과정을 250회 반복했을 때 표본 평균의 분포를 살펴보면 모집단의 산포에 비해 대략 1/3로 감소할 것이다.

$$\sigma_{\bar{x}} = \frac{\sigma_x}{\sqrt{n}} = \frac{\sigma_x}{\sqrt{9}} = \frac{\sigma_x}{3}$$

다음은 이 과정을 MiniTab으로 분석을 진행한 결과를 보인 것이다. 모 평균 $\mu = 70$이고 모 표준편차 $\sigma = 9$인 2,250개의 모집단 데이터로부터 9개씩 표본 추출을 250회 반복한 데이터를 MiniTab으로 분석하였다. 통계량 분석 결과를 보면 모 평균($\mu = 70.339$)과 표본 평균의 평균값($\overline{\overline{x}} = 70.028$)은 거의 일치하며, 모집단의 표준편차($\sigma = 9.517$)에 비해 표본 평균의 표준편차는($\sigma_{\overline{x}} = 3.284$)로 거의 1/3로 줄어들었음을 확인할 수 있다.

Descriptive Statistics: C1, C2, C3, C4, C5, C6, C7, C8, C9, C10, C11

Variable	N	N*	Mean	SE Mean	StDev	Minimum	Q1	Median	Q3
C1	2250	0	70.028	0.191	9.058	37.482	63.922	69.985	76.288
C2	250	0	69.495	0.605	9.561	44.384	63.417	69.961	76.445
C3	250	0	70.214	0.557	8.810	49.317	63.560	69.661	76.403
C4	250	0	69.583	0.595	9.409	44.241	63.946	69.343	76.327
C5	250	0	70.177	0.573	9.067	41.523	63.589	70.429	76.210
C6	250	0	70.328	0.571	9.035	50.175	64.361	69.768	76.709
C7	250	0	70.304	0.524	8.292	50.044	64.269	70.527	76.314
C8	250	0	70.187	0.580	9.164	46.469	64.114	70.444	76.220
C9	250	0	69.622	0.549	8.683	37.482	63.884	69.756	75.872
C10	250	0	70.339	0.602	9.517	47.779	63.832	70.823	76.982
C11	250	0	70.028	0.208	3.284	62.477	67.720	70.048	72.311

Variable	Maximum
C1	102.377
C2	95.001
C3	92.760
C4	92.231
C5	94.422
C6	100.882
C7	95.221
C8	102.377
C9	92.794
C10	91.185
C11	78.016

그림 3.13 정규 분포 모집단에 대한 중심 극한 정리의 적용 예

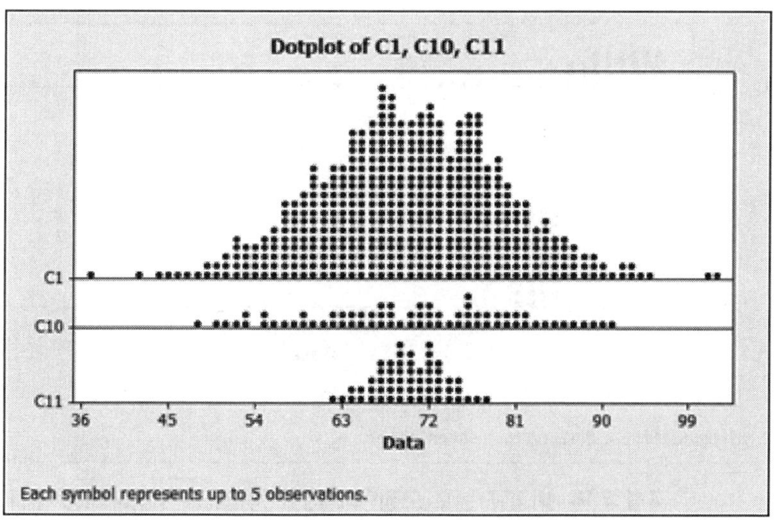

그림 3.14 정규 분포 모집단에 대한 중심 극한 정리 적용 결과

한편 앞에서 소개한 예는 모집단이 정규 분포였을 경우인데, 만일 모집단 자체가 정규 분포가 아닌 경우도 동일한 효과를 얻을 수 있다. 아래에 예를 든 것처럼 평균이 200인 지수 함수적 분포를 갖는 10,000개의 데이터를 갖는 모집단에서 100개씩 추출해서 평균을 취한 결과를 MiniTab으로 분석하였다. 통계량 분석 결과를 보면 모 평균($\mu = 203.0$)와 표본 평균의 평균($\overline{\overline{x}} = 201.78$)은 거의 일치하며, 모집단의 표준편차($\sigma = 203.9$)에 비해 표본 평균의 표준편차는($\sigma_{\overline{x}} = 18.24$)로 거의 1/10로 줄어들었음을 알 수 있다.

Descriptive Statistics: C1, C101

Variable	N	N*	Mean	SE Mean	StDev	Minimum	Q1	Median	Q3
C1	100	0	203.0	20.4	203.9	2.07	72.1	132.7	257.8
C101	100	0	201.78	1.82	18.24	158.92	189.06	201.50	212.11

Variable	Maximum
C1	1125.6
C101	245.75

그림 3.15 비정규 분포 모집단에 대한 중심 극한 정리 적용 예

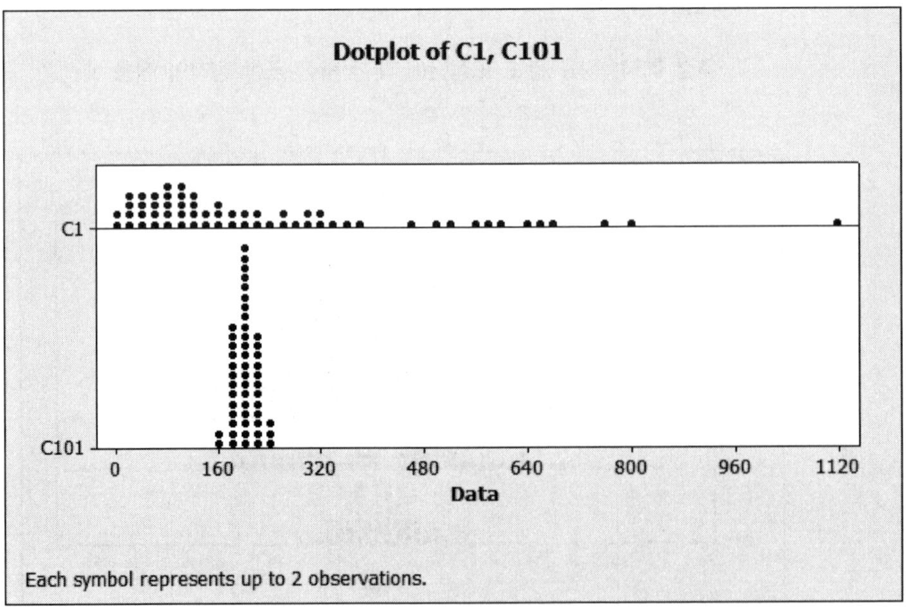

그림 3.16 비정규 분포 모집단에 대한 중심 극한 정리 적용 결과

3.4 불확실도

중심 극한 정리에 의하면 표본이 클 경우 표본 평균은 모집단 평균에 근접하게 되는데 이때 오차가 얼마인가 하는 것이 중요하다. 이에 의한 평균 표준 오차 감소는 표본의 크기에 따라 달라지는 데 통상적으로 표본 크기가 5, 6 이상일 때부터 안정되기 시작하여 30 이상이면 거의 일정하다. 따라서 표본의 수를 굳이 많이 적용할 필요는 없다.

한편 표준 정규 분포 곡선의 특성으로부터 정규 분포 데이터의 95 %를 포함하는 범위는 표준편차의 1.96배 이내임을 알 수 있다. 이를 이용하여 평균치 추정의 범위를 설정할 수 있다.

$$-1.96 < z < 1.96 \tag{3.20}$$

$$-1.96 < \frac{x-\mu}{\sigma} < 1.96 \tag{3.21}$$

$$\mu - 1.96\sigma < x < \mu + 1.96\sigma \tag{3.22}$$

모집단의 평균(μ)을 표본 평균($\bar{x}$)으로 표현한다면 아래와 같이 주어진다. 이는 다음 구간 내에 모든 판독치의 95 [%]가 존재할 것이라는 의미이다. 즉 95 %의 신뢰도로 모집단의 평균값(μ)의 존재구간을 정의할 수 있는 데 이를 신뢰구간(confidence interval)이라고 한다. 통상 모집단의 표준편차(σ)는 알 수 없지만 표본이 충분히 크다면 표본 표준편차(s)와 같다고 놓아도 무방하다.

$$z = \frac{\bar{x}-\mu}{\sigma_{\bar{x}}} = \frac{\bar{x}-\mu}{\sigma_x/\sqrt{n}} \tag{3.23}$$

$$\bar{x} - 1.96\frac{\sigma}{\sqrt{n}} < \mu < \bar{x} + 1.96\frac{\sigma}{\sqrt{n}} \tag{3.24}$$

$$\bar{x} - 1.96\frac{s}{\sqrt{n}} < \mu < \bar{x} + 1.96\frac{s}{\sqrt{n}} \tag{3.25}$$

예를 들어 압력을 100회 반복 측정한 데이터가 아래와 같이 주어졌다고 하자. 측정 평균치($\bar{x}$)는 4.0077이고 표준편차(s)는 0.0137이다. 이로부터 실제 압력의 추정치와 95 % 신뢰구간은 다음과 같이 구할 수 있다.

압력[MPa]	3.970	3.980	3.990	4.000	4.010	4.020	4.030	4.040	4.050
빈도	1	3	12	25	33	17	6	2	1

Descriptive Statistics: C1

Variable	N	N*	Mean	SE Mean	StDev	Variance	Minimum	Q1	Median
C1	100	0	4.0077	0.00137	0.0137	0.000188	3.9700	4.0000	4.0100

Variable	Q3	Maximum
C1	4.0200	4.0500

그림 3.17 압력 측정 데이터의 통계량

$$\mu - 1.96\sigma < x < \mu + 1.96\sigma$$

$$3.981 < x < 4.035$$

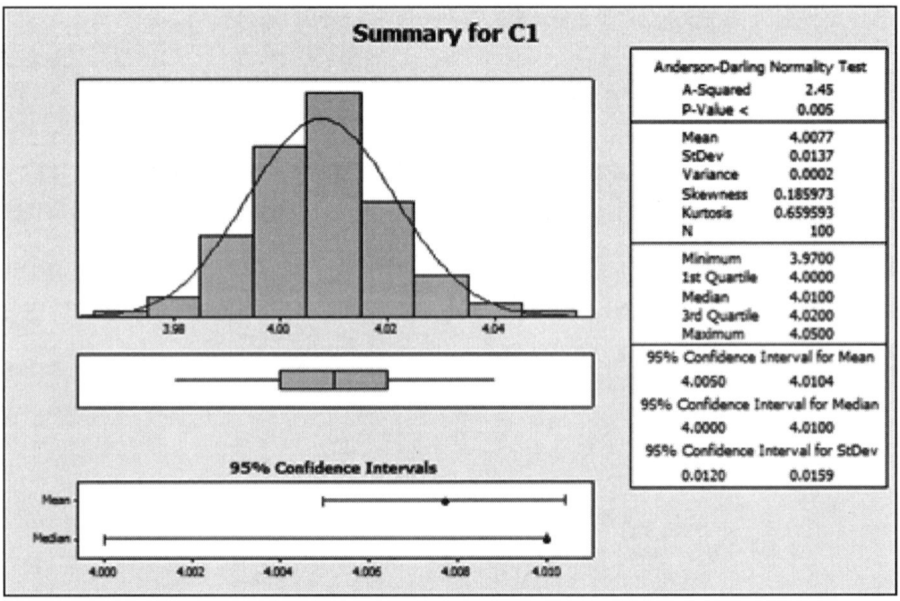

그림 3.18 압력 측정 결과의 신뢰구간

100회 평균 측정한 결과이므로 중심 극한 정리에 의해 평균값(μ)의 신뢰구간은 다음과 같이 결정된다.

$$\bar{x} - 1.96\frac{s}{\sqrt{n}} < \mu < \bar{x} + 1.96\frac{s}{\sqrt{n}}$$

$$4.005 < \mu < 4.011$$

유사한 예로 목표 사양이 1 [cm]인 부품의 길이를 20개 추출하여 측정한 결과가 다음과 같이 주어졌을 때 모 평균의 신뢰구간은 다음과 같다.

Descriptive Statistics: C1

Variable	N	N*	Mean	SE Mean	StDev	Variance	Minimum	Q1	Median
C1	20	0	1.0190	0.0353	0.1577	0.6800	0.9450	1.0200	1.1025

Variable	Q3	Maximum
C1	4.0200	4.0500

그림 3.19 길이 측정 데이터의 통계량

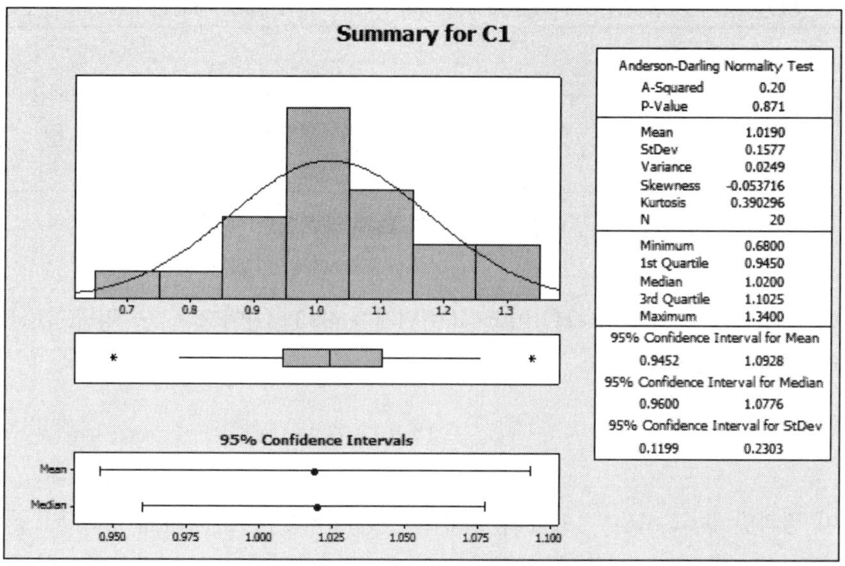

그림 3.20 길이 측정 결과의 신뢰구간

$$\mu - 1.96\sigma < x < \mu + 1.96\sigma$$

$$x = 1.019 \pm 0.309 \ (95\%)$$

$$\overline{x} - 1.96\frac{s}{\sqrt{20}} < \mu < \overline{x} + 1.96\frac{s}{\sqrt{20}}$$

$$\mu = 1.019 \pm 0.0738 \ (95\%)$$

한편 불확실성을 갖는 변수가 여러 단계를 거친다면 전체적인 불확실성은 늘어나게 된다. 예를 들어 센서의 감도 오차와 비선형 오차가 독립적으로 존재한다면 전체의 불확도는 제곱합제곱근(Root Mean Squares, RSS)에 의해 합성합 형태로 늘게 된다. 이는 오차가 정규 분포를 따르고 있을 것이라는 가정에 기초한 결과이다.

$$\sigma_y = \sqrt{\left(\frac{\partial y}{\partial x_1}\sigma_1\right)^2 + \left(\frac{\partial y}{\partial x_2}\sigma_2\right)^2 + \cdots + \left(\frac{\partial y}{\partial x_n}\sigma_n\right)^2} \quad (3.26)$$

예를 들어 공차가 ±100 [Ω]인 DMM(Digital Multimeter)으로 저항 10개를 무작위로 측정한 결과가 다음과 같다고 하자. 이 결과로부터 실제 저항의 공차를 추정하고 싶다.

표본	1	2	3	4	5	6	7	8	9	10
R [kΩ]	18.12	17.95	17.82	16.28	18.17	16.32	16.24	18.45	17.91	15.98

```
Variable   N  N*    Mean  SE Mean  StDev  Variance  Minimum      Q1  Median
C1        10   0  17.324    0.311  0.982     0.964   15.980  16.270  17.865
```

그림 3.21 저항 측정 데이터의 통계량

이때 평균치는 17.324 [kΩ]이고 표준편차는 982 [Ω]이므로 모 평균의 신뢰구간은 다음과 같이 결정된다.

$$\mu_R = 17.32 \pm 0.7 \quad [\text{k}\Omega]$$

이 결과만 놓고 보면 저항값의 불확도는 0.7 [kΩ]인데, 여기에 DMM의 공차가 포함되어야 한다. 이 둘은 서로 독립적이므로 RSS법으로 계산하면 저항자체의 불확도보다는 늘어나겠지만, 일반적으로 계측기가 측정대상 보다 월등히 정밀하므로 큰 차이는 발생하지 않는다.

$$U_R = \sqrt{(0.1)^2 + (0.7)^2} = 0.71 \quad [\text{k}\Omega] \ (4\ \%)$$

한편 이로부터 모집단의 95 [%]에 해당하는 저항값이 존재할 범위를 구하면 이것이 저항의 공차가 될 것이다. 따라서 결국 이 저항은 10 [%]의 공칭 오차를 포함한다고 볼 수 있다.

$$\frac{1.96\sigma_R}{\mu_R} \approx \frac{1.96 s_R}{\overline{R}} (11\%)$$

3.5 측정 시스템 분석

측정 시스템으로부터 수집된 데이터를 신뢰할 수 있기 위해선 측정 시스템 자체에 대한 분석이 필요하다. 이는 한마디로 얘기하면 측정 시스템에서 발생한 변동이 계측 데이터의 변동에 얼마나 영향을 미치는지 정량적으로 분석하는 과정으로 이를 측정 시스템 분석(Measurement System Analysis, MSA)라고 한다. 이를 통해 계측 시스템의 상태를 정확히 평가하고 측정 데이터의 질을 향상할 수 있다.

MSA는 특히 서로 다른 계측 시스템을 비교할 때 사용할 수 있으며, 측정 오차로 인해 불량 제품이 출하되거나 잘못된 공정 관리가 되지 않도록 하는 데 사용한다. 예를 들어 아래 그림과 같이 어떤 제품의 양품 여부를 확인하기 위해 제품의 사양으로부터 관리 상한(Upper Specification Limit, USL)과 관리 하한(Lower Spec Limit, LSL)이 있다고 하자. 실제 제품의 참값이 정규 분포를 갖는 다면 이중 일부는 불량이므로 측정 단계에서 걸러내야 한다. 그런데 만일 계측 시스템 자체가 만들어내는 특성의 산포가 있다면 실제로는 불량인 제품을 양품으로 판정할 수 있고, 그 반대로 실제 양품을 불량으로 잘 못 판정할 수도 있는 것이다.

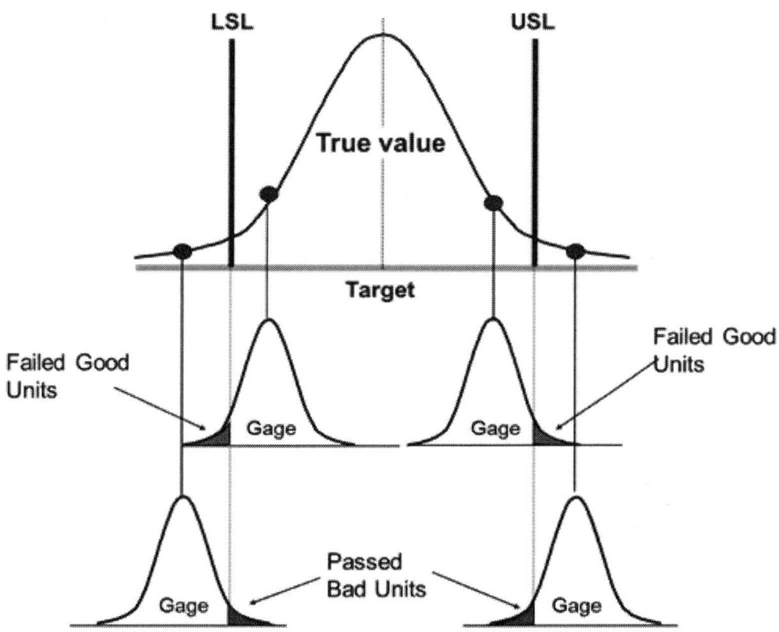

그림 3.22 MSA의 필요성

측정 시스템의 정밀성 분석은 통계 소프트웨어인 Minitab에서 쉽게 수행할 수 있다. Minitab에서 제공하는 결과는 계측 시스템의 반복성과 재현성(Gage R&R), 런 차트(Gage run chart), 선형성과 정확성(Gage linearity & accuracy) 등인데 이들의 물리적 의미를 정확히 이해한다면 Excel과 같은 범용 소프트웨어로도 분석을 할 수 있을 것이다. 먼저 3.4장에서 설명한 불확도가 증가하는 과정을 생각해보면 어떤 측정 결과치의 총 변동은 실제 피측정물(Device Under Test, DUT)의 변동과 측정 시스템(Measurement System, MS) 자체의 변동이 더해진 결과임을 알 수 있다. 따라서 측정치의 표준편차와 측정 대상의 참값의 표준편차 사이에는 다음 관계가 성립한다.

$$\sigma_{total}^2 = \sigma_{DUT}^2 + \sigma_{MS}^2 \tag{3.27}$$

$$\sigma_{total} = \sqrt{\sigma_{DUT}^2 + \sigma_{MS}^2} \tag{3.28}$$

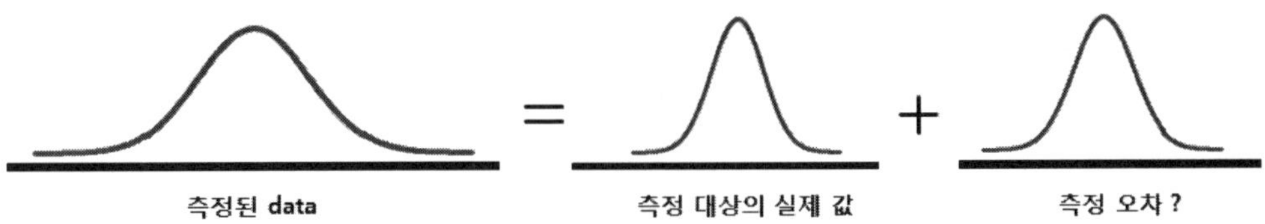

그림 3.23 측정 결과의 변동과 계측 시스템의 변동 관계

따라서 상식 수준에서 측정 시스템 자체의 분산이 계측 결과치의 분산에 비해 월등히 작을수록 좋은 계측 시스템일 것이다. 통상적으로 이 비율이 20을 넘어서면 우수한 계측 시스템이고 2보다 작다면 사용할 수 없는 수준이라고 생각한다. 이는 줄자의 눈금체계가 1 [cm] 간격인 것과 1 [mm] 간격인 것이 있다고 할 때 직경이 10 [mm] 정도인 베어링 크기를 측정한다고 생각하면 이해가 쉬울 것이다. 그렇다고 눈금체계를 0.1 [mm] 간격인 줄자로 측정하는 것처럼 계측 시스템을 무조건 정밀하게 만드는 것은 비용 측면에서 비효율적이므로 측정대상에 대한 고려가 반드시 필요하다.

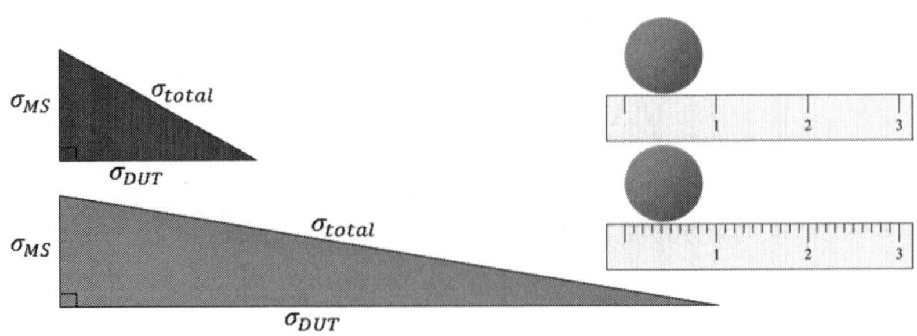

그림 3.24 계측 시스템의 편차와 측정치의 산포 관계

MSA를 다른 관점에서 살펴보면 우리가 실제로 알고 싶은 것은 측정대상의 참 값이다. 그러나 실제로 얻는 것은 측정치 자체이므로 계측 시스템의 특성을 알기 전까지는 참값을 알 수 없다. 또한 계측 시스템의 절대 오차가 아니라 변동을 아는 것이므로 측정대상의 참값의 범위를 파악하는 것이다.

1.2장에서 설명한 바와 같이 측정 시스템의 오차는 참값에서 얼마나 치우쳐 있는지를 알려주는 정확도와 측정 결과가 얼마나 균일하게 나오는가를 나타내는 정밀도로 구분할 수 있다. 좋은 측정 시스템은 다음과 같은 통계적 성질을 지녀야만 한다.

- 측정 시스템은 통계적 관리상태에 있어야 한다. 이는 측정 시스템의 변동 원인이 특수원인에 의한 것이 아니라 무작위성에 의해야 한다는 의미이다.
- 측정 시스템의 변동은 참값의 변동보다 월등히 작아야 한다.
- 측정기의 최소 눈금은 참값의 변동보다 작아야 한다. 통상 1/10을 넘지 않아야 한다.

그림 3.25 측정 시스템의 정확성과 정밀성

위 그림에서 알 수 있듯이 과녁의 중앙을 참값이라고 할 때 측정 시스템의 정확도는 측정 결과의 평균치와 관련이 있고 정밀도는 산포와 밀접한 관련을 갖는다. 따라서 정확성이 떨어진다면 교정을 통해 치우치는 정도를 개선할 수 있다. 반면 정밀성이 떨어진다면 이는 측정방법을 개선하거나 측정 시스템 자체를 개선해야 하는 문제이다. 측정 결과로부터 측정대상의 참값과 측정 시스템의 정확도와 정밀도와의 관계는 다음과 같이 기술할 수 있다.

$$\mu_{total} = \mu_{DUT} + \mu_{MS} \tag{3.29}$$

$$\sigma^2_{total} = \sigma^2_{DUT} + \sigma^2_{MS} \tag{3.30}$$

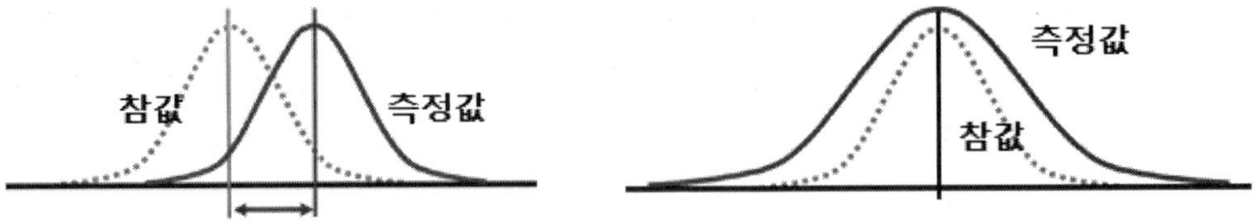

그림 3.26 측정 시스템의 정확도와 정밀도

계측 시스템의 정확성를 세분하면 편의(bias) 특성, 안정성(stability), 선형성(linearity)로 구분할 수 있다. 또한 측정 시스템의 정밀도는 흔히 Gage R&R이라는 지표로 기술하는데 이는 측정 시스템의 재현성(repeatability)과 반복성(reproducibility)을 의미한다. 재현성은 주로 측정을 수행하는 작업자에 따라 달라지는 정도를 의미하며, 반복성은 측정기 자체의 변동 요인에 의한 결과이다. 이들 각각의 특징은 아래와 같다.

- **편이(bias)**

DUT의 참값과 측정치의 평균이 얼마나 틀린가를 나타낸다. 보통 정확도로 표현하는데 편이가 발생하는 원인은 계측기의 교정을 잘못 했거나 틀린 특성값을 사용할 때 주로 발생한다. 계측 시스템이 노후화되는 경우에 주로 확인된다.

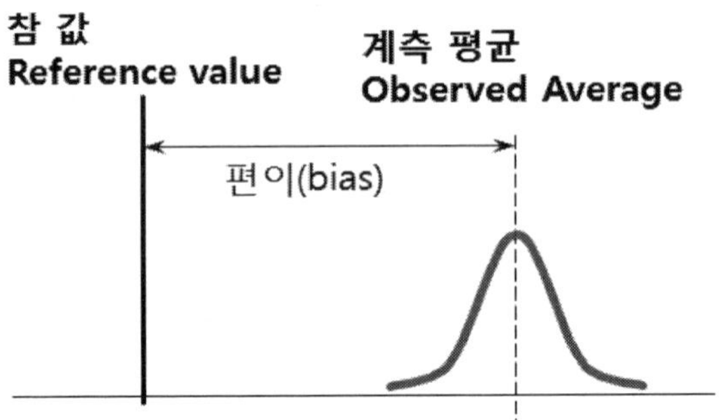

그림 3.27 측정 시스템의 편이(bias) 특성

- **안정성(stability)**

동일한 DUT로 장기간에 걸쳐 측정했을 때 얻어지는 총 변화 정도를 나타낸다. 이는 주로 계측 시스템의 물성과 크게 관련되는 데 예를 들어 온도에 의한 영향을 들 수 있다.

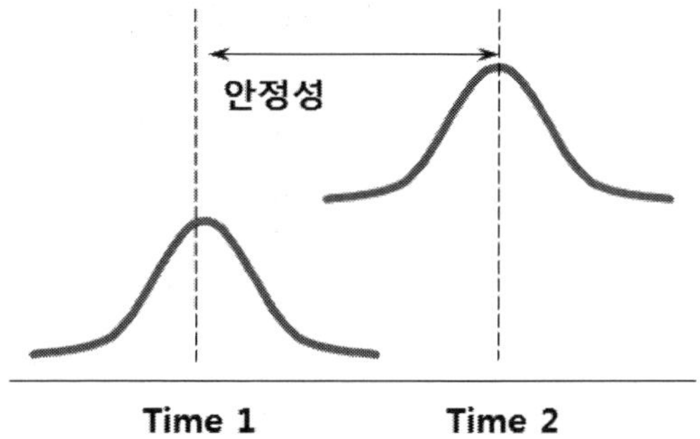

그림 3.28 측정 시스템의 안정성

• 선형성(linearity)

계측 시스템의 측정 가능한 전체 범위에서 편의 값의 차이를 의미한다. 이는 측정 도구의 내부 설계에 기인한 것으로 입력 범위에 따라 계측 시스템을 적절히 교정하지 않았거나 측정 도구가 노후화 되었을 때 나타나는 현상이다.

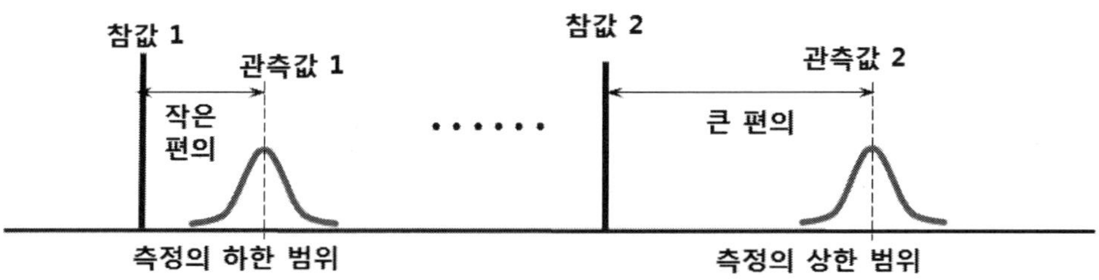

그림 3.29 측정 시스템의 선형성

• 반복성(repeatability)

계측 시스템의 정밀도를 나타내는 지표로 동일한 DUT를 동일한 측정인력이 동일한 계측 시스템으로 반복 측정하여 얻은 측정치의 변동을 의미한다. 반복성의 나빠지는 원인은 설계 오류에 의한 계측기 자체의 내재적인 산포뿐 아니라 조명이나 소음 등과 같은 환경적 요인에 의한 것일 수도 있다.

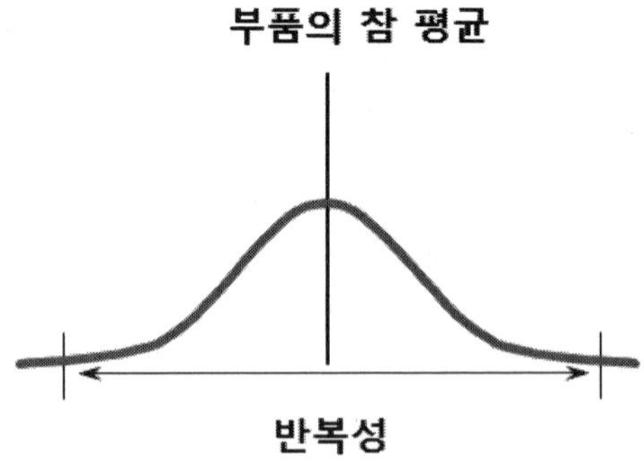

그림 3.30 측정 시스템의 반복성

- **재현성(reproducibility)**

동일한 DUT를 동일한 계측기로 측정 인력을 바꿔가면서 계측했을 때 나타나는 측정 평균치의 변동을 나타낸다. 이는 측정하는 사람별로 방법이 다르거나 측정 기술이 다른 것이므로 측정 절차와 방법을 명확히 하면 개선될 수 있다.

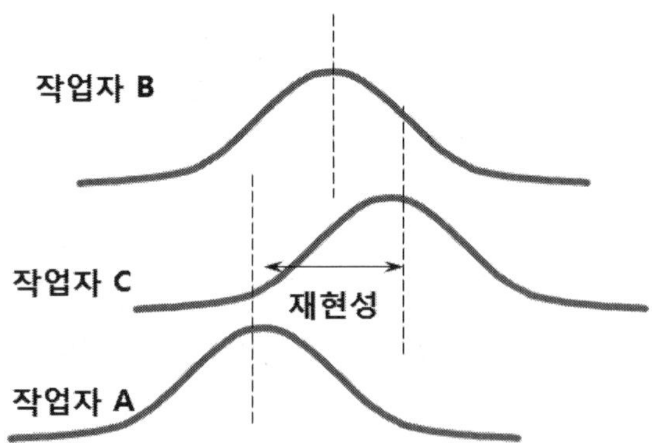

그림 3.31 측정 시스템의 재현성

이처럼 계측 시스템의 변동은 반복성과 재현성의 변동으로 구분할 수 있고, 이를 측정기 변동(Equipment Variance, EV)와 측정자 변동(Appraiser Variance, AV)로 나누어 생각할 수 있다. 이들 변동 사이의 통계적 상관 관계는 아래와 같다.

$$\sigma^2_{total} = \sigma^2_{DUT} + \sigma^2_{MS} \tag{3.31}$$

$$\sigma^2_{MS} = \sigma^2_{EV} + \sigma^2_{AV} \tag{3.32}$$

MiniTab을 이용하면 계측 시스템의 분석 결과는 쉽게 얻을 수 있다. 가장 중요한 것은 Gage R&R 계획을 수립하는 것으로 무작위로 표본을 선택하고 반복 측정과 측정 작업자를 결정한 다음 무작위 순서로 측정을 진행하는 것이다. 예를 들어 10개의 DUT를 3명의 측정자가 2회씩 반복해서 측정한다면 총 60회의 계측 데이터가 만들어질 것이다. Gage R&R 계획과 측정 결과는 아래와 같다.

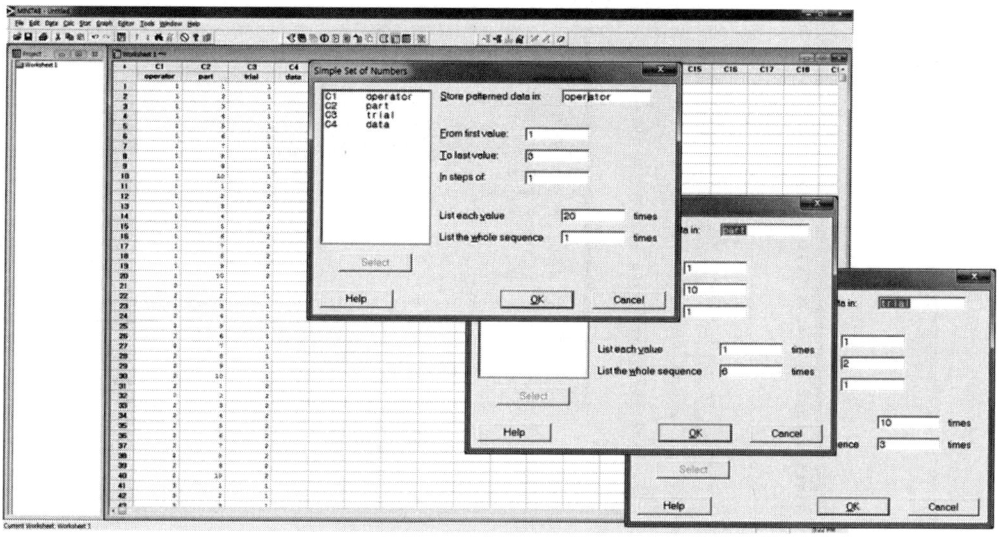

그림 3.32 Gage R&R 계획 수립

DUT	1st measurement			2nd measurement		
	Operator 1	Operator 2	Opertor 3	Operator 1	Operator 2	Opertor 3
1	0.65	0.55	0.50	0.60	0.55	0.55
2	1.00	1.05	1.05	1.00	0.95	1.00
3	0.85	0.80	0.80	0.80	0.75	0.80
4	0.85	0.80	0.80	0.95	0.75	0.80
5	0.55	0.40	0.45	0.45	0.40	0.50
6	1.00	1.00	1.00	1.00	1.05	1.05
7	0.95	0.95	0.95	0.95	0.90	0.95
8	0.85	0.75	0.80	0.80	0.70	0.80
9	1.00	1.00	1.05	1.00	0.95	1.05
10	0.60	0.55	0.85	0.70	0.50	0.80

그림 3.33 MSA용 측정 데이터

이 결과 데이터로부터 MSA를 하는 방법은 크게 Xbar-R방법과 ANOVA방법이 있다. Xbar-R 방법은 측정치의 변동을 DUT 자체의 변동, 반복성, 재현성으로 나누어 분석을

해 주고, ANOVA방법은 여기에 DUT와 측정인의 상호 작용을 추가한 것이다. 아래에서 변동의 범위를 정규 분포상에서 99 %를 포함하는 값을 사용하였다. 이는 표준 정규 분포 곡선으로부터 표준편차의 5.15배에 해당하는 값이다.

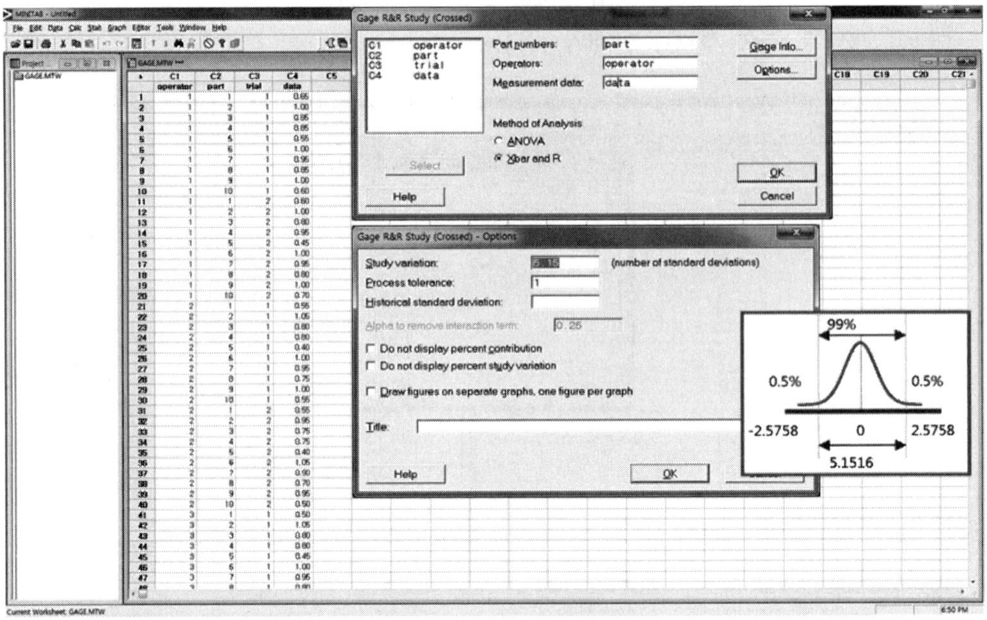

그림 3.34 MSA 조건 설정

```
Gage R&R Study - XBar/R Method
                                %Contribution
Source               VarComp    (of VarComp)
Total Gage R&R      0.0020839           6.33
  Repeatability     0.0011549           3.51
  Reproducibility   0.0009291           2.82
Part-To-Part        0.0308271          93.67
Total Variation     0.0329111         100.00

                                  Study Var  %Study Var  %Tolerance
Source               StdDev (SD)  (5.15 * SD)     (%SV)  (SV/Toler)
Total Gage R&R          0.045650     0.235099     25.16       23.51
  Repeatability         0.033983     0.175015     18.73       17.50
  Reproducibility       0.030481     0.156975     16.80       15.70
Part-To-Part            0.175577     0.904219     96.78       90.42
Total Variation         0.181414     0.934282    100.00       93.43

Number of Distinct Categories = 5
```

그림 3.35 MiniTab을 이용한 MSA 결과

측정 시스템의 평가 결과에서 주의 깊게 봐야 하는 내용은 %contribution과 %study variation, %tolerance 그리고 number of distinct categories 등이다. %contribution은 측정 데이터의 총 변동에서 Gage R&R이 차지하는 비중을 의미한다. 측정 시스템의 분산이 적을수록 양호한 것인데 이는 DUT의 특성 변동이 상대적으로 커야 한다는 의미이다. 즉 MSA를 위해 추출한 표본의 산포가 너무 적거나 너무 크면 측정 시스템의 능력을 잘 못 판정할 수 있기 때문에 반드시 무작위로 표본 추출 과정을 거쳐야 한다.

$$\%\,contribution = \frac{\sigma_{MS}^2}{\sigma_{total}^2} \times 100\% = \frac{0.0020839}{0.0329111} \times 100\% = 6.33\% \tag{3.33}$$

%study variation은 전체 측정 데이터의 표준편차에서 측정 시스템 자체의 표준편차가 차지하는 비중이다. 결국 %contribution의 제곱근과 동일하다.

$$\%\,study\ variation = \frac{\sigma_{MS}}{\sigma_{total}} \times 100\% = \frac{0.045650}{0.181414} \times 100\% = 25.16\% \tag{3.34}$$

%tolerance는 전체 공차의 몇 %를 계측 오류로 다룰지 결정하는 것이다. 이는 반복성과 재현성을 모두 포함한 값으로 DUT의 관리범위에 비해 10 [%] 미만이면 우수하다고 판정한다. 여기서 계측 시스템 표준편차의 5.15배가 전체 산포의 99 [%]를 차지한다는 의미이다.

$$\%\,tolerance = \frac{5.15 \times \sigma_{MS}}{USL - LSL} \times 100\% = \frac{0.045650}{tolerance} \times 100\% = 23.51\% \tag{3.35}$$

Number of distinct categories는 이 계측 시스템이 측정대상을 확실히 구분할 수 있는 범위의 수를 나타낸다. 판별지수(Discremination Index, D_P)라고도 부르는데 이는 DUT의 표준편차를 측정 시스템의 표준편차로 나누고 1.41을 곱하여 정수로 나타낸 값이다. 측정치 전체 변동과 DUT의 변동의 비율을 부품 간의 상관 계수(Parts Intraclass Correlation Coefficient, ρ)라고 하면 D_P는 다음과 같이 결정된다.

$$\rho = \frac{\sigma_{DUT}^2}{\sigma_{total}^2} = 1 - \frac{\sigma_{MS}^2}{\sigma_{total}^2} \tag{3.36}$$

$$D_P = \sqrt{\frac{1+\rho}{1-\rho}} = \sqrt{\frac{\sigma_{DUT}^2}{\sigma_{MS}^2} - 1} \cong \sqrt{2}\,\frac{\sigma_{DUT}}{\sigma_{MS}} \cong 1.41 \times \frac{\sigma_{DUT}}{\sigma_{MS}} \tag{3.37}$$

제4장

센서 기술

04
센서 기술

Sensor, Measurements and Instrumentation Engineering

현재 우리가 사용하고 있는 기계 장치나 자동화 시스템에서 감각기능을 하는 것을 센서(sensor)라고 부른다. 센서란 용어는 라틴어로 "느낀다" "지각한다" 등의 의미를 갖는 "*sens*–"에서 유래된 것으로 물리 현상으로 발생한 피측정량(measurand)을 관측자가 읽을 수 있도록 변환하는 소자 혹은 장치를 의미한다. 간단한 예로 수은 온도계에서 외부 온도 변화가 유리관에 밀봉된 수은의 부피를 변화시킴으로써 육안으로 관측하는 것을 들 수 있다. 한편 산업현장에 주로 사용하는 센서의 형태는 자동화 시스템에 적용이 쉽도록 주로 전기 신호로 변환하는 방식을 이용하는데 예를 들어 열전쌍(thermocouple)의 경우 온도를 전압으로 변환하는 소자이므로 DMM(Digital multi-meter)으로 계측할 수 있다.

이처럼 물리량을 변환한다는 관점에서 센서를 트랜스듀서(transducer)라고 부르기도 하는데, 트랜스듀서의 정의는 어떤 종류의 신호 혹은 에너지를 다른 형태로 변환하는 것을 총칭하는 것이므로 일반적인 의미의 센서 외에도 액추에이터(actuator)를 포함하는 넓은 개념이다. 액추에이터는 주로 전기적인 신호 혹은 에너지를 받아서 물리적인 힘 등의 기계적인 동작을 발생시키는 것이기 때문에 출력 트랜스듀서라고 하고 센서는 입력 트랜스듀서라고 구분하기도 한다. 그러나 그 의미에서 보듯이 구분이 명확하지 않기 때문에 혼용하는 경우도 많다.

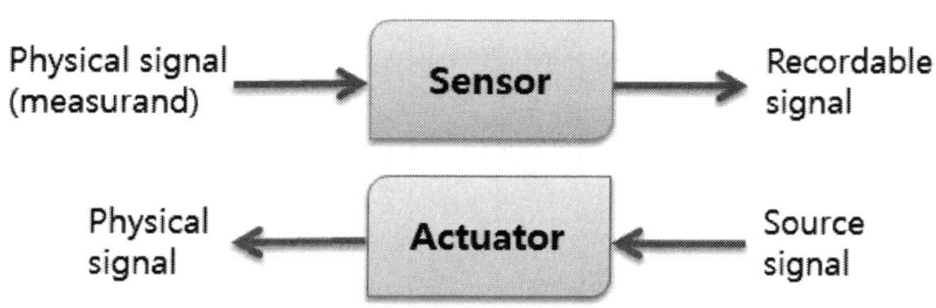

그림 4.1 트랜스듀서(센서 및 액추에이터)

4.1 센서 성능 지표

좋은 센서가 가져야 할 조건은 측정대상에 대해서만 높은 감도(sensitivity)를 갖고 반대로 다른 물리량에 대해선 감도가 낮아야 하며, 센서를 통한 측정이 피측정물(Device Under Test, DUT)에 영향을 주지 않아야 한다. 이상적인 센서의 입출력특성은 선형이거나 혹은 로그함수처럼 간단한 수학적인 함수로 기술 될 수 있어야 한다. 대부분의 실제적인 센서는 여러 가지 특성 오차를 갖고 있는데 이 들을 규정하는 대표적인 파라미터는 다음과 같다.

- **감도(sensitivity)**

센서의 입출력특성 곡선의 기울기를 나타내며, 일반적으로 주어진 입력 신호 변화에 대한 출력 신호의 변화비율로 나타낸다. 예를 들어 혈압 센서의 감도 정격이 10 [mV/V/mmHg]라면 전압 1 [V] 조건에서, 1 [mmHg] 압력을 인가할 때 발생하는 출력 전압이 10 [mV]라는 의미이다.

- **감도편차(sensitivity deviation)**

감도는 측정대상 양이 변화했을 때 센서의 출력이 얼마나 달라지는지를 나타내는 지표로 명시치와의 차이 정도로 표시한다. 예를 들어 감도가 10 [mV/V/mmHg]라고 알려진 혈압계를 실측한 결과 9.5 [mV/V/mmHg]라면 5 [%]의 감도편차가 있는 것이다.

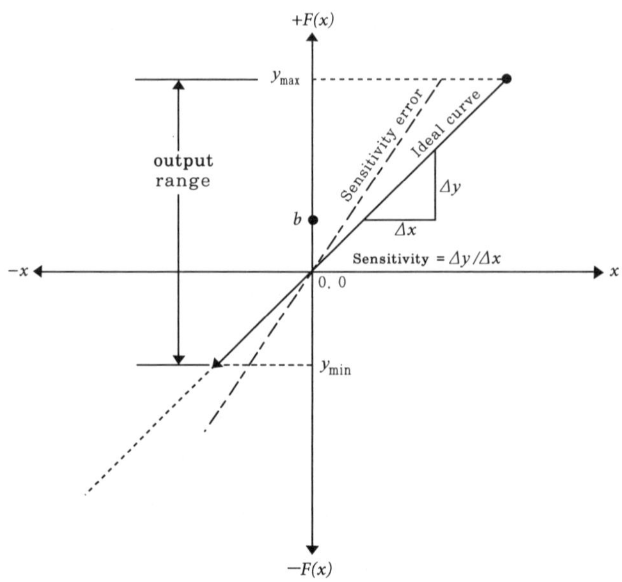

그림 4.2 센서 입출력특성 예

• **측정범위(measurement range)**

출력이 포화되지 않는 상태에서 측정 가능한 최대 최소 입력의 차이로 입력의 부호에 따라 대칭이 아닐 수도 있다. 예를 들어 일부 의료용 혈압계의 경우 측정범위가 -50~450 [mmHg]이다.

• **동적범위(dynamic range)**

측정을 통해 구분 가능한 최대 입력 범위와 최소입력의 크기 비율을 나타낸다. 일반적으로 10의 지수 형태 혹은 데시벨(dB)로 표시한다.

$$DR = \frac{measurement\ range}{resolution} \tag{4.1}$$

• **편이(offset)**

입력이 없을 때 관측 되는 센서의 출력 혹은 출력이 0이 나오길 기대하는 입력이 주어질 때 발생하는 출력 신호를 의미한다. 편이량이 일정하다면 문제가 되지 않지만 온도에 따라 달라지거나 시간이 경과하면서 천천히 변하는 것들이 문제가 된다.

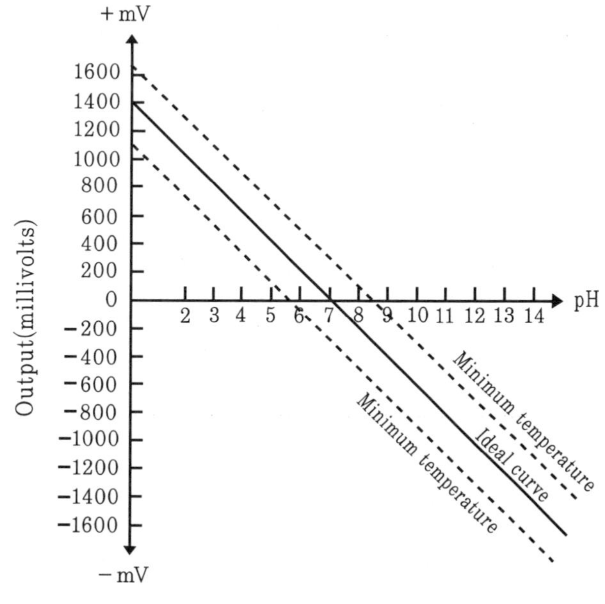

그림 4.3 센서의 편이특성 예

• **드리프트(drift)**

센서 출력이 입력 물리량과 무관하게 시간에 따라 천천히 변하는 경우를 나타내며 주로 사용 시간이 경과할수록 센서가 미세하게 성능이 나빠지는 long term drift로 표시한다.

- **비선형성(nonlinearity)**

센서의 입력범위 내에서 감도가 일정하지 않은 정도를 나타내며, 이상적인 출력과 비교 했을 때 오차의 최대 크기와 최대 출력범위와의 비율로 표시한다. 통상 센서의 정적특성과 동적특성은 다른데 비선형성은 일반적으로 정적특성으로부터 구한다.

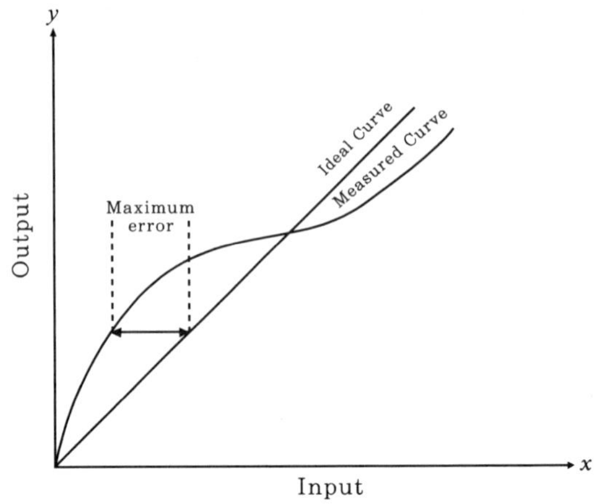

그림 4.4 센서의 비선형 오차 예

- **이력특성(hysteresis)**

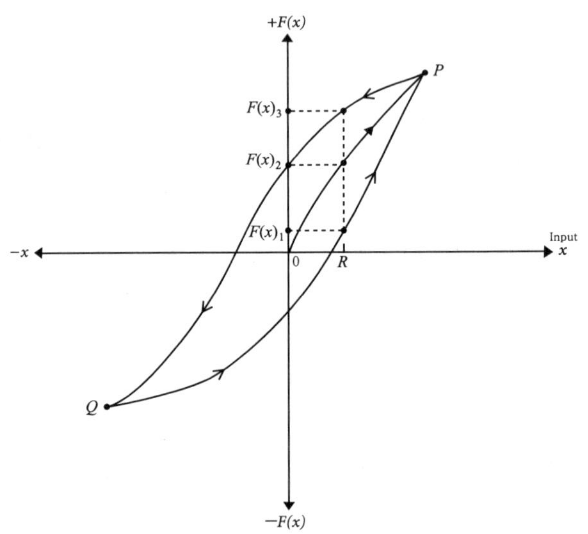

그림 4.5 센서 이력특성 예

센서의 출력이 현재 입력 뿐 아니라 과거 입력의 영향을 동시에 받는다면 입력이력에 따라 출력이 변할 수 있다. 센서에서 측정하고자 하는 물리량의 증가하거나 감소하는 방향에 따라 출력특성이 달라지는 현상인데, 이는 입력에 대한 출력의 동적 지연으로도 발생 할 수 있다. 따라서 이력특성은 정적 입력을 가한 상태에서 평가하고, 최대 출력범위에 대한 비율로 표시한다.

- **응답시간(response time)**

센서는 입력 변화에 대해 순시적으로 반응하지 못하고 일정 지연시간이 생기면서 안정한 출력에 도달하는 데 이를 응답시간(T_r)이라고 한다. 응답시간은 센서의 입력의 방향에 따라 상승시간과 하강시간으로 정의한다. 센서의 응답성은 측정하려는 대상에 비해 응답속도가 충분히 빨라야 한다.

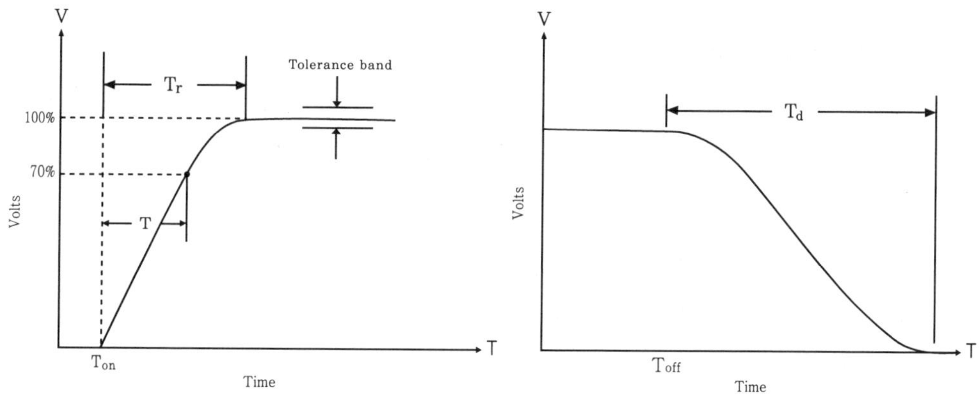

a) 양의 계단 입력 변화에 대한 응답　　b) 음의 계단 입력 변화에 대한 응답

그림 4.6 센서의 동적 응답특성

- **동적 오차(dynamic error)**

시간에 대한 측정 입력의 변화 정도에 따라 오차가 달라지는 경우를 의미하며 통상 보드 선도(bode plot)로 주파수특성을 표시한다.

- **양자 오차(digitization error)**

디지털 방식의 센서에서 샘플링 한 출력을 근사화하는 과정에서 발생하는 오차이다. 양자 오차를 줄이려면 연속 변수를 더 많은 비트수로 이산화(discretigation)하는 과정이 필요하다.

- **앨리어싱(aliasing)**

이산시간으로 샘플링하는 과정에서 샘플링 주파수가 낮을 경우 주기적인 잡음이 부가

되는 현상이다. 앨리어싱 효과는 제거하기 위해 샘플링 주파수를 무한히 높일 수 없으므로 필터를 이용한 센서 출력신호의 대역 제한이 필요하다.

- **선택성(selectivity)**

측정대상인 물리량 이외의 입력에 대해 반응하는 현상으로 온도특성을 예로 들 수 있다.

- **잡음(noise)**

시간에 대해 무작위로 달라지는 출력 성분으로 센서의 분해능을 결정하는 요인이 된다.

- **분해능(resolution)**

센서의 잡음에 의해 결정되는 물리량으로 측정 가능한 최소 입력 변화량을 의미한다. 통상 절대치로 표현하거나 전체 측정범위에 대한 비율로 나타낸다.

- **정밀도(precision)**

측정의 재현성(reproducibility) 정도를 나타내는 지표로 동일한 계측대상에 대해 같은 측정을 반복할 때 완전히 일치한 결과를 보이는 것이 아니라 실제 값 주위로 어느 정도 산포를 보인다.

- **정확도(accuracy)**

센서의 정확도는 실제 값과 측정치의 최대 오차를 의미하며 통상 절대치로 표현하거나 전체 측정 범위에 대한 비율로 나타낸다.

- **무작위 오차(random error)**

센서 잡음처럼 무작위 특성을 갖는 오차를 의미하며 잡음 필터(noise filter) 등을 이용한 신호 처리를 통해 개선할 수 있다. 센서의 정밀도(precision)를 결정하는 요인이 된다.

- **체계 오차(systematic error)**

센서의 정확도를 결정하는 요인이며 편이량처럼 교정 혹은 보정을 통해 개선이 가능하다.

4.2 센서의 분류

센서의 종류는 측정대상에 따라 분류하는 것이 일반적이다. 예를 들어 힘이나 변위 등을 측정하는 역학 센서로는 가속도 센서, 각속도 센서, 압력 센서 등을 들 수 있다. 다음 표는 측정대상인 물리량에 따른 분류 예를 보인 것이다.

표 4.1 감지 대상별 센서 분류

구분		감지대상
역학	공간	거리, 각도, 변위, 면적, 부피, 변형량, 곡률 …
	시간	시간, 시각, 주기, 수명 …
	운동	속도, 각속도, 가속도, 각가속도, 진동, 회전, 유량…
	힘	힘, 압력, 토크, 충격 …
	기타	질량, 밀도, 비중, 탄성, 점성, 경도, 강도 …
전자기	전기	전압, 전류, 전력, 전하, 전기장, 분극, 전기력 …
	자기	자장, 자속, 자기력, 자기 에너지, 자기저항, 자기분극 …
	전자파	진폭, 주파수 …
	기타	도전율, 저항률, 유전율, 투자율, 보자력, 자기저항…
광	가시광	광도, 조도, 색, 편광, 간섭, 회절, 굴절, 반사 …
	적/자외선	적외선, 자외선
	영상	영상, 분해능, 색상 …
	기타	형광
방사선	하전입자	α선, 핵분열, 이온빔 …
	전자선	β선, γ선, x선 …
	기타	우주선, 고에너지 방사선 …
음향	음파	강도, 고저, 위상, 반사, 굴절, 투과, 회절, 간섭, 음속 …
	초음파	강도, 진동수, 위상, 영상, 거리, 결함 …
	음성/소음	강도, 음색, 맥놀이, 소음 …
	기타	특수 합성음
열역학	열량	열량, 전도, 복사, 대류, 용량, 비열 …
	온도	상온, 고온, 저온, 극저온, 극고온 …
	기타	열전도율, 융점, 비점, 열팽창 …
화학	가스	H_2, O_2/O_3, CO/CO_2, CH, H_2S, NH_3/NO_X, $HCl/HF/Cl_2$…
	이온	양 이온, 음 이온, 가스 감응 이온
	성분	기상, 액상, 이온질량, 광흡수 성분, 발광 성분, …
	습도	습도, 습기, 결로 …
	분진/매연	부유분진, 강하분진, 매연, 탁도 …
바이오	생체물질	단백질, 핵산, 탄수화물, 지질, 무기염류, 항생물질 …
	세포/조직	생체막, 세포 소기관, 세균, 균류, 바이러스 …
	생체기능	효소, 소화, 배설, 호흡, 순환, 호르몬, 면역 …
	기타	생물환경, 오염 …

센서의 종류가 다양한 만큼 여러 가지 분류 방식이 존재한다. 센서를 입력 에너지를 변환시키는 트랜스듀서라는 관점에서 볼 때 열전쌍(thermocouple)은 온도에서 전압으로 변환이 직접적으로 이루어지는 반면, 스트레인 게이지(strain gauge)의 경우 힘이 로드셀(load cell)을 통해 인장률(strain)로 변환하고 이에 의해 저항 변화가 생기는 것이므로 2단계 변환을 거치는 방식이다. 이처럼 에너지 변환 차수에 따라 센서 구성 방식을 분류할 수 있다.

한편 센서가 에너지 변환기 역할을 하기 위해선 변환을 위한 에너지가 필요한데 이를 입력 신호로부터 직접 받는 경우와 외부에서 별도로 받는 경우에 따라 수동형과 능동형으로 구분할 수 있다. 앞에서 예를 든 열전쌍과 스트레인 게이지는 변환에 필요한 에너지를 측정대상인 외부 입력 물리량을 통해 받기 때문에 수동형으로 분류한다. 반면 열저항소자(thermistor)나 광검출기(photo-detector)의 경우는 입력 신호에 저장된 에너지를 직접 변환할 수는 없고 외부에서 별도의 전기 에너지를 공급해야 하므로 능동형 센서이다.

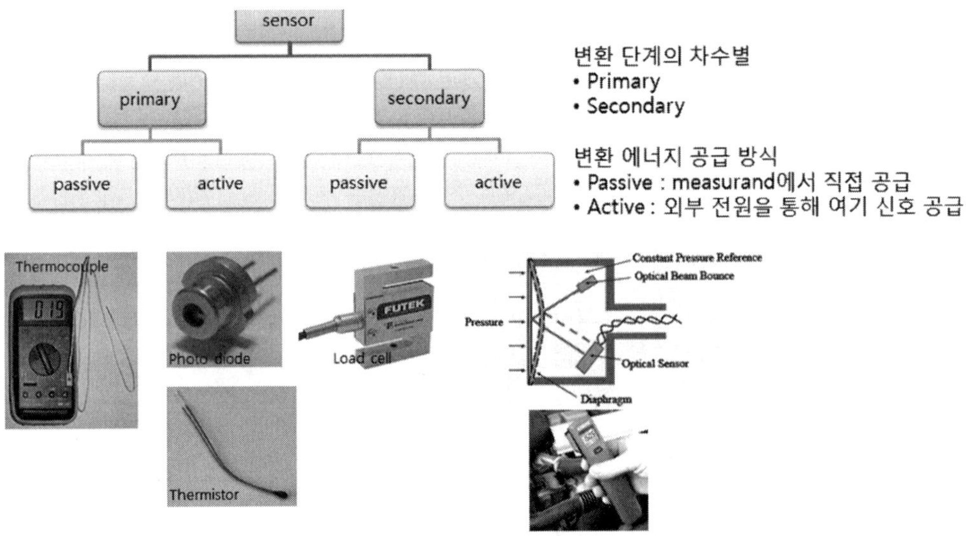

그림 4.7 구성 방식 및 동작 방식에 따른 센서 분류

출력 방식에 따른 분류는 연속 신호 형태로 얻어지는 아날로그 방식과 이산 출력 형태의 디지털 방식으로 나눌 수 있다. 디지털형 센서는 광전 스위치나 근접 스위치처럼 출력이 on/off 2가지 상태만 갖는 스위치형 센서와 다수의 bit로 표현되는 출력이 나오는 부호화형 센서로 구분한다. 대표적인 부호화형 센서로는 회전체의 위치를 검출하기 위한 인코더(encoder)를 들 수 있다.

검출 모드에 따라선 변형(deflection)량 검출과 힘 평형(force-balancing) 방식으로 나눈다. 주로 입력에 의한 변형 발생 정도를 검출하는 센서에 해당되는 사항으로 초기 위치에서 벗어난 정도를 직접 계측하는 로드셀과 천칭처럼 피측정량과 동일한 하중을 발생시켜서 변형량을 없애고 이때의 외력을 계산하는 방식을 의미한다. 힘 평형 방식은 null mode형으로 부르기도 하는데 동특성과 입력범위 면에서 유리하다.

그림 4.8 검출 모드에 따른 센서 분류

자주 사용하는 센서의 분류 방식은 다음 표와 같다.

표 4.2 센서의 분류 방법

구분	분류 내용
측정 대상	입력 물리량에 따라 광, 이미지, 적외선, 온도, 습도, 압력 ...
검출 방식	에너지 변환 방식에 따라 전자기, 광학, 화학, 역학...
구성 방식	에너지 변환 차수에 따라 1차, 2차
동작 방식	변환 에너지를 공급하는 방식에 따라 능동형, 수동형
검출 모드	힘 평형 여부에 따라 deflection형, null형
출력 방식	아날로그형, 디지털형(스위치형, 부호화형)
구성 재료	반도체, 세라믹, 고분자...

4.3 변위 센서

4.3.1 저항형(resistive) 변위 센서

저항형 센서는 물리적 입력에 의해 발생하는 미세한 저항 변화로부터 센서 입력을 추정하는 소자를 말한다. 흔히 가변저항(potentiometer)으로 불리는 소자는 일종의 저항형 센서로서 가변단에 선형 변위 혹은 각변위가 작용하도록 구성함으로서 물리적인 변위에 의해 저항치가 변하도록 되어 있다. 저항형 센서의 원리는 크게 기본적으로 저항성 물성이나 치수 변화에 의한 효과를 사용한다. 여기서 R [Ω]은 저항, ρ [Ωcm]은 물질의 비저항, l [m]은 길이, A [m^2]은 단면적을 나타낸다.

$$R = \rho \frac{l}{A} \tag{4.2}$$

아래 그림처럼 일정한 저항성 물질의 유효길이가 달라지도록 구성하고 양단에 전압을 인가하면 출력 전압은 변위 혹은 각도에 비례한다. 이러한 방식을 가변저항형(variable resistor) 형이라고 하며, 매우 간단한 방식으로 [mm]에서 [m] 단위의 변위 혹은 각도로 수천 도까지 측정할 수 있다.

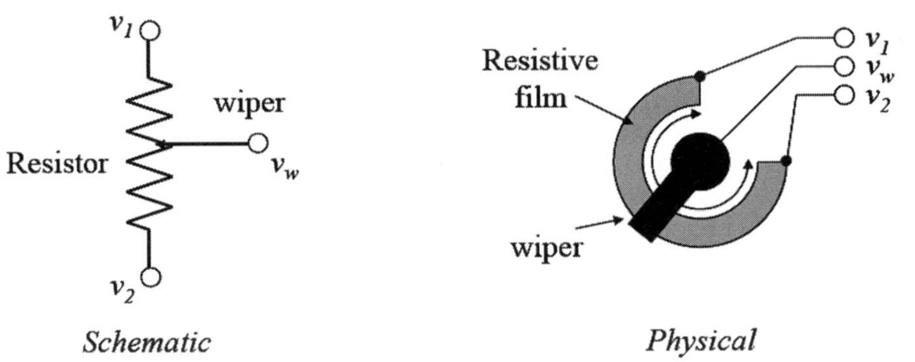

그림 4.9 저항형 변위 센서 구조

이러한 저항형 변위 센서에서 고려해야 할 특성은 주로 비선형성, 정확도 그리고 분해능이다. 먼저 선형성 측면에서 저항은 길이 방향으로 균일하게 제작되어야 한다. 만일 그렇지 않다면 자체적인 비선형성이 존재하므로 이를 저항 트리밍(trimming)을 통해 보상해야 하므로 비용이 많이 들게 된다.

저항형 변위 센서는 주로 전압 분배회로로 측정하므로 정확성을 위해선 입력 전압 V_i의 변동이 적어야 한다. 또한 가변 단자가 저항을 접촉하면서 움직이기 때문에 접촉저항이 균일해야 한다. 그러나 저항형 변위 센서의 경우 먼지, 습기, 표면 산화 정도 그리고 마모에 의해 접촉저항이 달라지므로 정확성을 보장하는 것이 어렵다.

분해능은 일반적으로 잡음에 대한 상대적인 신호의 크기로 결정되지만 구조에 따라 분해능의 한계가 정해질 수도 있다. 예를 들어 다음 그림과 같이 권선형 구성이라면 이산적인 출력을 얻을 수 밖 에 없다. 반면 연속형의 경우 출력 분해능은 저항성 잡음에 의해 제한된다.

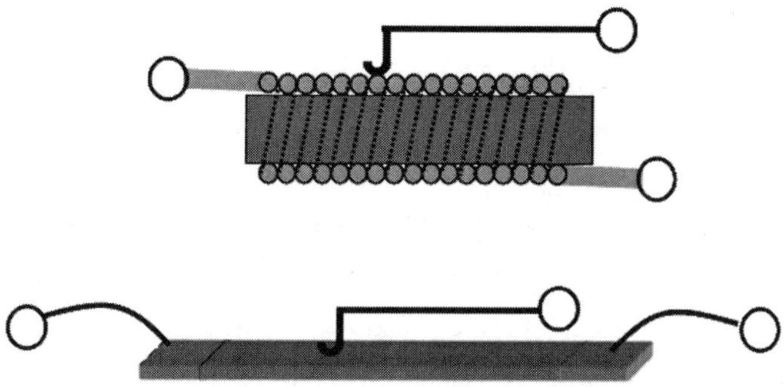

그림 4.10 저항형 변위 센서의 구성

저항형 변위 센서 사용 시 중요하게 고려해야 할 사항은 다음과 같다.

- **변위 측정범위**

측정범위를 감안해서 센서를 선정해야 한다. 일반적으로 시스템의 전체 거동 중에서 극히 일부 변위만 측정할 경우가 많은데 예를 들어 전체 변위가 250 [mm]인데 종단 25 [mm]만을 정밀하게 측정한다면 동일 센서로 분해능을 10배 높일 수 있다.

- **변위 측정 오차**

얼마나 작은 변위를 검출할 수 있는가를 나타내는 정밀도와 임의의 변위에서 이상적인 출력과의 차이를 나타내는 비선형성 그리고 측정의 반복성 등이 모두 오차로 나타난다.

- **사용 안정성**

저항형 센서의 경우 내충격성, 내진동성, 내습성, 내열성, 내염성 등이 사용환경에 따라 정밀도 보다 더 중요할 수 도 있다.

- **입력 신호**

전위차계형의 경우 출력 전압이 입력 전압에 직접 비례하므로 안정적인 입력 신호를 공급하는 것이 중요하다.

- **장착 조건**

응용 분야에 따라 다르지만 측정 부위에 센서를 장착할 때 정렬이 틀어지면 사용 수명도 단축된다. 예를 들어 센서의 원 거동 방향과 달리 외력이 작용하면 조정 단자나 저항성 물질에서 문제가 생기기 전에 이미 베어링부에서 고장이 발생할 수 있다. 통상은 이런 부분을 보상하기 위해 장착부에 커플링 구조를 이용하기도 한다. 이 밖에 사용환경에 따라 방수 구조를 채택해야 할 수도 있다.

• **온도 보상 여부**

저항 자체는 온도에 따라 특성이 달라지기는 하지만 전위차계 방식의 경우 전압 분배기 형태로 사용하므로 통상적으로는 온도 보상을 사용하지 않아도 된다.

이 외에도 변위 측정 장치의 전체 가격 대비 성능 수준도 고려해야 할 것이다. 전반적으로 저항형 변위 센서의 장점은 가격이 싸고, 구조가 단순하며 사용이 편리하다는 것이다. 또한 전력 소비를 작게 할 수 있고 적절한 트리밍 수단을 사용하면 선형성도 우수하다. 전위차계형 센서의 종류로는 권선형(Wire Wound, WW), 탄소피막형(Carbon Track, CT) 그리고 도성합금형(Cermet, CM) 등이 있다. 종류별 특징은 아래와 같다.

표 4.3 전위차계형 센서의 종류별 특성

특성	WW	CT	CM
저항범위	10 [kΩ] ~ 100 [kΩ]	5 [kΩ] ~ 5 [MΩ]	10 [kΩ] ~ 2 [MΩ]
사용 주파수	10 [MHz]	150 [MHz]	300 [MHz]
분해능	유한	무한	무한
인덕턴스	고	저	저
온도계수	50 [ppm/℃]	400 [ppm/℃]	100 [ppm/℃]
환경 신뢰성	우수	보통	우수
동작 수명	우수	탁월	우수
분해능 변화 정도	2 [%]	10 [%]	3 [%]

4.3.2 용량형(capacitive) 변위 센서

용량형 변위 센서는 두 개 이상의 도체와 그 사이에 유전체(dielectric material)가 배치된 평판 커패시터(capacitor)에서 전극의 위치가 달라지면서 발생하는 정전용량(Capacitance, C)의 변화를 검출하는 방식이다. 커패시터 내부의 유전물질을 통해 흐르는 용량성 전류(i_C)의 크기는 유전체에 저장된 전하량(Q)의 시간 변화율에 비례하며, 커패시터 인가 전압(v_C)과 전하량(Q)의 관계를 커패시턴스로 정의한다. 여기서 커패시턴스(C)는 단위 전압을 인가했을 때 저장되는 전하량을 나타내며 단위는 [Farad, F]이다.

$$Q[C] = C \cdot v_C \tag{4.3}$$

$$i_C[A] = \frac{dQ}{dt} = C\frac{dv_C}{dt} \tag{4.4}$$

커패시터가 전하를 저장하는 것은 유전체의 분극 현상에 의한 것이므로 커패시턴스는 전하를 저장되는 유전체의 물성과 형상에 따라 달라진다. 즉 분극(polarization)은 전기장(electric field)에 의해 발생하므로 도체 사이의 간극이 작을수록 그리고 대향하는 면적이 클수록 증가한다.

$$C = \epsilon \frac{A}{d} = \epsilon_o \epsilon_r \frac{A}{d} \tag{4.5}$$

여기서 $A[\mathrm{m}^2]$는 전속(electric flux)이 통과하는 영역의 단면적, $d[\mathrm{m}]$는 전기장이 작용하는 간격 그리고 $\epsilon[\mathrm{F/m}]$는 유전체의 유전율(permittivity)이다. 유전율(ϵ)은 공기의 유전율(ϵ_o)과 이에 대한 상대적인 유전율(ϵ_r)의 곱으로 표현하며 공기의 유전율은 8.854×10^{-12} [F/m]이다.

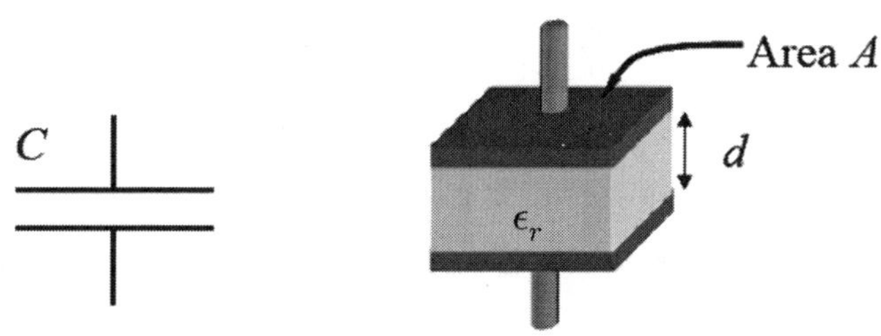

그림 4.11 평판 커패시터

용량형 변위 센서를 구성하려면 변위에 따라 분극이 일어나는 유전체의 형상이 달라지거나 혹은 물성이 변하도록 구성해야 한다. 변위에 따라 커패시턴스가 달라지도록 구성하는 간단한 방법은 2개의 도체판 중 하나를 고정하고 나머지 하나를 움직이게 만드는 것이다. 혹은 도체판을 고정하고 중간에 있는 유전체 위치가 달라져도 될 것이다. 아래는 용량형 센서의 동작 원리를 간략히 도시한 것으로 좌로부터 간극 변화형, 면적 변화형, 변형 유전체형이다. 과거에 아날로그 라디오의 동조회로에 사용하던 가변 콘덴서(varicon)의 구성이 바로 면적 변화형 커패시터이다.

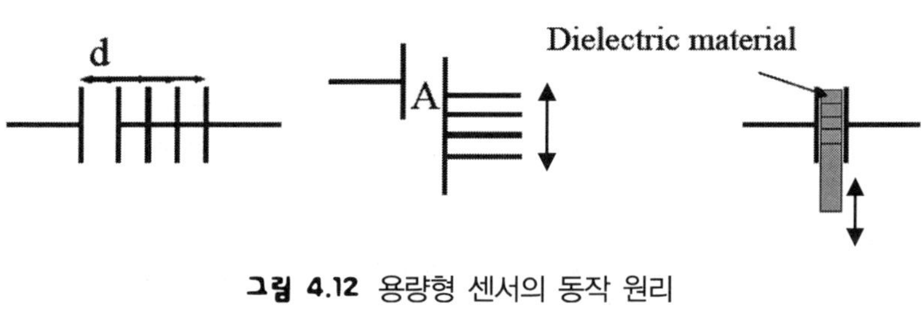

그림 4.12 용량형 센서의 동작 원리

아래는 이런 용량형 센서의 원리를 이용하여 수위를 측정하는 센서 구성 예를 보인 것이다. 크게 도체판 사이의 대향 면적, 간극, 또는 유전물질이 달라지는 3가지 구성으로 구분할 수 있다.

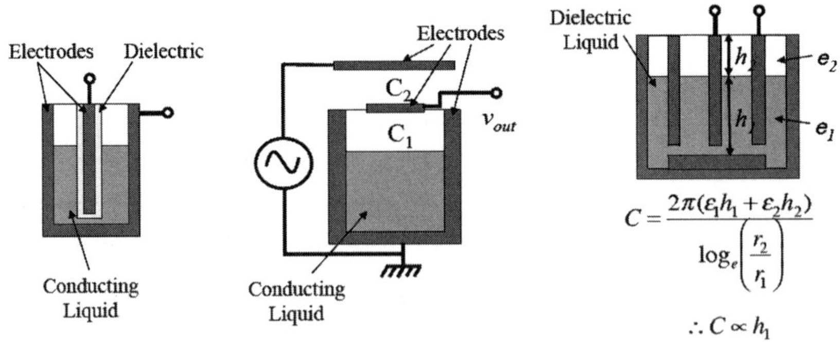

a) 대향 면적 변화형 b) 간극 변화형 c) 유전율 변화형

그림 4.13 용량형 수위 센서 구성 예

도체판 위치가 달라지는 방식은 크게 간극 변화형과 면적 변화형으로 구분할 수 있다. 면적 변화형과 달리 간극 변화형은 커패시턴스의 크기가 간극에 반비례하는 원리를 이용하기 때문에 비선형성을 내포하고 있다. 따라서 작은 변형 범위 내에서만 사용할 수 있다.

$$C_s = C_o + \Delta C = \epsilon_o \frac{A}{x} = \epsilon_o \frac{A}{x_o + \Delta x} = \frac{\epsilon_o}{x_o} \frac{A}{1 + \dfrac{\Delta x}{x_o}} \cong \frac{\epsilon_o}{x_o} A\left(1 - \frac{\Delta x}{x_o}\right) \tag{4.6}$$

$$\Delta C = -C_o \frac{\Delta x}{x_o} \tag{4.7}$$

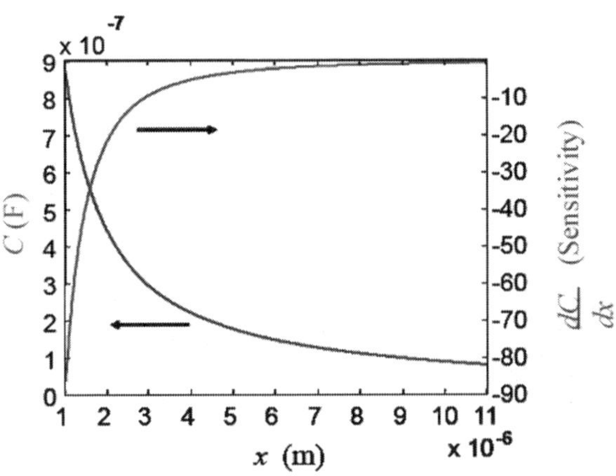

그림 4.14 간극 변화형 용량 센서의 감도 경향

간극 변화형 용량 센서의 경우 초기 간극이 작을수록 감도는 증가하지만 비선형성도 함께 나빠진다. 또한 용량 변화 측정시 커패시터 양단에 가한 DC 전압에 의해 전기장(electric field)이 형성 되는 데 간극이 너무 작을 경우 유전체의 절연이 파괴될 수 있기 때문에 감도 향상에 제한이 있다. 이를 개선하기 위해 유전체를 직렬로 삽입하는 방법이 있는데. 이 경우 직렬 커패시터의 총 커패시턴스는 줄어들게 되므로 적절한 변위 내에선 선형적인 특성을 얻을 수 있다.

$$C_x = \epsilon_o \frac{A}{x}$$

$$C_d = \epsilon_o \epsilon_r \frac{A}{d}$$

$$C_s = \frac{C_x \cdot C_d}{C_x + C_d} = \frac{\epsilon_o \frac{A}{x} \cdot \epsilon_o \epsilon_r \frac{A}{d}}{\epsilon_o \frac{A}{x} + \epsilon_o \epsilon_r \frac{A}{d}} = \frac{\epsilon_o \epsilon_r \frac{A}{d}}{1 + \epsilon_r \frac{x}{d}}$$

$$= \epsilon_o \epsilon_r \frac{A}{d}\left[1 - \epsilon_r \frac{x}{d} + \left(\epsilon_r \frac{x}{d}\right)^2 - \left(\epsilon_r \frac{x}{d}\right)^3 + \cdots\right] \cong \epsilon_o \epsilon_r \frac{A}{d}\left(1 - \epsilon_r \frac{x}{d}\right)$$

$$= C_o\left(1 - \epsilon_r \frac{x}{d}\right) = C_o + \Delta C$$

$$\Delta C = -C_d \cdot \frac{\epsilon r}{d} \cdot x = -C_o \cdot \frac{\epsilon r}{d} x \tag{4.8}$$

선형성 문제 외에도 용량형 센서는 기생 커패시터의 영향을 많이 받기 때문에 단독으로 사용하는 경우보다는 주로 차동형 센서로 구성해서 사용한다. 아래는 간극 변화용 용량 센서를 차동으로 구성한 예를 보인 것이다. 3개의 도체를 이용하고 가운데 도체판이 변위와 연결되어 있다. 초기에는 중앙에 놓여서 두 개의 커패시턴스가 동일하지만 변위가 발생하면 하나는 증가하고 나머지 하나는 감소하는 방식이다.

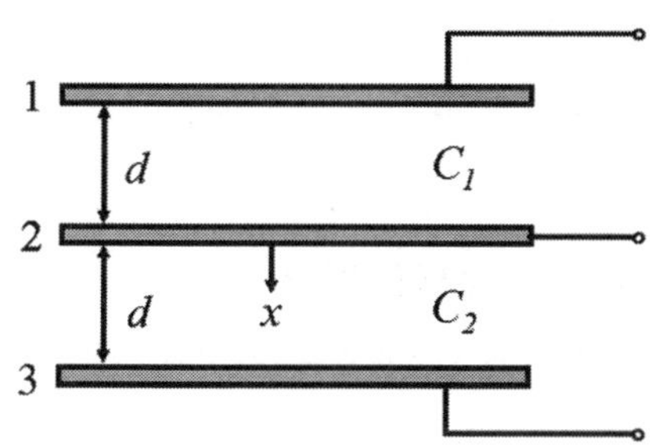

그림 4.15 차동 간극 변화형 용량 센서

$$C_1 = C_o + \Delta C_1 = \epsilon_o \frac{A}{d+x} = \epsilon_o \frac{A}{d\left(1+\frac{x}{d}\right)} \cong \epsilon_o \frac{A}{d}\left(1-\frac{x}{d}\right) = C_o\left(1-\frac{x}{d}\right)$$

$$C_2 = C_o + \Delta C_2 = \epsilon_o \frac{A}{d-x} = \epsilon_o \frac{A}{d\left(1-\frac{x}{d}\right)} \cong \epsilon_o \frac{A}{d}\left(1+\frac{x}{d}\right) = C_o\left(1+\frac{x}{d}\right)$$

$$\Delta C = C_1 - C_2 = \Delta C_1 - \Delta C_2 = -2C_o \frac{x}{d} = -\frac{2\epsilon_o A}{d^2} \cdot x \qquad (4.9)$$

결국 차동 간극 변화형 용량 센서는 단독형에 비해 감도는 2배 증가하면서 비선형성도 개선된다. 한편 차동형은 앞에서 설명한 면적 변화형 용량 센서에도 적용할 수 있다. 아래 그림에 보인 바와 같이 3개의 도체판으로 일정한 간극으로 대향 면적만 달라지도록 움직인다면 동일한 효과를 얻을 수 있다.

$$C_1 = C_o + \Delta C_1 = \epsilon_o \frac{w}{d}\left(\frac{l}{2} - x\right) = \epsilon_o \frac{w}{d}\frac{l}{2}\left(1 - \frac{2}{l}x\right) = C_o\left(1 - \frac{2}{l}x\right)$$

$$C_2 = C_o + \Delta C_2 = \epsilon_o \frac{w}{d}\left(\frac{l}{2} + x\right) = \epsilon_o \frac{w}{d}\frac{l}{2}\left(1 + \frac{2}{l}x\right) = C_o\left(1 + \frac{2}{l}x\right)$$

$$\Delta C = C_1 - C_2 = \Delta C_1 - \Delta C_2 = -C_o \frac{4}{l}x = -\frac{2\epsilon_o w}{d} \cdot x \qquad (4.10)$$

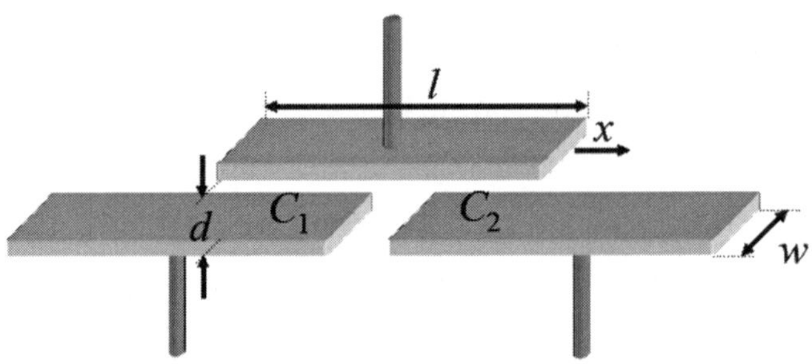

그림 4.16 차동 면적 변화형 용량 센서

4.3.3 유도형(inductive) 변위 센서

유도형 변위 센서는 주로 선형 변위 혹은 각 변위 검출에 사용하며 가변저항형 변위계와 달리 전자기 유도(electromagnetic induction) 방식을 사용한다. 이는 인접한 물체가 움직일 때 2개의 코일에 결합된 자속(magnetic flux)이 변하는 원리를 이용한 것이다.

즉 자속 변화에 의한 인덕턴스(inductance)가 달라짐에 따라 출력 전압이 바뀌게 구성한 것이다.

자기회로(magnetic circuit)에서 발생하는 유도 전압(induced voltage)의 크기는 자속(magnetic flux, Φ)의 시간 변화율에 비례하며, 코일에 흐르는 전류(i_L)와 자속(Φ)의 관계를 인덕턴스(Inductance, L)로 정의한다. 여기서 코일의 인덕턴스(L)는 단위 전류가 흐를 때 발생하는 총 자속을 나타내며 단위는 [Henry, H]이다.

$$\Phi[Wb] = L \cdot i_L \tag{4.11}$$

$$v_L[V] = \frac{d\Phi}{dt} = L\frac{di_L}{dt} \tag{4.12}$$

한편 자속밀도(flux density, B)는 단위면적당 존재하는 자속의 크기를 나타내며 단위는 [Tesla, T]로 표기한다. 자속밀도는 코일의 권선 수(N)와 코일 전류(i_L)의 크기에 비례하는 데 이 둘의 곱을 기자력(Magneto-Motive Force, MMF)라고 하고 한다. 이는 전압을 기전력(Electro-Motive Force, EMF)이라고 부르는 것과 유사한 개념이다.

$$emf,\ V = R \cdot i_R \tag{4.13}$$

$$mmf,\ \mathcal{F} = N \cdot i_2 \Re \cdot \Phi \tag{4.14}$$

즉 전기회로에서 저항과 유사하게 자기회로에서 자속의 흐름을 방해하는 정도를 자기저항(Reluctance, $\Re$)이라고 부른다. 한편 전류가 흐르는 코일에서 작용하는 mmf는 권선 수(N)에 비례하고, 하나의 권선에서 발생하는 자속결합도 mmf에 비례하므로 전체 자속결합과 인덕턴스의 관계는 다음과 같다.

$$\Phi = N \cdot \phi = \frac{N^2}{\Re} i_L = L \cdot i_L \tag{4.15}$$

$$L = \frac{N^2}{\Re} \tag{4.16}$$

따라서 특정한 자기회로의 자기저항($\Re$)을 알 수 있다면 인덕턴스도 파악할 수 있다. 한편 자기저항은 자속이 통과하는 영역의 물성과 형상에 따라 달라진다.

$$\Re = \frac{1}{\mu}\frac{\ell}{A} = \frac{1}{\mu_o \mu_r}\frac{\ell}{A} \tag{4.17}$$

여기서 $A[\mathrm{m}^2]$는 자속이 통과하는 영역의 단면적, $\ell[\mathrm{m}]$은 길이 그리고 $\mu[\mathrm{H/m}]$는 자성체의 투자율(permeability)이다. 투자율(μ)은 공기의 투자율(μ_o)과 이에 대한 상대적인 투자율(μ_r)의 곱으로 표현하며 공기의 투자율은 $4\pi \times 10^{-7}$ [H/m]이다. 상대투자율(Relative Permeability, μ_r)은 자성체의 경우 100 이상이며 주로 1,000~10,000 정도이다.

따라서 자기회로 내에 공극(air gap)을 형성하면 이 크기에 따라 자기저항($\Re$)을 크게 변화시킬 수 있다. 예를 들어 아래 그림과 같이 강자성(ferromagnetic)체에 코일을 감은 구조에서 자속 경로 내에 공극이 존재하게 만들고 특정 위치에서만 공극이 달라지게 구성하면 코일의 인덕턴스 변화를 이용하여 위치를 검출할 수 있다.

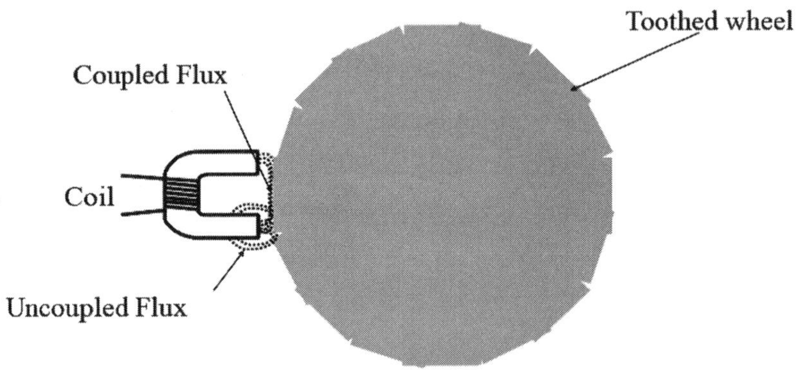

그림 4.17 공극 변화를 이용한 유도형 센서

가변 자기저항을 이용한 대표적인 유도형 변위센서로 LDT(Linear Displacement Transducer)를 들 수 있다. 이는 강자성 물질이 2개의 코일 사이에서 움직일 수 있도록 구성한 센서이다. 결국 자성체의 위치에 따라 2개 코일의 자기저항이 달라지므로 인덕턴스의 변화로부터 변위를 검출할 수 있다.

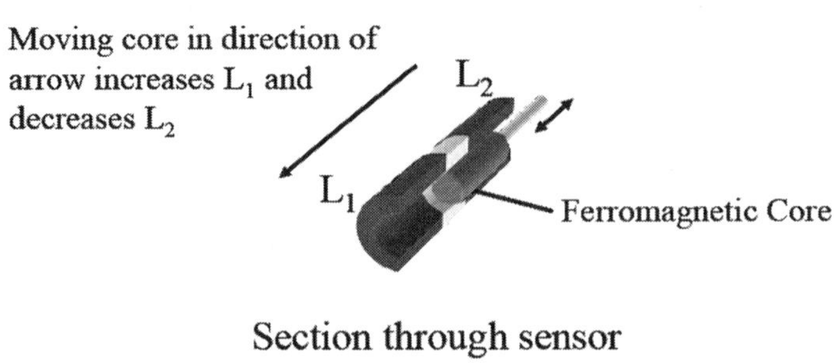

그림 4.18 LDT 개념도

LDT의 선형성을 개선한 것이 LVDT(Linear Variable Differential Transformer)이다. LVDT에서는 하나의 1차 코일과 2차 코일 2개로 구성하며, 강자성체가 움직일 때 이들 사이에 발생하는 상호 인덕턴스(mutual inductance)의 변화를 검출한다.

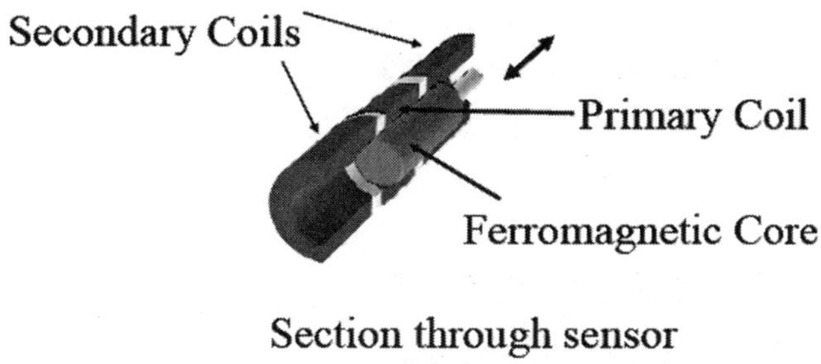

그림 4.19 LVDT 개념도

LVDT는 앞에서 살펴본 저항형 변위 센서에 비해 다음과 같은 장점을 갖고 있다.

- 기계적인 접촉 없이 움직이므로 수명이 길다.
- 연속형 출력이므로 잡음에 의한 분해능만 고려하면 된다.
- 반복성이 좋고 사용 안정성이 우수하다.
- 먼지나 습기 등의 환경적 요인에 강하다.
- 전기적으로 입출력이 분리된다.

LDVT 구조의 단점은 입출력·특성에서 선형성이 떨어진다는 점이다. 작은 변위에 대해선 선형적이지만 변위가 증가할수록 유도 전압이 감소하는 현상이 발생한다. 위에 보인 개념도와 같이 구성할 경우 자성체의 길이 대비 10 [%]의 변위 이내에서만 직선성을 갖는데 이를 SLR(Stroke to Length Ratio)로 나타낸다. SLR을 높이기 위해선 1, 2차 코일의 권선 구조를 정교하게 설계해야 하는데 대표적인 방법은 다음과 같다.

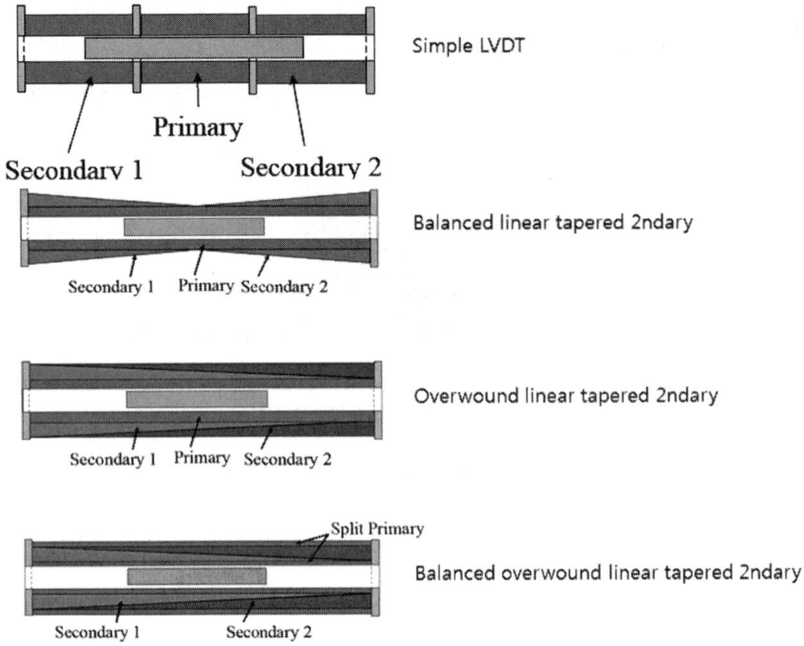

그림 4.20 선형성 개선을 위한 LVDT 권선 구조

4.3.4 광학형(optical) 변위 센서

인코더(encoder)는 직선 운동이나 회전 운동을 하는 물체의 변위와 속도를 측정하기 위한 광학형 센서이다. 기본적으로 디지털 방식의 출력이 얻어지기 때문에 제어·계측 분야에의 응용에 널리 사용된다. 인코더는 많은 종류가 개발되어 있는데 검출 대상, 검출 방식, 출력 방식에 따라 아래와 같이 분류할 수 있다. 현재 가장 많이 사용되는 것은 광전식 인코더이다.

표 4.4 인코더의 분류

구분	종류
검출대상	회전형, 선형
검출 방식	광전형, 자기형, 전자유도형, 쇄자형, 정전용량형
출력 방식	증가형, 절대형

광전식 인코더의 기본적인 원리는 광원과 수광소자(광 다이오드 혹은 광 트랜지스터) 사이에 일정한 간격으로 빛을 통과하거나 차단하는 마스크(mask) 구조를 배치한 것이다.

아래는 선형 변위를 측정하기 위한 구성으로 4 bit 마스크를 이용한 것이다. 4 bit으로 표현할 수 있는 종류는 모두 $2^4 = 16$이므로 마스크 길이의 1/16의 크기를 분해해서 표현하게 된다.

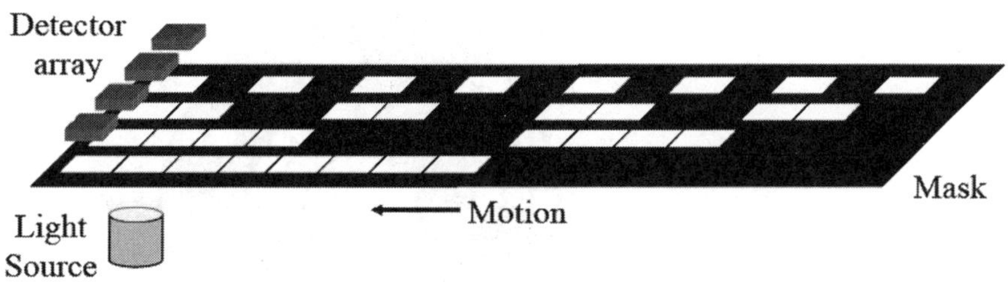

그림 4.21 절대 출력 방식의 선형 광전 인코더

동일한 원리를 회전형에도 적용할 수 있다. 예를 들어 아래와 같이 4 bit 원형 마스크 판을 형성하면 $360/2^4 = 360/16 = 22.5°$마다 다른 출력 조합을 얻을 수 있다. 이때 출력은 {0000}에서 {1111}까지 순차적으로 달라지게 되며 마스크 판의 가장 외곽에 있는 광 센서가 LSB(Least Significant Bit)를 그리고 가장 내측에 있는 센서가 MSB(Most Significant Bit)를 결정한다.

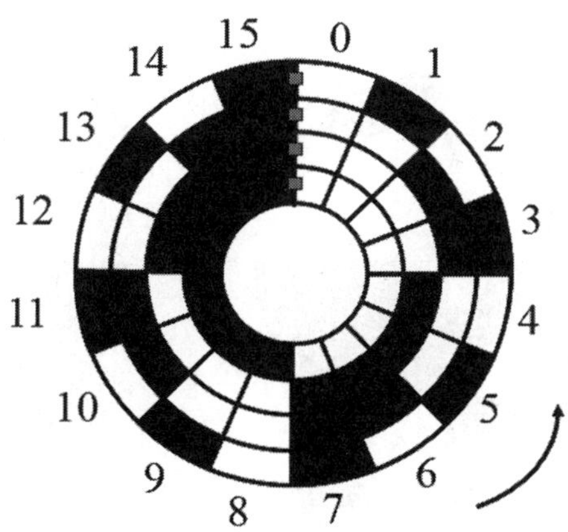

그림 4.22 4 bit 2진 회전 인코더 구조

그런데 위 구조에서 4개의 광 센서 출력값이 바뀌는 순간이 정확히 동일하지 않다. 따라서 순차적인 출력에서 순간적으로 이상 데이터가 발생할 수 있다는 문제점이 있다. 예를 들어 2개의 bit가 동시에 0에서 1로 바뀌어야 하는 상황에서 짧은 순간 어느 한 bit가 먼저 바뀌는 상태가 되므로 원치 않는 데이터가 나오게 되는 것이다. 이를 해결하는 수단으로 인코드 출력을 읽는 시점을 안정적인 영역으로 제한하기 위해 다음과 같이 센서를

추가해서 사용하기도 한다. 이 경우는 센서 출력이 0일 때만 인코더 출력을 읽게 되면 여러 데이터가 동시에 변환하는 순간이 없으므로 글리치(glitch)가 발생하지 않는다.

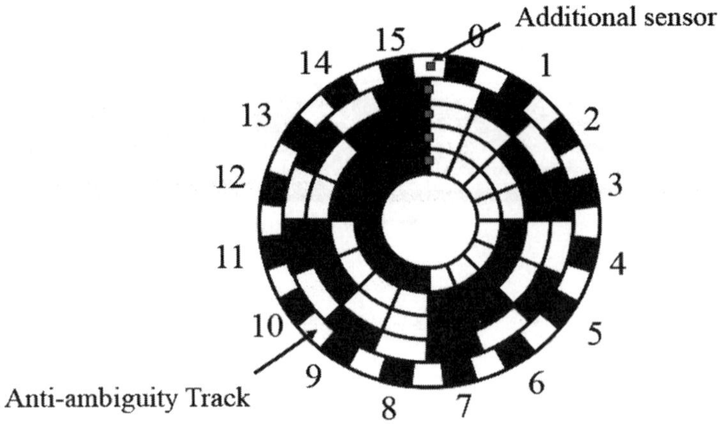

그림 4.23 4 bit 2진 회전 인코더의 부가 센서

혹은 마스크상의 데이터 패턴을 이진 순서 대신 그레이(Gray) 코드 순서로 배치할 수도 있다. 그레이 코드는 데이터 절환이 항상 하나의 bit에서만 발생하므로 앞서 설명한 글리치 문제가 일어나지 않는다.

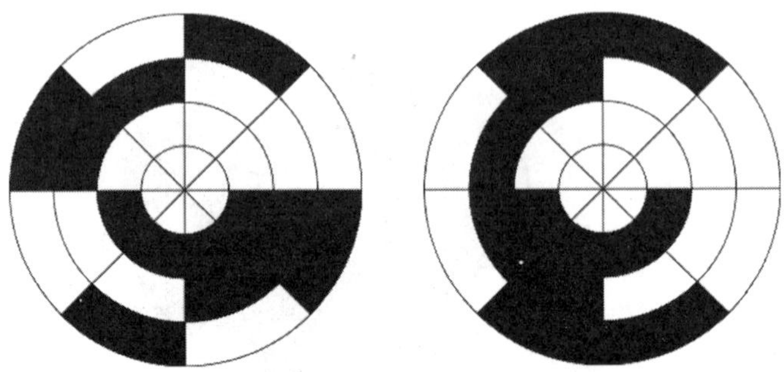

그림 4.24 2진 코드와 그레이 코드형 3bit 광전 인코더

지금까지 살펴본 것은 모두 코드화된 무늬가 있는 마스크를 이용한 절대(absolute)형 광전 인코더이다. 반면 증가(incremental)형 인코더는 일정 간격의 슬릿(slit) 구조를 이용하여 광 센서로부터 펄스 출력을 만들고 이를 계측하여 위치를 파악하는 것이다. 따라서 회전이나 이동의 방향을 알 수 있어야 하므로 2개의 광센서를 사용한다. 방향을 알기 위한 센서는 원 슬릿 간격의 1/4 만큼 이동한 위치에 배치되어 2개의 펄스 사이의 위상차를 이용하여 방향을 파악할 수 있도록 구성한다.

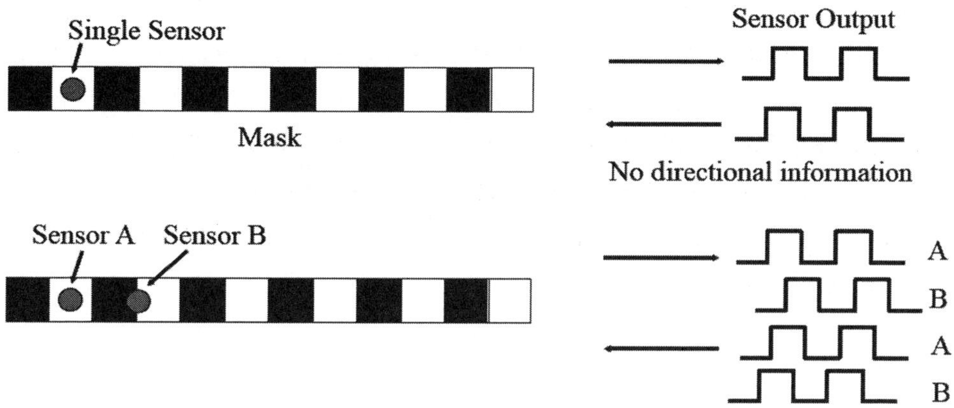

그림 4.25 증가형 인코더 구조

증가형 인코더에서는 위치를 검출하기 위한 센서 2개 외에 회전수를 검출하기 위한 기준 위치용 센서를 추가로 사용하는 것이 일반적이다.

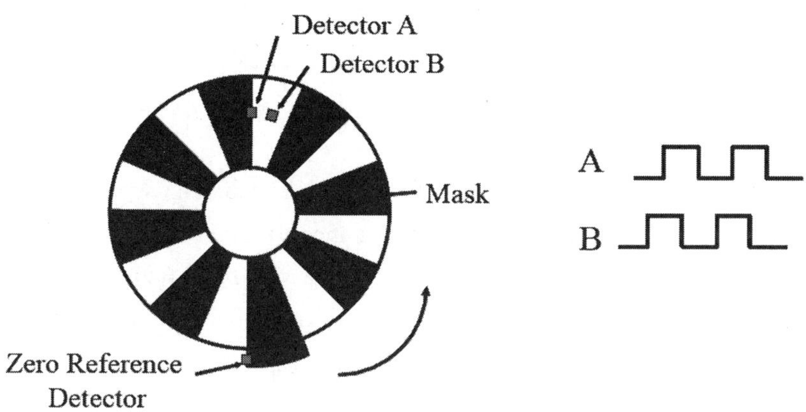

그림 4.26 증가형 회전 인코더

4.4 힘 센서

4.4.1 스트레인 게이지(strain gauge)

스트레인 게이지(strain gauge)는 도체나 반도체에 기계적 응력(stress)을 가할 때 발생하는 저항 변화를 검출하는 센서이다. 이로부터 전도성 물질에서 인장(extension) 혹은 압축(compression) 형태로 작용하는 인장률(strain)의 크기를 파악할 수 있다. 가장 단순한 형태의 스트레인 게이지는 길이 방향으로 인장하거나 압축할 수 있는 도선을 생각할 수 있다. 이때 전체 저항 R [Ω]은 비저항 ρ [Ωcm]와 길이 ℓ [m]에 비례하고 단면적 A [m^2]에 반비례하므로 외력에 의해 형상이 변하거나 혹은 물성이 변한다면 스트레인 게이지로 사용할 수 있다. 통상적으로 응력에 의한 형상 변화를 주로 이용하는 센서를 스트레인 게이지라 부르며, 이와 달리 물성치 변화가 주력인 경우는 압저항(piezo-resistive) 센서로 구분한다.

$$R = \rho\frac{\ell}{A} \tag{4.18}$$

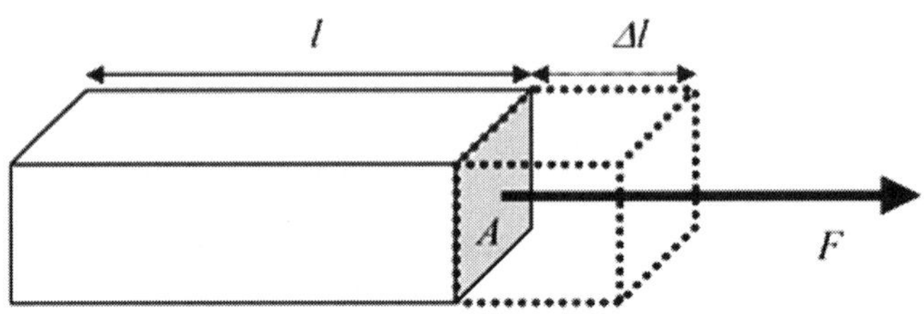

그림 4.27 도선형 스트레인 게이지 개념도

한편 탄성 영역(elastic region) 내에서 고체에 작용하는 응력(Stress, σ)과 인장률(Strain, ϵ) 사이의 관계는 영 계수(Young's modulus, E)에 의해 결정된다. 즉 탄성 영역 내에서는 응력과 인장률이 선형적인 관계인데 이때의 기울기를 영 계수라고 한다. 영 계수가 클수록 스프링과 같은 기계적 요소로 사용하기 좋지만 탄성 영역을 넘어서면 복원되지 않고 파손될 수도 있다. 따라서 스트레인 게이지의 동작을 보장하기 위해선 탄성 영역 내에서 사용해야 한다.

$$\epsilon = \frac{\Delta\ell}{\ell} \tag{4.19}$$

$$K = \frac{F}{\Delta\ell} = E\cdot\frac{A}{\ell} \tag{4.20}$$

$$\sigma\left[N/m^2\right] = \frac{F}{A} = E\cdot\frac{\Delta\ell}{\ell} = E\cdot\epsilon \tag{4.21}$$

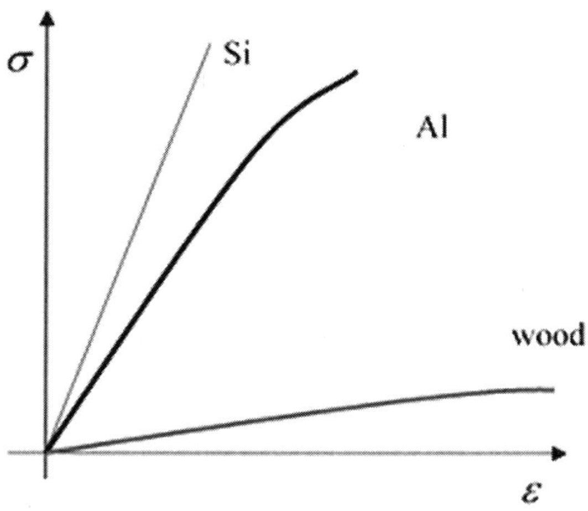

그림 4.28 응력과 인장률 관계

한편 축 방향의 응력에 대해 발생하는 인장률 변화는 축 방향뿐 아니라 이에 직교한 방향으로도 발생한다. 이때 축방향 인장률과 직교 방향 인장률의 비율을 프와송 비(Poisson's ratio)라고 하며 이때 응력과 인장률의 관계는 다음과 같다.

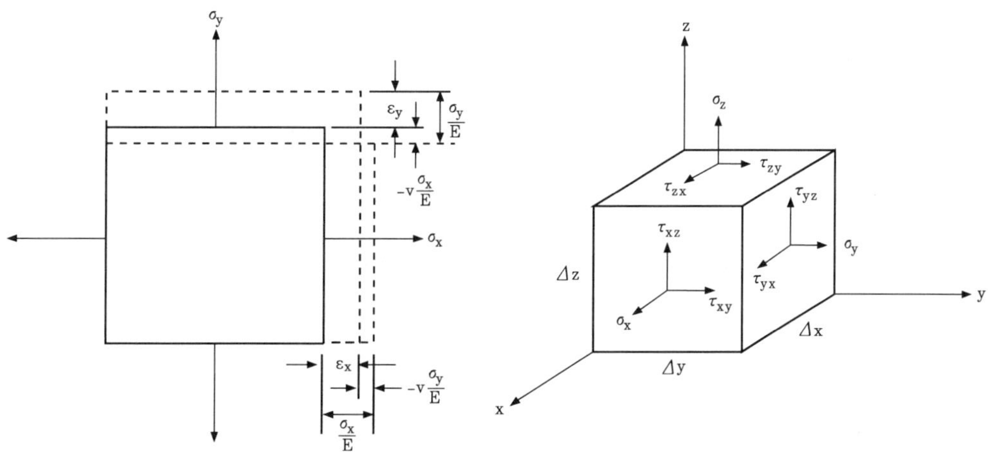

그림 4.29 프와송 비를 고려한 응력과 인장률의 관계

$$\nu = -\frac{lateral\,strain}{axial\,strain} = \left|\frac{\epsilon_l}{\epsilon_a}\right| \tag{4.22}$$

$$\sigma_x : \epsilon_x = \frac{\sigma_x}{E},\ \epsilon_y = -\nu \cdot \epsilon_x = -\nu \cdot \frac{\sigma_x}{E} \tag{4.23}$$

$$\sigma_y : \epsilon_y = \frac{\sigma_y}{E},\ \epsilon_x = -\nu \cdot \epsilon_y = -\nu \cdot \frac{\sigma_y}{E} \tag{4.24}$$

$$\sigma_x, \sigma_y : \epsilon_x = \frac{\sigma_x - \nu \cdot \sigma_y}{E},\ \epsilon_y = \frac{\sigma_y - \nu \cdot \sigma_x}{E} \tag{4.25}$$

$$\sigma_x, \sigma_y, \sigma_z : \epsilon_x = \frac{\sigma_x - \nu \cdot (\sigma_y + \sigma_z)}{E}, \epsilon_y = \frac{\sigma_y - \nu \cdot (\sigma_z + \sigma_x)}{E}, \epsilon_z = \frac{\sigma_z - \nu \cdot (\sigma_x + \sigma_y)}{E} \tag{4.26}$$

결국 축 방향 응력에 의해 길이가 늘어나면서 단면적은 감소하므로 저항은 증가하게 됨을 알 수 있다. 응력에 의한 저항 증가분을 구해보면 다음과 같다.

$$R = \rho \frac{\ell}{A}$$

$$\frac{dR}{d\epsilon} = \frac{\rho}{A}\frac{\partial \ell}{\partial \epsilon} + \frac{\ell}{A}\frac{\partial \rho}{\partial \epsilon} + \rho \ell \frac{\partial (1/A)}{\partial \epsilon} = \frac{\rho}{A}\frac{\partial \ell}{\partial \epsilon} + \frac{\ell}{A}\frac{\partial \rho}{\partial \epsilon} - \frac{\rho \ell}{A^2}\frac{\partial A}{\partial \epsilon}$$

$$\frac{1}{R} \cdot \frac{dR}{d\epsilon} = \frac{1}{\ell}\frac{\partial \ell}{\partial \epsilon} + \frac{1}{\rho}\frac{\partial \rho}{\partial \epsilon} - \frac{1}{A}\frac{\partial A}{\partial \epsilon}$$

$$\frac{\Delta R}{R} = \frac{\Delta L}{L} + \frac{\Delta \rho}{\rho} - \frac{\Delta A}{A} \tag{4.27}$$

여기서 도선의 경우 단면적은 직경의 제곱에 비례하므로 단면적의 변화율을 구할 수 있다. 이로부터 저항의 변화율을 구하면 다음과 같다.

$$\frac{\Delta A}{A} = \frac{C(D + \Delta D)^2 - CD^2}{CD^2} \cong 2\frac{\Delta D}{D} = -2\nu \frac{\Delta \ell}{\ell}$$

$$\frac{\Delta R}{R} = \frac{\Delta \ell}{\ell} + \frac{\Delta \rho}{\rho} + 2\nu \frac{\Delta \ell}{\ell} = (1 + 2\nu)\frac{\Delta \ell}{\ell} + \frac{\Delta \rho}{\rho} = (1 + 2\nu) \cdot \epsilon + \frac{\Delta \rho}{\rho}$$

$$\therefore Gauge\ factor,\ GF = \frac{\Delta R / R}{\epsilon} = 1 + 2\nu + \frac{\Delta \rho / \rho}{\epsilon} \tag{4.28}$$

특히 인장율에 대한 저항 변화율을 게이지 상수(Gauge Factor, GF)라고 하는데, GF는 전적으로 응력에 의한 치수 변화로 생긴 것이다. 위 식에서 마지막 항은 인장률에 의해 물성이 달라지는 압저항(piezo-resistor)특성의 정도를 나타낸다. 통상적으로 GF는 물질에 따라 다른 값을 갖는데 도체의 경우 1.8~2.35인 반면, 반도체의 경우 수십 ~ 수백 정도로 월등히 높다. 이는 주로 압저항특성에 의한 결과로 도체형 스트레인 게이지에서는 거의 나타나지 않는 특성이다. 일반적으로 스트레인 게이지는 Cu-Ni 합금 등과 같은 금속 재질을 사용하는 데 대표적인 사양은 다음과 같다.

표 4.5 스트레인 게이지 주요 사양

구분	사양
게이지 상수	0.9 ~ 2.4
초기저항	120 ± 1 [Ω]
선형성	± 0.3 [%]
최대 인장 응력변형	$+2\times10^{-2}$
최대 압축 응력변형	-1×10^{-2}
최대 동작온도	150 [℃]

이처럼 금속 재질의 스트레인 게이지의 게이지상수가 낮기 때문에 미약한 인장률에 의한 저항 변화율은 통상 ppm 수준으로 표현한다.

$$GF=\frac{\Delta R/R}{\epsilon}=1+2\nu+\frac{\Delta\rho/\rho}{\epsilon}\cong 1+2\nu \tag{4.29}$$

$$\frac{\Delta R}{R}=GF\cdot\epsilon \tag{4.30}$$

한편 고체에 응력을 가하면 모든 방향으로 변형률이 발생한다. 따라서 전체 저항의 변화는 아래와 같이 길이(longitudinal) 방향과 직교(transverse) 방향의 변형률을 모두 고려해야 한다. 길이 방향의 인장력이 가해질 경우는 도체의 단면적이 줄고 길이가 늘어나서 저항이 증가하지만, 직교 방향의 인장력에 대해서는 길이가 줄면서 면적 변화는 거의 없기 때문에 소폭 감소하게 된다. 센서의 감도 면에서 직교 방향보다는 길이 방향의 감도가 높기 때문에 주로 저항 형성 방향으로 작용하는 변형률을 측정하는 것이 유리하다.

$$\frac{\Delta R}{R}=\left(\frac{\Delta R}{R}\right)_{longitudinal}+\left(\frac{\Delta R}{R}\right)_{longitudinal} \tag{4.31}$$

$$\frac{\Delta R}{R}=GF_{longitudinal}\cdot\epsilon_{longitudinal}+GF_{transverse}\cdot\epsilon_{transverse} \tag{4.32}$$

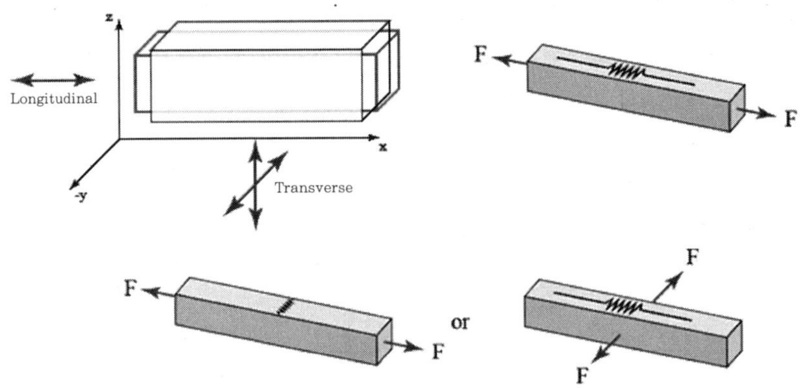

그림 4.30 축방향과 직교 방향 변형률과 스트레인 게이지의 동작

길이 방향의 변형률을 측정하는 스트레인 게이지는 크기 도선형과 박막형으로 구분한다. 도선형 스트레인 게이지는 주로 힘이 작용하는 다른 지점 두 군데를 연결해서 사용하는 데 출력 전압은 이후 6장에서 살펴볼 브리지 회로를 통해 얻을 수 있다. 도선형 스트레인 게이지는 통상 50 [mm] 정도의 간격이 있는 구조에 주로 사용한다.

한편 실제 활용 면에선 도선형 보다는 금속 박막형 스트레인 게이지가 훨씬 많이 사용된다. 박막 스트레인 게이지는 에폭시 수지(epoxy resin) 계열의 기판에 박막 저항을 패터닝(patterning) 공정을 통해 형성한 구조이다. 따라서 측정하고자 하는 위치에 박막 스트레인 게이지를 붙이기만 하면 인장률을 측정할 수 있다.

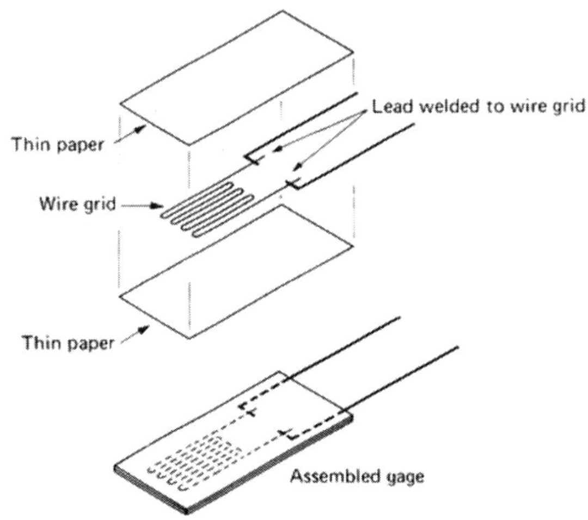

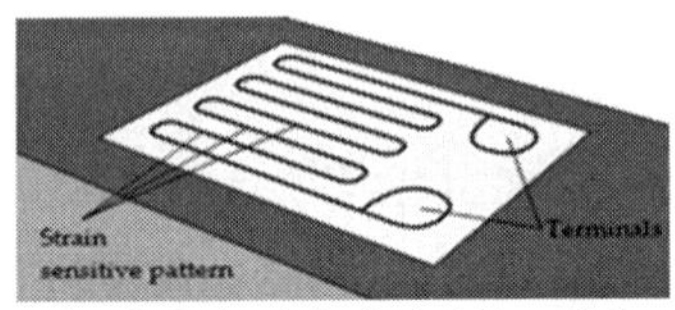

a) 외력이 작용하지 않는 경우

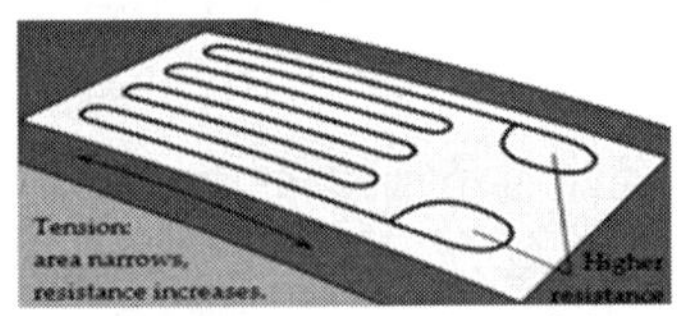

b) 인장력이 작용하는 경우

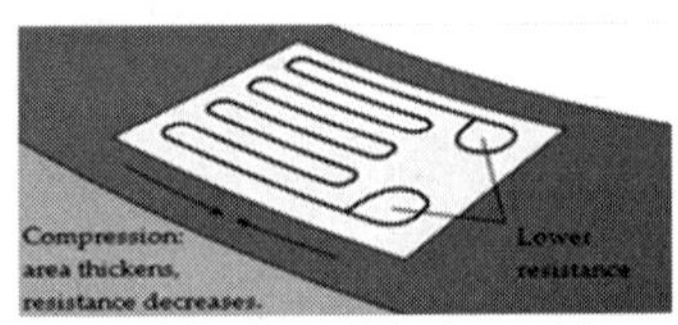

c) 압축력이 작용하는 경우

그림 4.31 금속 박막 스트레인 게이지의 구조와 동작 원리

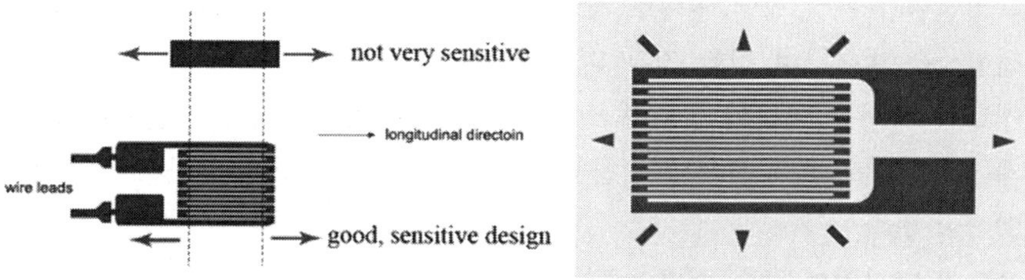

그림 4.32 금속 박막 스트레인 게이지 패턴

한편 금속 박막형 스트레인 게이지의 금속 패턴은 저항 변화를 크게 하기 위하여 길이 방향으로 굴곡진 형태가 일반적이다. 이렇게 해야 전체 저항의 크기를 키울 수 있고 결국 저항 변화량도 증가한다. 또한 직교 방향으로는 유효 길이가 짧기 때문에 감지 방향의 선택성도 부여할 수 있다. 금속 박막 스트레인 게이지의 방향성을 이용하면 금속 패턴의 설계에 따라 다양한 대상에 대해 측정을 할 수 있다. 패턴 형상에 따른 스트레인 게이지의 분류는 크게 아래와 같다.

- 선형(linear) 게이지 : 단일 축 방향 인장, 혹은 압축 응력에 의한 변형률 측정
- 로제트(rosette) 게이지 : 3축 방향의 변형률 측정
- 토크(torque) 게이지 : 비틀림에 의한 전단 변형률(shear strain) 측정
- 레이디얼(radial) 게이지 : 박편(diaphragm)에 부착하여 압력 측정

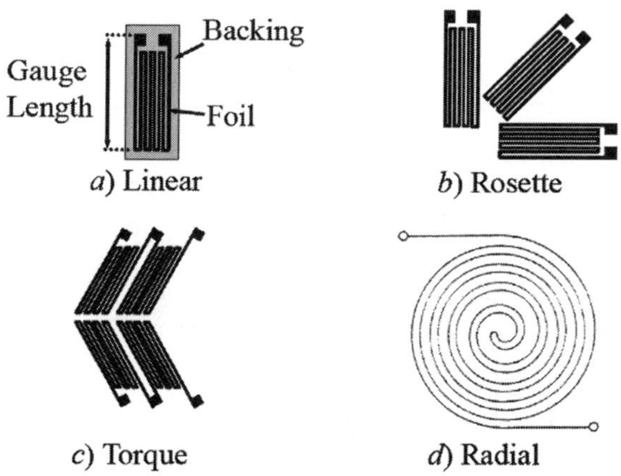

그림 4.33 금속 패턴 형상에 따른 스트레인 게이지의 분류

한편 박막형 스트레인 게이지는 소형으로 사용이 편리하며 선형성이 좋은 센서라는 장점이 있지만 사용상의 제약 조건도 따른다. 스트레인 게이지를 사용할 때 중요하게 고려해야 할 사항은 다음과 같다.

- 측정범위가 탄성 영역 이내로 제한해야 한다. 만일 입력범위를 벗어나면 입출력특성이 선형성을 벗어나며 심할 경우 파손될 수 도 있다.
- 정확한 측정을 위해선 응력이 스트레인 게이지에 확실하게 전달되야 한다. 통상 접착제를 이용하여 부착하는데 접착제의 특성이 온도 변화나 장기간 사용에 따른 변화가 없어야 한다.
- 온도가 달라지면 금속 패턴의 치수와 비저항이 변하기 때문에 스트레인 게이지 자체는 온도 영향을 많이 받는다. 이를 저감하기 위한 온도 보상은 6장 "아날로그 계측"에서 살펴볼 것이다.
- 저항 측정은 기본적으로 전류를 흘려야 하는 것이므로 이에 의한 전력 소비가 열을 발생시킬 수 있다.

4.4.2 압력 센서

압력(Pressure, P) 측정은 크게 3가지 분류로 나눌 수 있다. 먼저 절대 압력(Absolute Pressure, P_a)은 진공($P=0$)에 대한 상대적인 압력을 의미하며, 게이지 압력(Gauge Pressure, P_g)은 대기압에 대한 상대 압력이다. 통상 차동 압력(Differential Pressure, P_d)이라고 부르는 양은 절대 압력을 모르는 두 군데의 압력 차이를 의미한다. 유체 압력계(manometer)의 경우 밀도 r인 유체 기둥의 높이 h로부터 압력을 계측할 수 있다.

$$P_a = P_A = r \cdot h_a \quad (4.33)$$

$$P_g = r \cdot h_g = P_A - 1\,[atm] \quad (4.34)$$

$$P_d = r \cdot h_d \quad (4.35)$$

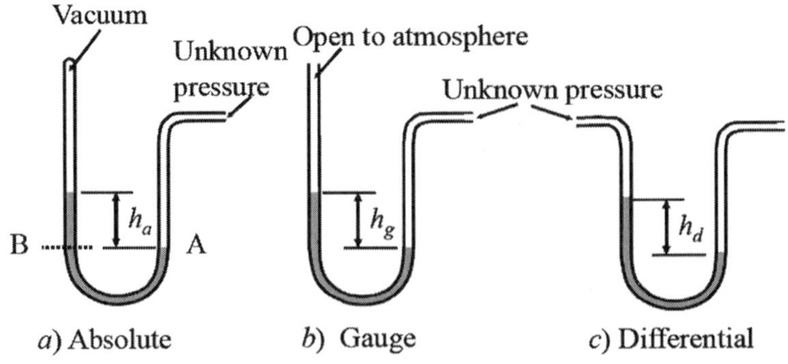

그림 4.34 유체 압력계 구성에 따른 압력 측정

압력의 단위는 SI단위계인 Pascal([Pa, N/m^2])을 주로 사용하지만, PSI(Pound Per Square Inch)도 널리 사용된다. 이 외에 주로 사용하는 압력단위계와 이들의 변환 관계는 아래와 같다.

표 4.6 압력 단위계 변환표

단위	Pa	psi	atm	bar	$torr$
Pa	1 [N/m^2]	145×10^{-6}	9.87×10^{-6}	1×10^{-5}	7.5×10^{-3}
psi	6,895	1 [lb/in^2]	68×10^{-3}	69×10^{-3}	51.75
atm	101,325	14.7	1 [atm]	1.013	760
bar	100,000	14.5	0.987	10^6 [dyn/cm^2]	750
$torr$	133.3	19.337×10^{-3}	1.32×10^{-3}	1.33×10^{-3}	1 [mmHg]

압력은 단위 면적당 작용하는 힘이므로 이 힘의 크기를 측정할 수 있으면 압력을 계측할 수 있다. 예를 들어 아래와 같이 반경 D [mm], 두께 t [mm]인 진동판(diaphragm) 구조에 압력 P가 작용한다면 중앙에서의 변형량 d_m [mm]은 압력에 따라 선형적으로 달라진다. 여기서 ν는 진동판 재료의 프와송 비(Poisson ratio)이고 E는 영 계수(Young's modulus)이다.

$$d_m = 3(1-\nu^2)\frac{D^4}{265E\cdot t^3}\cdot P \tag{4.36}$$

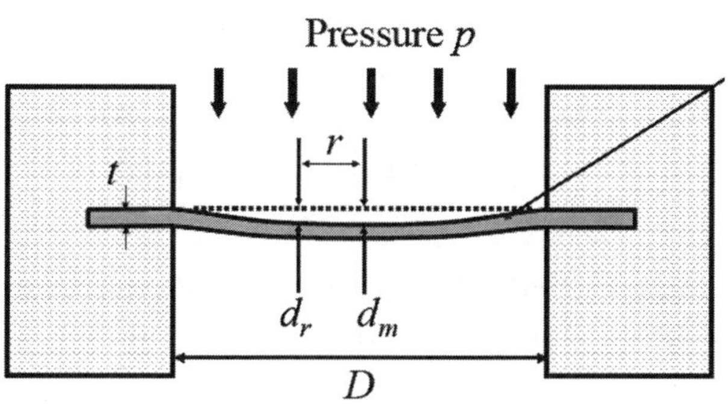

그림 4.35 진동판형 압력 센서의 거동

따라서 용량형 센서로 구성한다면 압력에 의해 한쪽 전극에 변형이 발생하고 이를 간극 변화에 의한 커패시턴스 차이로 검출하면 된다.

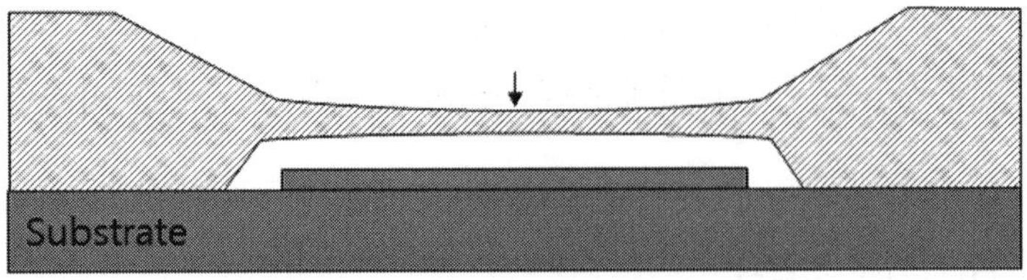

그림 4.36 용량형 압력 센서 개념도

혹은 압력에 의한 저항 변화를 측정해도 되는데 이 경우는 스트레인 게이지 4개를 사용하되 2개는 가장 변형률이 큰 중앙에 배치하고 나머지 2개는 변형이 거의 발생하지 않는 진동판의 외곽에 설치하면 된다. 이 경우 중앙에 있는 2개의 저항은 동일한 크기의 저항 변화가 발생하므로 이후 6장에서 보일 하프 브리지(half bridge)회로를 이용하여 전압 출력으로 변환할 수 있다.

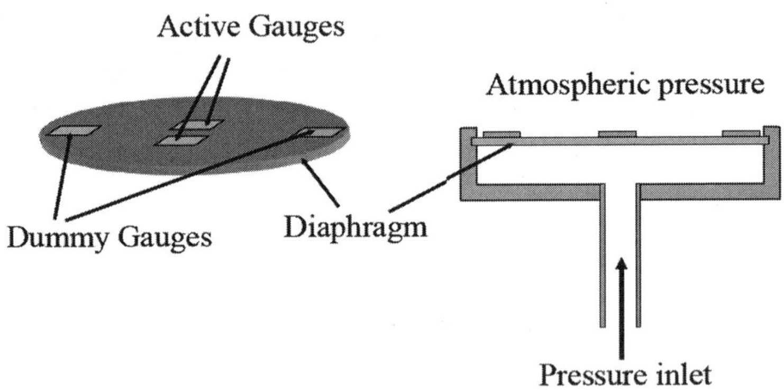

그림 4.37 스트레인 게이지를 이용한 압력 센서 구성

압력 센서에서 스트레인 게이지 대신 외력에 의한 도체의 물성치 변화를 이용하는 압저항(piezo-resistance) 센서로 구현할 수도 있다. 압저항 센서는 응력에 의해 비저항 ρ 가 달라지는 것이 기본적인 원리인데 물질의 비저항은 하전입자의 농도 n, 하전입자의 이동도 μ 그리고 단위 전하량 $q = 1.6 \times 10^{-19}$ [C]에 의해 결정된다. 따라서 응력에 의해 이동도가 달라지는 것이 압저항 센서의 주요 원리이며, 이는 대부분의 반도체 물질에서 확인되는 현상이다.

$$R = \rho \frac{\ell}{A}$$

$$\rho = \frac{1}{q\mu n} = \frac{R}{\ell} A = \frac{V}{\ell} \frac{R}{V} A = E \cdot \frac{A}{i} = \frac{E}{J} \tag{4.37}$$

등방성(isotropic) 물질에서 외부 응력(Stress, σ)과 비저항의 변화율($\Delta\rho/\rho_o$) 사이의 관계는 압저항 계수(Piezo-Resistive Coefficient, π)로 표현할 수 있다. 여기서 σ는 축 방향으로 작용하는 응력, τ는 전단 응력 그리고 ρ_o는 응력이 가해지기 전 초기 비저항을 나타낸다.

$$\begin{bmatrix} E_{11} \\ E_{22} \\ E_{33} \end{bmatrix} = \begin{bmatrix} \rho_{11} & & \\ & \rho_{22} & \\ & & \rho_{33} \end{bmatrix} \begin{bmatrix} J_{11} \\ J_{22} \\ J_{33} \end{bmatrix} \tag{4.38}$$

$$\begin{bmatrix} \rho_{11}/\rho_o \\ \rho_{22}/\rho_o \\ \rho_{33}/\rho_o \\ \rho_{23}/\rho_o \\ \rho_{13}/\rho_o \\ \rho_{12}/\rho_o \end{bmatrix} = [\pi] \begin{bmatrix} \sigma_{xx} \\ \sigma_{yy} \\ \sigma_{zz} \\ \tau_{yz} \\ \tau_{xz} \\ \tau_{xy} \end{bmatrix} = \begin{bmatrix} \pi_{11} & \pi_{12} & \pi_{12} & & & \\ \pi_{12} & \pi_{11} & \pi_{12} & & & \\ \pi_{12} & \pi_{12} & \pi_{11} & & & \\ & & & \pi_{44} & & \\ & & & & \pi_{44} & \\ & & & & & \pi_{44} \end{bmatrix} \begin{bmatrix} \sigma_{xx} \\ \sigma_{yy} \\ \sigma_{zz} \\ \tau_{yz} \\ \tau_{xz} \\ \tau_{xy} \end{bmatrix} \tag{4.39}$$

$$\frac{\Delta R}{R} = \left(\frac{\Delta R}{R}\right)_{longitudinal} + \left(\frac{\Delta R}{R}\right)_{transverse}$$

$$\frac{\Delta R}{R} = \pi_{longitudinal} \cdot \sigma_{longitudinal} + \pi_{transverse} \cdot \sigma_{transverse}$$

압저항(piezo-resistor)은 일반적으로 실리콘 기판에 불순물을 주입(doping)해서 제작한다. 이때 압저항 크기를 결정하는 압저항 계수 π는 실리콘 기판의 결정 구조(crystallography)와 불순물(dopant) 종류에 따라 고유하게 결정된다. 따라서 감도가 높은 압저항 센서를 구성하기 위해선 응력이 최대가 되는 지점에 압저항을 형성해야 한다.

압력 센서의 경우 단위 면적에 작용하는 힘을 측정하는 것이므로 진동판을 지지하고 있는 영역에 압저항을 형성하는 것이 유리하다. 다음 그림은 압력 센서의 진동판 구조에 대해 유한요소해석(Finite Element Analysis, FEM)을 수행한 결과로 수직 방향의 변위량은 진동판 중앙이 가장 크지만, 응력은 외곽에 집중되는 것을 알 수 있다.

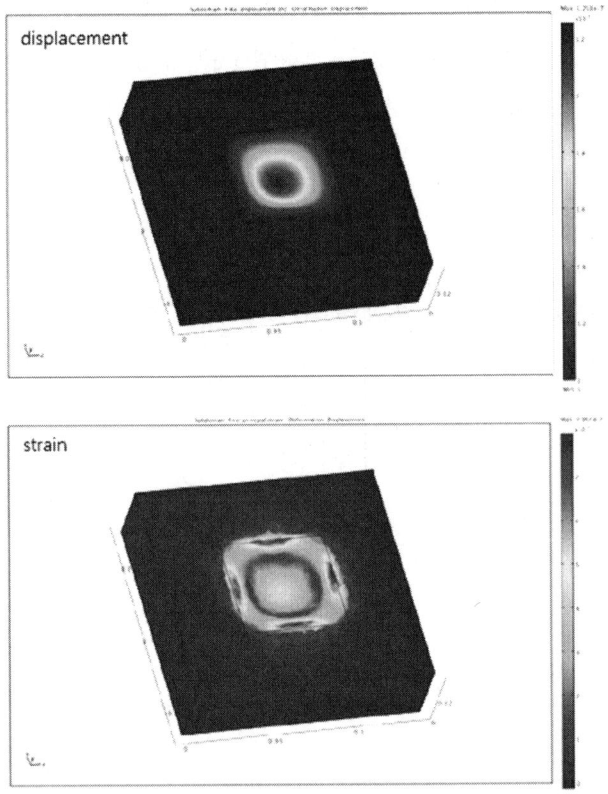

그림 4.38 압력 센서 진동판의 변위와 변형률

따라서 사각 진동판형 압저항 압력 센서는 아래와 같이 측면에 압저항을 형성하는 방식으로 구성한다. 이때 진동판의 크기를 a [m]와 b [m], 진동판의 두께를 t [m]라고 한다면 압력 p [Pa]에 대한 최대 응력 $\sigma_{\max}$ [Pa]과 중앙부에서의 응력 σ_{center} [Pa] 그리고 최대 변형량 δ_{center} [m]은 아래와 같이 표현할 수 있다.

$$\sigma_{\max} = \frac{\beta_1 b^2}{t^2} p \tag{4.40}$$

$$\sigma_{center} = \frac{\beta_2 b^2}{t^2} p \tag{4.41}$$

$$\sigma_{center} = \frac{\alpha b^4}{E \cdot t^3} p \tag{4.42}$$

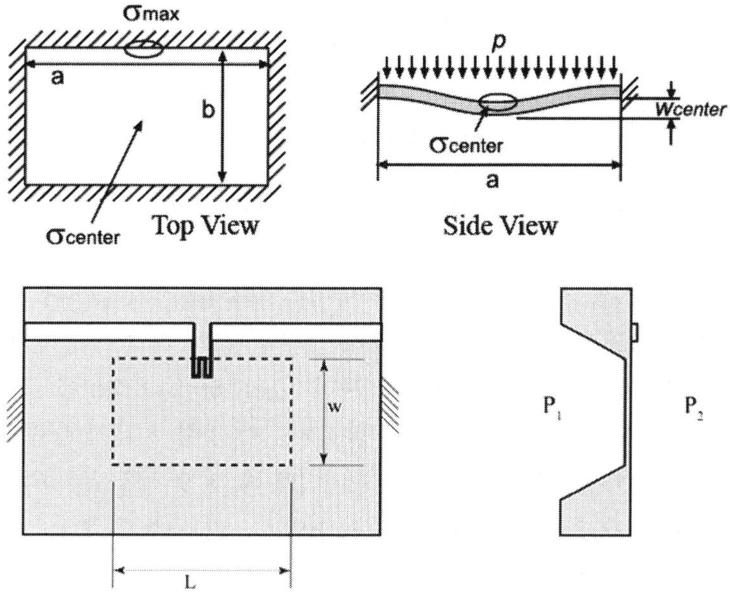

그림 4.39 사각 진동판형 압저항 압력 센서 구조

여기서 α, β_1, β_2는 사각 진동판의 형상비(a/b)에 따라 달라지는 데 균일한 압력이 가해진다고 가정하면 아래 표와 같은 알려진 값을 갖는다.

표 4.7 균일 압력에 대한 사각 진동판의 거동 특성

a/b	1.0	1.2	1.4	1.6	1.8	2.0	∞
β_1	0.3078	0.3834	0.4356	0.4680	0.4872	0.4974	0.5000
β_2	0.1386	0.1794	0.2094	0.2286	0.2406	0.2472	0.2500
α	0.0138	0.0188	0.0226	0.0251	0.0267	0.0277	0.0284

예를 들어 위 그림과 같이 반도체 압력 센서 구조에서 진동판의 한쪽 측면에 초기 저항값 $R_o = 2$ [kΩ], $GF = 50.0$인 압저항을 형성했다. 진동판의 크기는 220×140×3 [μm^3]이고 영계수 $E = 160$ [GPa]라면, 차동 압력 $P_1 = 101.3$ [kPa], $P_2 = 350$ [kPa]로 가해질 때의 출력은 다음과 같이 구할 수 있다.

$$\Delta P = P_2 - P_1 = 350k - 101.3k = 248.7\ [\text{kPa}]$$

$$\frac{\ell}{W} = \frac{220}{140} = 1.571 \Rightarrow \beta_1|_{\frac{\ell}{W}=1.4} = 0.4356,\ \ \beta_1|_{\frac{\ell}{W}=1.6} = 0.4680,\ \ \beta_1|_{\frac{\ell}{W}=1.571} = 0.4631$$

$$\sigma_{max} = \frac{\beta_1 b^2}{t^2}\Delta P = \frac{0.4631 \times (140 \times 10^{-6})^2}{(3 \times 10^{-6})^2} \times (248.7 \times 10^3) = 250.8\ [\mathrm{MPa}]$$

$$\epsilon_{max} = \frac{\sigma_{max}}{E} = \frac{250.8\,M}{160\,G} = 0.001568$$

$$\Delta R = R_o \cdot GF \cdot \epsilon_{max} = 2000 \times 50 \times 0.001568 = 156.8\ [\Omega]$$

이 저항의 변화를 전압으로 검출하는 방법은 이후 6장에서 살펴볼 전압 분배회로나 쿼터 브리지(quarter bridge) 회로를 사용하면 된다. 특히 위의 예에서 보인 압저항을 반대편에 동일하게 한 개 더 배치해서 하프 브리지(half bridge) 회로를 구성하면 감도를 2배 높일 수 있다. 혹은 아래와 같이 압저항 4개를 축 방향 2개 직교 방향 2개로 배치하면 저항 변화 방향을 다르게 구현할 수 있다. 이때 축 방향 저항 R_1, R_3 그리고 직교 방향 저항 R_2, R_4는 각각 동일한 치수의 압저항이며 초기 저항치 R_o는 모두 동일하다.

$$\frac{\Delta R_1}{R_1} = \pi_l \sigma_l + \pi_t \sigma_t = \pi_l \sigma_l + \nu \pi_t \sigma_l = (\pi_l + \nu \pi_t)\sigma_l \tag{4.43}$$

$$\frac{\Delta R_2}{R_2} = \pi_l \sigma_l + \pi_t \sigma_t = \nu \pi_l \sigma_t + \pi_t \sigma_t = (\pi_t + \nu \pi_l)\sigma_t \tag{4.44}$$

$$R_1 = R_3 = R_o + \Delta R_1 = R_o\left(1 + \frac{\Delta R_1}{R_o}\right) = R_o(1 + \alpha_1) \tag{4.45}$$

$$R_2 = R_4 = R_o + \Delta R_2 = R_o\left(1 + \frac{\Delta R_2}{R_o}\right) = R_o(1 - \alpha_2) \tag{4.46}$$

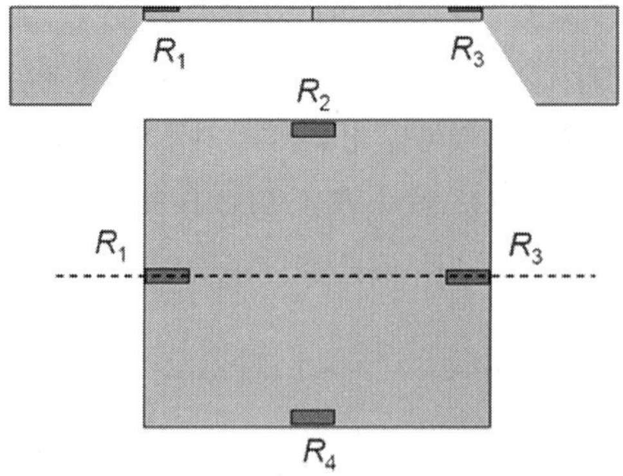

그림 4.40 풀 브리지 방식 압저항 압력 센서

이러한 저항 센서 구조에서 균일한 외부 압력에 대해 2개는 저항이 증가하고 나머지 2개는 감소하게 된다. 따라서 이를 풀 브리지(full bridge) 회로를 구성하면 센서 감도를 4배까지 높일 수 있다.

$$V_{out} = \left(\frac{R_1}{R_1 + R_2} - \frac{R_4}{R_3 + R_4}\right) V_{DC} = \left(\frac{1+\alpha_1}{2+\alpha_1-\alpha_2} - \frac{1-\alpha_2}{2+\alpha_1-\alpha_2}\right) V_{DC} \quad (4.47)$$

$$\frac{V_{out}}{V_{DC}} = \frac{\alpha_1+\alpha_2}{2+\alpha_1-\alpha_2} \cong \frac{\alpha_1+\alpha_2}{2} \quad (4.48)$$

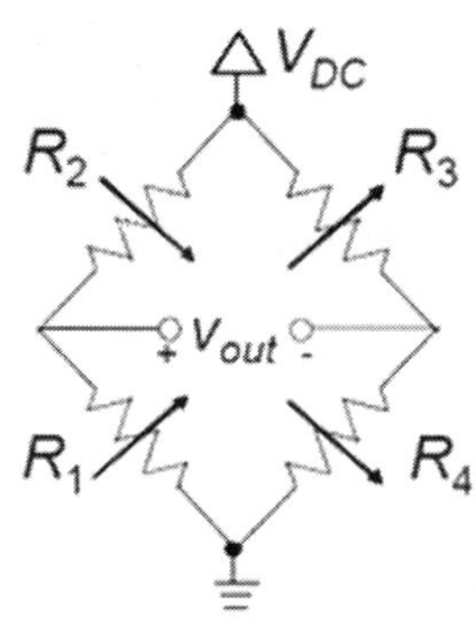

그림 4.41 풀 브리지 저항

4.4.3 가속도 센서

어떤 물체에 가속도가 작용하면 관성력(inertial force)이 발생한다. 따라서 가속도 센서의 원리는 관성력 변화를 검출하는 것이므로 스트레인 게이지나 압력 센서와 유사하다고 볼 수 있다. 다만 관성력이 크게 작용할 수 있도록 관성 질량(inertial mass)를 크게 형성하고 이에 의한 용량 변화나 저항 변화를 검출하면 된다. 아래는 용량형 가속도 센서의 개념도를 보인 것이다. 여기서 우측의 관성 질량은 가속도에 따라 위치가 달라지는 이동형 전극이 되고 중앙에 있는 얇은 구조는 기계적인 스프링 역할을 하게 된다.

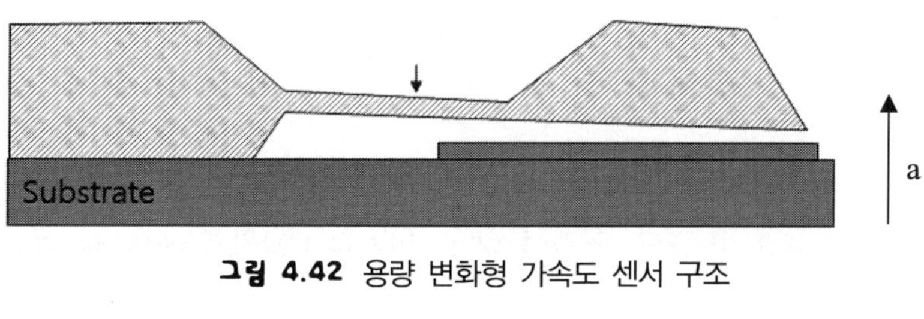

그림 4.42 용량 변화형 가속도 센서 구조

결국 가속도 센서는 관성력(F_a)에 의한 변위(x)를 검출하는 센서이므로 아래와 같이 질량(M)과 스프링(K_m)으로 구성한 모델을 생각할 수 있다. 가속도가 작용하면 스프링에 의한 복원력과 관성력이 반대 방향으로 작용해서 평형을 이루게 될 것이므로 변위는 가속도에 비례하게 된다. 따라서 변위 센서를 구성하면 입력 가속도를 계측할 수 있다.

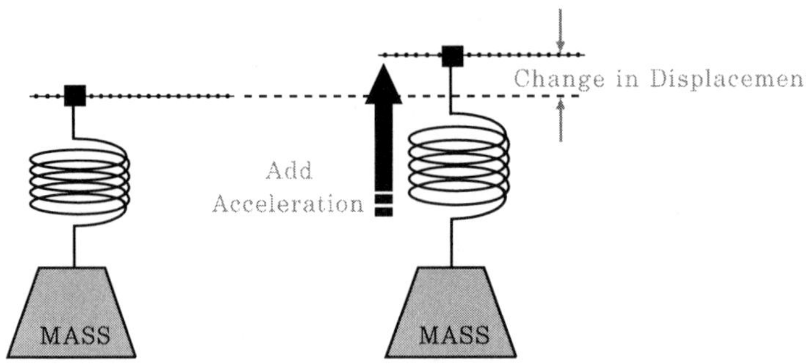

그림 4.43 가속도 센서 개념도

$$F_a = M \cdot a = K_m \cdot x \tag{4.49}$$

$$x = \frac{M}{K_m} \cdot a \tag{4.50}$$

이를 가속도 센서의 정적(static)특성이라고 하는데 가속도 센서의 기계적 감도(S)는 질량(M)과 기계적 스프링 강성(K_m)으로 이루어진 2차 진동계의 고유 진동수(Resonant Frequency, ω_n)의 제곱에 반비례한다. 따라서 가속도계의 감도를 높이려면 2차 진동계의 고유 진동수를 낮게 가져가야 한다. 그러나 이렇게 되면 센서의 동적 응답성이 나빠지므로 설계상 절충이 필요하다. 통상적인 가속도 센서의 공진 주파수는 대략 0.1~100 [kHz]범위를 사용한다.

$$\omega_n = \sqrt{\frac{K_m}{M}} \tag{4.51}$$

$$S = \frac{x}{a} = \frac{M}{K_m} = \frac{1}{\omega_n^2} \tag{4.52}$$

2차 진동계 구성에서 가속도 센서의 동적특성은 다음과 같은 전달함수(transfer function)로 표현할 수 있다. 여기서 Q(quality factor)와 ξ(damping ratio)는 진동계의 감쇄특성을 나타낸다.

$$\omega_n = \sqrt{\frac{K_m}{M}}, \quad Q = \omega_n \cdot \frac{M}{b} = \frac{1}{2\xi} \tag{4.53}$$

$$M\frac{d^2x(t)}{dt^2} + b\frac{dx(t)}{dt} + K_m x(t) = F_a(t) = M \cdot a(t) \tag{4.54}$$

$$H(s) = \frac{X(s)}{A(s)} = \frac{1}{s^2 + \frac{b}{M}s + \frac{K_m}{M}} = \frac{1}{s^2 + \frac{\omega_n}{Q}s + \omega_n^2} \tag{4.55}$$

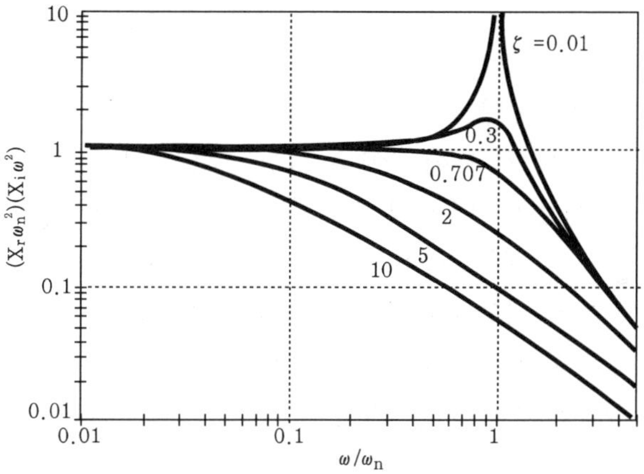

그림 4.44 이상적인 가속도 센서의 진폭 응답

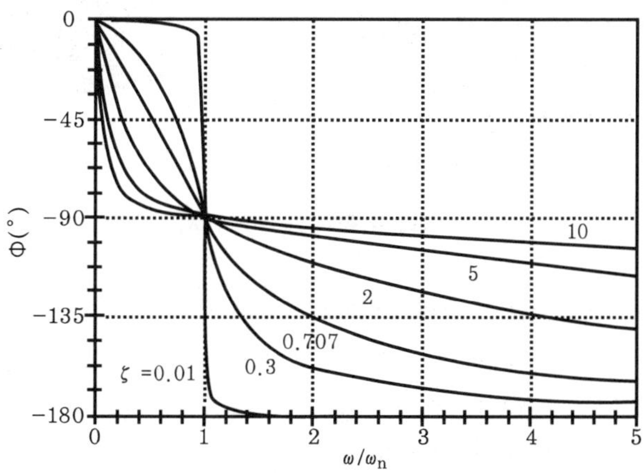

그림 4.45 이상적인 가속도 센서의 위상 응답

따라서 가속도 센서에서 2차 진동계의 고유 진동수(ω_n)가 높고 감쇄비 $\xi = 0.707$일 때 측정 주파수 대역이 가장 큰 것을 알 수 있다. 한편 가속도 센서의 응답은 관성 질량의 기계적 변위량이므로 분해능을 결정하는 것은 브라운(Brownian) 거동으로 알려진 열적거동(thermomechanical)에 의한 잡음이다. 등가 잡음 가속도(a_n)은 절대 온도 T [K]와 볼츠만 상수(Boltzmann's constant, κ_B) 그리고 시스템의 대역폭(bandwidth) Δf에 의해 결정된다.

$$\sqrt{\frac{a_n^2}{\Delta f}} = \frac{\sqrt{4\kappa_B Tb}}{M} \tag{4.56}$$

가속도 센서는 실제 응용 측면에서 응답성뿐 아니라 구조적 안정성도 매우 중요한 부분이다. 즉 감도를 높이기 위해 기계적 강성을 낮게 가져가는 경우 진동계의 고유 진동수와 같은 주파수 성분의 가속도가 가해지면 과도한 변위에 의해 센서 구조가 파손될 수 있다. 이를 방지하기 위해선 공진점에서 진동이 억제되도록 감쇄(damping)요소를 추가해야 한다. 이를 위해 내부를 유체로 채우기도 하는데, 이 경우 동적 응답에 영향을 줄 수 있고 또한 제조 공정도 복잡하다는 단점이 있다. 과도한 스프링변형을 막기 위한 용도로 일정 변위 이상을 억제하는 기계적 차단 구조를 사용할 수도 있다.

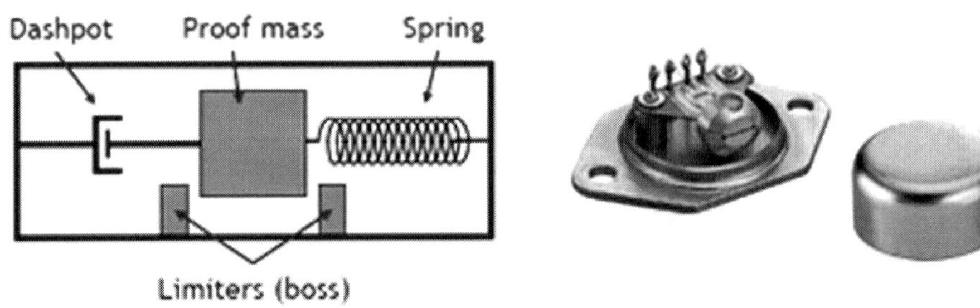

그림 4.46 가속도 센서의 구성

한편 앞에서 보인 용량 변화형 가속도 센서의 구성은 간극 변화에 의한 커패시턴스 변화량이 비선형적으로 달라지므로 차동형으로 구성하는 것이 센서의 선형성 측면에서 유리하다. 결국 가속도 센서는 관성력에 의한 변위 검출을 위한 용량형 센서이므로 차동 간극 변화형 또는 차동 면적 변화형 용량 센서 구성과 동일하다. 아래는 대표적인 차동 용량형 가속도 센서의 구성을 보인 것으로 수평으로 움직일 수 있는 전극의 양 옆에 차동 커패시터의 고정 전극을 배치하고 이를 간극 변화로 검출하는 구조이다. 커패시턴스 변화량을 전압으로 변환하는 방법은 6장에서 살펴볼 C-V 변환회로를 이용하면 된다.

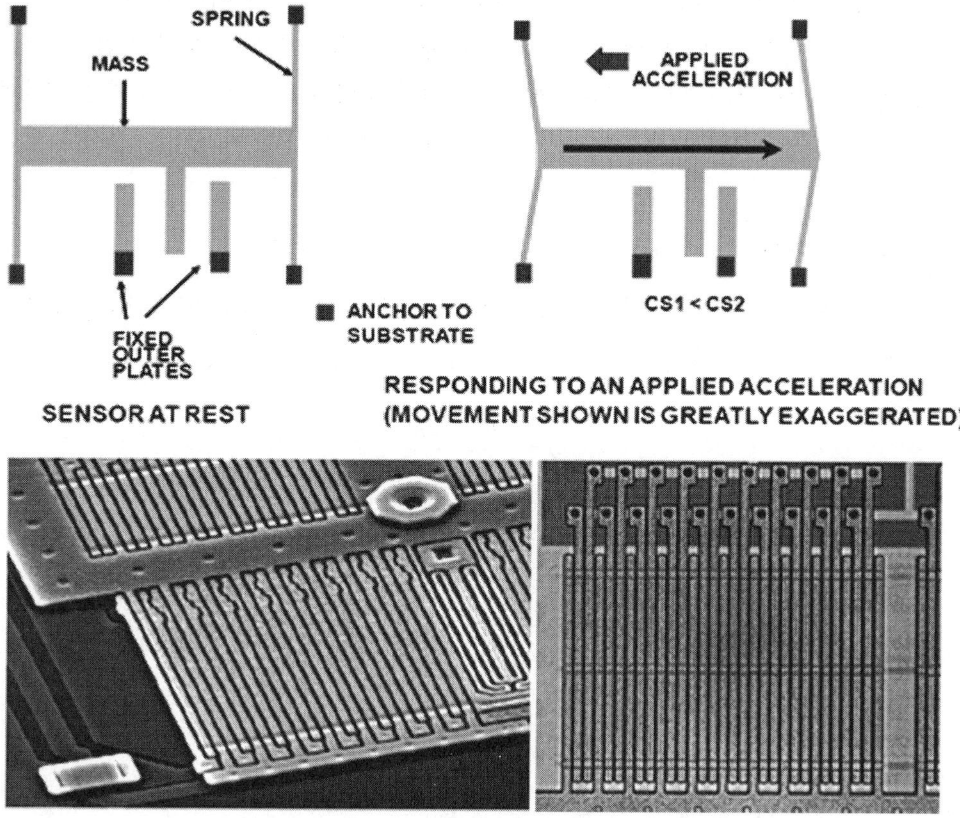

그림 4.47 차동 용량 변화형 가속도 센서 구성 예

한편 앞서 설명한 용량 변화형 가속도계와 유사하게 저항형 센서 원리를 적용해서 가속도 센서를 구현할 수도 있다. 예를 들어 아래와 같은 외팔보(cantilever)형 스프링 구조의 좌측은 고정부이고 우측은 움직일 수 있는 관성 질량이다. 이 상태에서 수직 방향의 가속도에 의해 관성 질량의 위치가 이동하게 되면 이를 지지하는 스프링 구조의 끝단에서 가장 큰 응력이 발생하므로 이를 측정하면 된다.

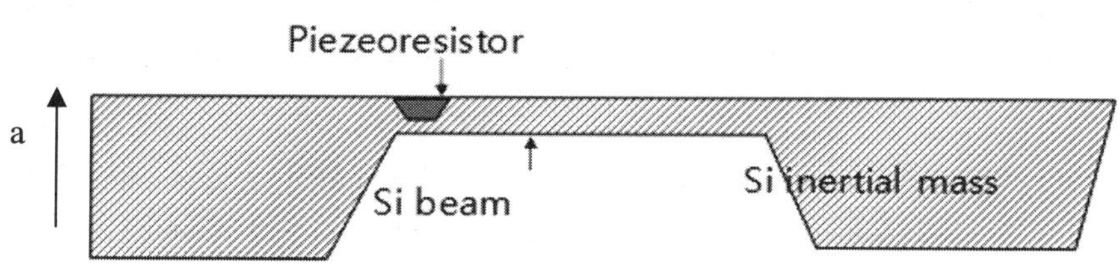

그림 4.48 저항 변화형 가속도 센서 구조

가속도 센서는 입력 가속도의 방향에 따라 스프링의 거동이 달라지므로 측정하고자 하는 방향의 가속도에 의해 발생하는 응력 변화가 최대가 되는 부분에 압저항을 형성하는 것이 중요하다. 간단한 외팔보형 구조에서 관성력에 의한 스프링의 거동 형태에 따라 최대 응력이 발생하는 위치와 최대 변형률을 구해보면 다음과 같이 4가지로 구분할 수 있다.

- **축 방향 거동**

이 경우는 모든 위치에서 응력과 변형률이 동일하다. 따라서 어느 위치에 압저항을 형성해도 사용할 수 있다.

$$\sigma = \frac{F}{A} = \frac{F}{w \cdot t} \tag{4.57}$$

$$\epsilon = \frac{\sigma}{E} = \frac{F}{w \cdot t \cdot E} \tag{4.58}$$

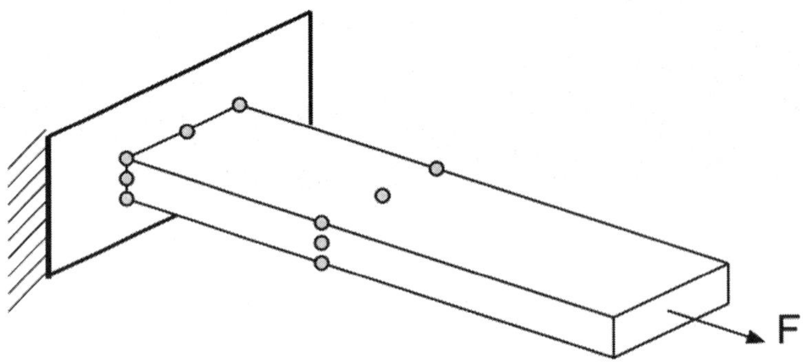

그림 4.49 외팔보의 축 방향 거동

- **수직 방향 거동**

수직 방향의 관성력이 작용하면 외팔보는 상하로 휘게 되므로 고정단의 상면과 하면에서 최대 응력과 변형률이 작용한다. 이때 상부면과 하부면의 응력은 서로 크기는 같고 부호는 반대 방향이다. 여기서 모멘트(Moment, M)은 회전 운동을 일으키려는 힘의 작용 정도이고, 관성모멘트(Moment of Inertia, I)는 회전 운동에 대한 관성(rotational inertia)을 나타낸다. ℓ [m]과 t [m]는 각각 외팔보의 길이와 두께 그리고 c [m]는 외팔보 스프링의 상하 방향 중앙 위치에서 상대적인 거리를 의미한다.

$$\sigma_{\max} = \frac{M \cdot c}{I} = \frac{F \cdot \ell \left(\frac{t}{2}\right)}{\left(\frac{w \cdot t^3}{12}\right)} = \frac{6F \cdot \ell}{w \cdot t^2} \tag{4.59}$$

$$\epsilon_{\max} = \frac{\sigma}{E} = \frac{M \cdot c}{I \cdot E} = \frac{6F \cdot \ell}{w \cdot t^2 \cdot E} \tag{4.60}$$

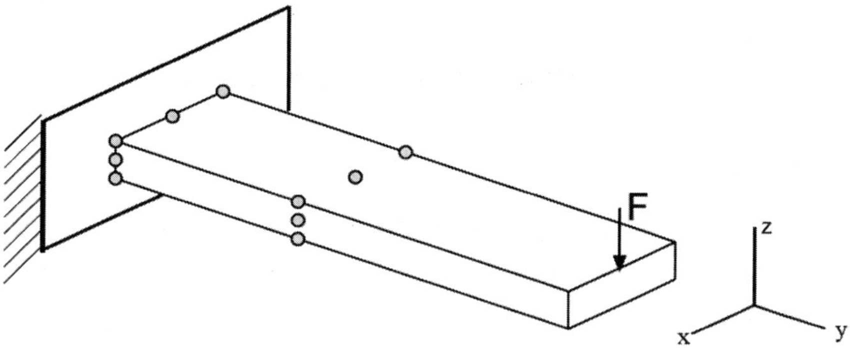

그림 4.50 외팔보의 수직(z축) 방향 거동

- **측면 방향 거동**

측면 방향으로 관성력이 작용하면 외팔보는 좌우로 휘게 되므로 고정단의 좌우 측면에서 최대 응력과 변형률이 작용한다. 이 경우도 고정단 좌측면과 우측면에서 작용하는 응력은 서로 크기는 같고 부호는 반대 방향이다. w [m]는 외팔보 스프링의 폭을 나타낸다.

$$\sigma_{\max} = \frac{M \cdot c}{I} = \frac{F \cdot \ell \left(\frac{w}{2}\right)}{\left(\frac{t \cdot w^3}{12}\right)} = \frac{6F \cdot \ell}{t \cdot w^2} \tag{4.61}$$

$$\epsilon_{\max} = \frac{\sigma}{E} = \frac{M \cdot c}{I \cdot E} = \frac{6F \cdot \ell}{t \cdot w^2 \cdot E} \tag{4.62}$$

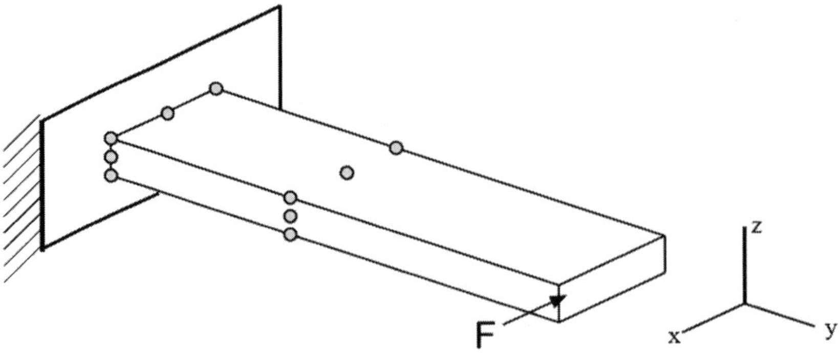

그림 4.51 외팔보의 측면(x축) 방향 거동

• 축 회전 거동

축 방향에 대해 비틀림 거동이 발생하면 외팔보의 최 외곽 위치에서 전단 응력(Shear Stress, τ)과 전단 변형률(Shear Strain, γ)이 최대가 된다. 여기서 T [N · m]은 토크(torque), J [m^4]은 비틀림 관성(polar moment of inertia), G [Pa]은 전단 변형률(shear modulus) 그리고 r [m]는 외팔보 스프링의 중심 회전축에서 반경 위치의 상대적인 거리를 의미한다.

$$\tau_{max} = \frac{T \cdot r}{J} = \frac{T\sqrt{\frac{w^2}{4} + \frac{t^2}{4}}}{w \cdot t^3\left(\frac{16}{3} - 3.36\frac{t}{w}\left(1 - \frac{t^4}{12w^4}\right)\right)} \tag{4.63}$$

$$\gamma_{max} = \frac{\tau}{G} = \frac{T \cdot r}{J \cdot G} = \frac{6F \cdot \ell}{t \cdot w^2 \cdot E} \tag{4.64}$$

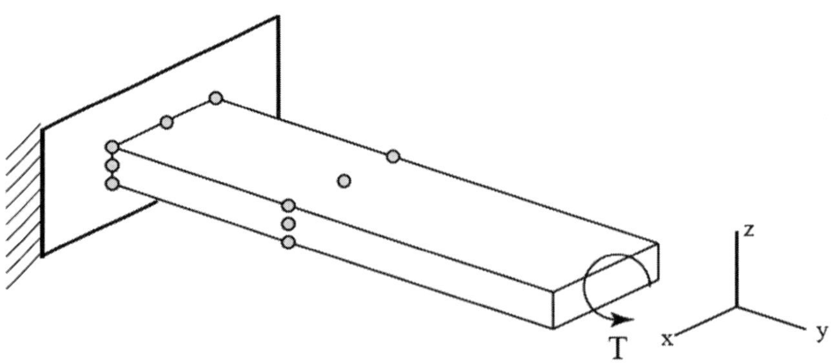

그림 4.52 외팔보의 축(y축) 회전 거동

이처럼 가속도를 검출하고자 하는 방향에 따라 외팔보 스프링의 적절한 위치에 압저항을 형성하면 가속도 센서의 측정 방향을 다양하게 구현할 수 있다. 아래는 관성 질량과 압저항이 형성된 외팔보로 구성한 수직 방향 가속도 센서와 수평 방향 가속도 센서의 예를 보인 것이다. 여기서 저항의 변화를 전압으로 변환하기 위해선 압저항형 압력 센서와 동일한 방법으로 전압 분배회로나 쿼터 브리지(quarter bridge) 또는 하프 브리지(half bridge)회로를 사용하면 된다.

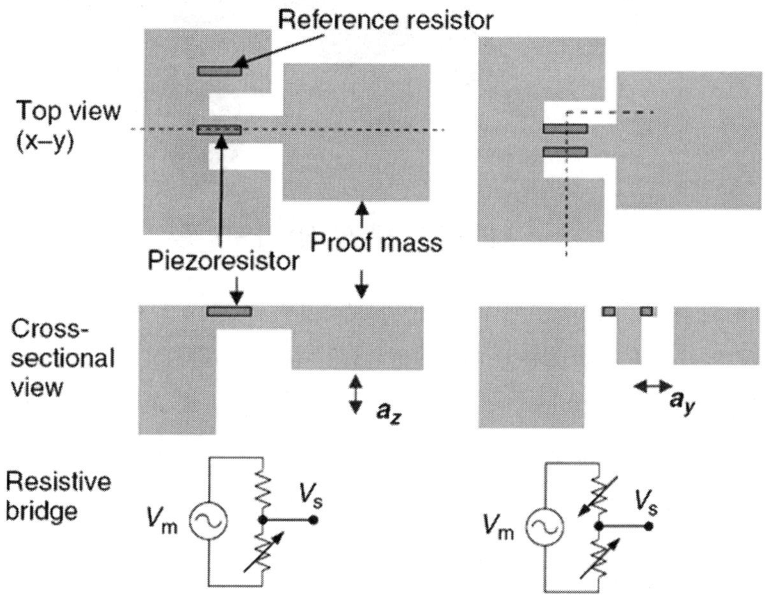

그림 4.53 압저항형 가속도 센서 구성 예

그런데 압저항형 가속도 센서의 제조 과정은 주로 반도체 제조 공정을 이용하므로 진동 스프링의 측면이나 하부 면에 압저항을 형성하는 것이 쉽지 않다. 따라서 통상은 상부면에 압저항을 형성해서 가속도를 검출할 수 있도록 구성하는 것이 일반적이다. 따라서 관성력에 의한 관성 질량의 변형이 상부면에서 최대 응력으로 작용하도록 기계적으로 변환하는 구조가 필요하다. 아래는 단일 관성 질량으로 3축(x/y/z축)방향의 가속도를 동시에 측정할 수 있는 다축 압저항 가속도 센서의 구성 예를 보인 것이다. 이 구성에서 관성 질량과 스프링은 두께 방향으로 질량 중심이 다르기 때문에 측면(x, y축) 방향의 가속도에 의해 관성 질량은 비틀림 거동을 하고, 수직(z축) 방향의 가속도에 의해선 관성 질량이 수직 방향으로 평형 거동을 하게 된다.

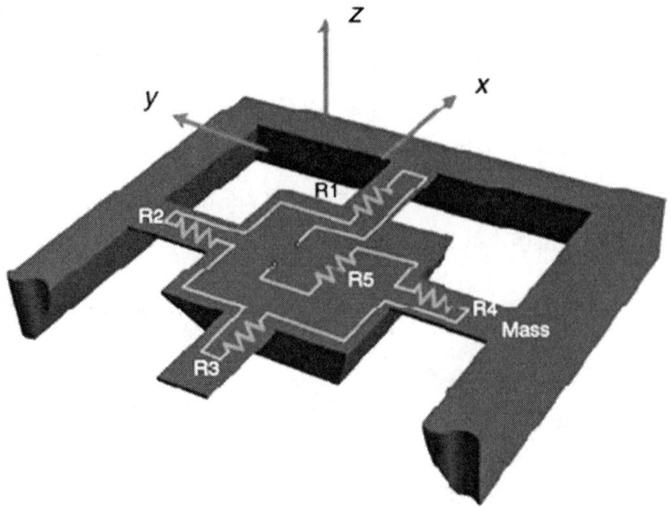

그림 4.54 3축 압저항 가속도 센서

결국 수평 방향의 가속도에 대해 발생하는 응력은 부호가 서로 반대로 되므로 차동저항(R_1, R_3와 R_2, R_4)의 변화를 검출하면 된다. 또한 수직(z축) 방향의 가속도에 대해선 4개의 저항(R_1, R_2, R_3, R_4)이 모두 증가하거나 감소하므로 전체 저항 변화를 합해야 한다. 여기서 수평 가속도에 의한 차동 저항 변화는 하프 브리지 회로를 이용하여 전압으로 변환할 수 있지만, 수직 가속도는 차동이 아니기 때문에 쿼터 브리지를 이용해야 한다. 이때 기준저항으로 4개의 센서저항 초기치 합과 동일한 크기의 R_5를 사용함으로서 저항형 센서의 온도특성을 개선할 수 있다.

$$R_1 = R_o + \Delta R_1,\ \ R_2 = R_o + \Delta R_2,\ \ R_3 = R_o + \Delta R_3,\ \ R_4 = R_o + \Delta R_4$$

$$R_5 = 4R_o$$

$$\Delta R_x = R_1 - R_3 = \Delta R_1 - \Delta R_3 \tag{4.65}$$

$$\Delta R_y = R_2 - R_4 = \Delta R_2 - \Delta R_4 \tag{4.66}$$

$$\Delta R_z = R_5 - (R_1 + R_2 + R_3 + R_4) = \Delta R_1 + \Delta R_2 + \Delta R_3 + \Delta R_4 \tag{4.67}$$

한편 이러한 저항형 가속도 센서에서 풀 브리지 저항회로를 이용하면 감도를 높일 수 있다. 이를 위해선 가속도 입력 방향에 따라 응력 변화가 차동으로 발생하는 압저항이 4개씩 필요하다. 따라서 동일한 가속도 센서 구성에서 12개의 압저항을 배치하고 각각을 풀 브리지로 구성하면 전체를 풀 브리지 차동 출력으로 검출할 수 있다.

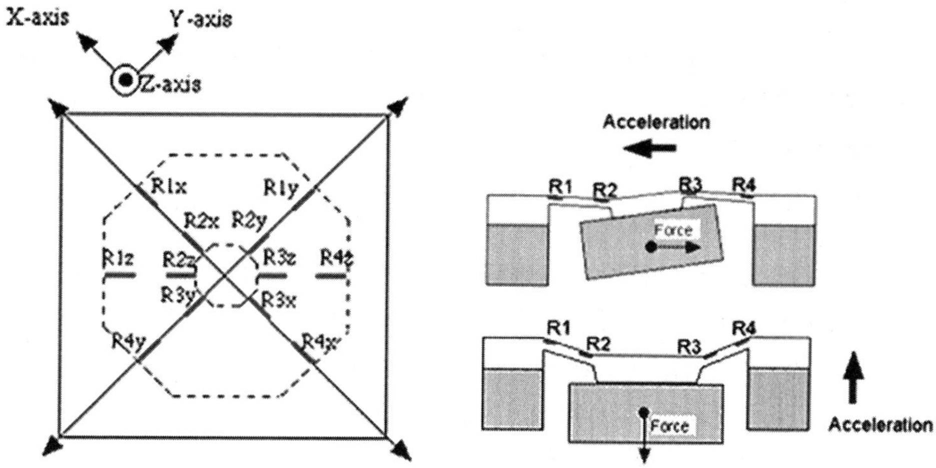

그림 4.55 3축 압저항 가속도 센서

4.5 온도 센서

SI 단위계에서 절대 온도 T [K]의 단위는 Kelvin이지만 일상 생활에서는 화씨(Fahrenheit, °F) 온도나 섭씨(Celsius, ℃) 온도를 주로 사용한다. 혹은 열역학적인 절대온도로 랭킨(Rankine, °R) 온도로 표현하기도 한다. 섭씨 온도는 표준 1기압 조건에서 물이 어는 온도를 0 [℃], 끓는 온도를 100 [℃]의 기울기로 선형화한 것이고, 절대 온도는 열역학적인 기준 온도를 0 [K]로 설정한 것이므로 섭씨 온도와 동일한 기울기를 갖는다. 한편 화씨 온도는 표준 1기압 조건에서 물이 어는 온도를 32 [°F]와 끓는 온도를 212 [°F]의 기울기로 선형화한 것이고, 랭킨 온도는 열역학적인 절대 기준 온도를 0 [°R]로 설정한 것이므로 화씨 온도와 랭킨 온도도 동일한 기울기를 갖는다. 온도 단위 간의 변환 관계는 아래와 같다.

$$^{\circ}F = 1.8 \times {}^{\circ}C + 32 \qquad (4.68)$$

$$^{\circ}C = ({}^{\circ}F - 32)/1.8 \qquad (4.69)$$

$$^{\circ}R = {}^{\circ}F + 459.69 \qquad (4.70)$$

$$K = {}^{\circ}C + 273.15 \qquad (4.71)$$

표 4.8 온도 단위계 변환 결과

	Kelvin [K]	Celsius [℃]	Fahrenheit [°F]	Rankine [°R]
절대 기준온도	0	−273.15	−459.67	0
물의 어는 점	273.15	0	32.00	491.67
물의 끓는 점	373.13	99.98	211.97	671.64

온도를 측정하는 방법은 크게 기계식과 전자식으로 구분할 수 있다. 대표적인 기계식 온도 센서로는 유리관에 봉입한 수은이 온도에 따라 부피가 팽창한 정도를 표시하는 수은 온도계와 바이메탈(bi-metal)로 이루어진 온도조절 스위치(thermostat) 등을 예로 들 수 있다. 혹은 가스의 부피(V)가 압력(P)과 온도(T)에 따라 달라지는 현상을 이용해서 기계식 온도 센서를 구현할 수도 있다. 아래 식에서 R은 기체상수(gas constant)를 그리고 n은 개체의 몰 수를 의미한다.

$$P \cdot V = n \cdot R \cdot T \tag{4.72}$$

한편 전자식 온도 센서로는 열저항 효과(thermoresistance effect)를 이용하는 서미스터(thermistor)와 저항 변화형 온도계(thermometer), 열전 효과(thermoelectric effect)를 이용한 열전쌍(thermocouple) 그리고 열복사 특성을 이용하는 초전기성(pyro electric) 온도 센서 등이 있다.

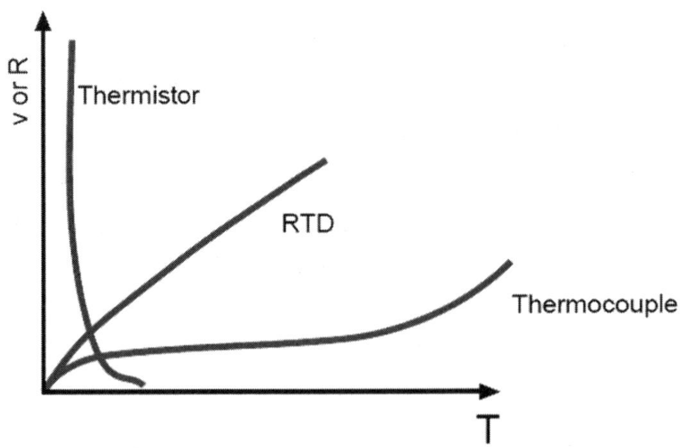

그림 4.56 서미스터, RTD, 열전쌍의 특성 비교

4.5.1 RTD

RTD(Resistance Temperature Detector)는 흔히 열 저항(Thermal Resistor)이라고 불리는 금속저항으로 온도에 따라 발생하는 저항 변화량을 계측하는 센서이다. 금속의 경우 온도가 올라가면 비저항(ρ)도 함께 늘어나서 저항이 커진다. 금속에서 비저항의 변화는 하전입자인 전자의 이동도(Mobility, μ)가 달라지기 때문이다. 금속에서 전자의 이동도는 전자의 농도(n)과 이동도(μ)의 함수인데, 온도 센서로 사용하려는 범위에서 전자의 농도는 거의 일정한 반면 이동도는 절대 온도에 거의 비례해서 감소한다.

$$R = \rho \frac{\ell}{A} = \frac{1}{q\mu n}\frac{\ell}{A} \tag{4.73}$$

여기서 비저항은 아래와 같이 온도의 함수로 나타낼 수 있다. 여기서 ρ_∞는 극 고온에서 확인되는 저항의 최대치를 나타내고, β는 온도에 따른 비저항의 변화 정도를 나타내는 상수로 매우 작은 값이다.

$$\rho_T = \rho_\infty e^{\beta / T} \tag{4.74}$$

$$\frac{R_{T_1}}{R_{T_o}} = \frac{\rho_{T_1}}{\rho_{T_o}} = e^{\beta\left(\frac{1}{T_1} - \frac{1}{T_o}\right)} \tag{4.75}$$

여기서 금속의 경우 $\beta\left(\frac{1}{T_1} - \frac{1}{T_o}\right) \ll 1$이므로 온도 T_1에서의 저항은 다음과 같다.

$$R_{T_1} = R_{T_o} \cdot e^{\beta\left(\frac{1}{T_1} - \frac{1}{T_o}\right)} = R_{T_o}\left(1 + \alpha_1 \Delta T + \alpha_2 \Delta T^2 + \alpha_3 \Delta T^3 + \cdots\right) \tag{4.76}$$

대부분의 금속에서 온도계수의 1차 항에 비해 고차항이 월등히 작다. 대표적인 RTD 소재인 백금(Platinum)의 경우 $\alpha_1 = 4 \times 10^{-3} [K^{-1}]$, $\alpha_2 \approx 1 \times 10^{-6} [K^{-2}]$, $\alpha_3 \approx 1 \times 10^{-12} [K^{-3}]$이므로 온도특성은 거의 선형이라고 볼 수 있다. 따라서 온도 변화에 대한 비저항의 변화 비율을 온도계수(Temperature Coefficient, α)로 나타내면 다음과 같이 정리할 수 있다. 여기서 T_o는 기준 온도로 통상 0 [℃]를 나타낸다.

$$\alpha = \frac{R_{T_1} - R_{T_o}}{R_{T_o}(T_1 - T_o)} \tag{4.77}$$

$$R_T = \rho\frac{L}{A} = \rho_o\frac{L}{A} + \Delta\rho\frac{L}{A} = R_o + \Delta R \tag{4.78}$$

$$\rho = \rho_o[1 + \alpha(T - T_o)] = \rho_o[1 + \alpha\Delta T] = \rho_o + \Delta\rho \tag{4.79}$$

$$R_T = \rho_o[1 + \alpha(T - T_o)]\frac{L}{A} = R_o[1 + \alpha(T - T_o)] \tag{4.80}$$

저항형 온도 센서의 감도, 선형성, 동작범위는 사용하는 금속의 재질과 온도 측정 대역에 따라 달라진다. RTD에 사용하는 대표적인 재료의 특성은 다음과 같다. 온도계수는 매우 작지만 안정적이고 재현성이 있는 특성을 보이는데, 통상적인 오차도 0.01 % 수준으로 매우 낮다.

표 4.9 재료에 따른 온도계수

재료	비저항 $\rho[\Omega\ \mathrm{cm}]$	온도계수 $\alpha[℃^{-1}]$
Carbon	1.39×10^{-3}	0.000500
Nichrome	4.82×10^{-5}	0.001700
Chromium	1.29×10^{-5}	0.001700
Aluminum	2.83×10^{-6}	0.003600
Silver	1.63×10^{-6}	0.003800
Copper	1.72×10^{-6}	0.003900
Platinum	1.06×10^{-5}	0.003927
Tungsten	4.20×10^{-6}	0.004500
Iron	9.71×10^{-6}	0.006510
Nickel	6.84×10^{-6}	0.006900
Gold	2.40×10^{-6}	0.008300

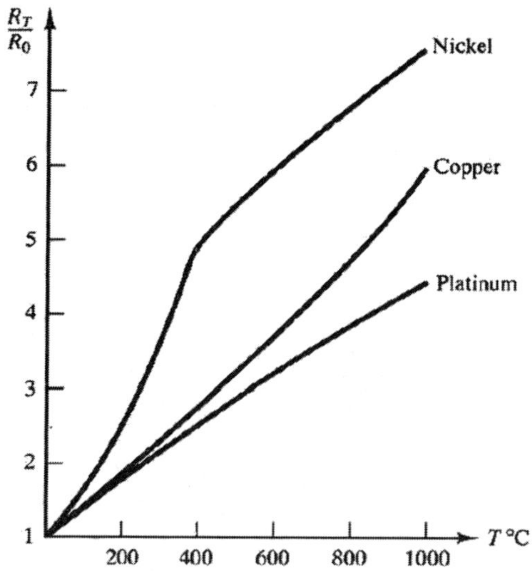

그림 4.57 재질에 따른 RTD 입출력 특성

예를 들어 백금 재질의 RTD에서 $T_o = 0[℃]$, $R_{T_o} = 100[\Omega]$라면 $T_1 = 5[℃]$에서의 저항 R_{T_1} 감도는 다음과 같이 구할 수 있다.

$$R_{T_1} = R_{T_o}(1+\alpha) = 100(1+5\times 4\times 10^{-3}) = 102[\Omega]$$

$$S = \frac{\Delta R}{\Delta T} = \frac{2}{5} = 0.4[\Omega/℃]$$

일반적인 RTD 소자의 경우 대체로 0.2~0.5 [%/℃]의 온도계수를 보인다. 이때 발생하는 미량의 저항 변화를 전압으로 변환하는 것은 앞에서 설명한 압저항형(piezo-resistive) 센서와 동일하게 브리지회로를 이용하면 된다.

4.5.2 서미스터(thermistor)

서미스터(thermistor)는 "thermally sensitive resistor"의 합성어로 RTD와 마찬가지로 반도체 재료의 물성이 온도에 따라 달라지는 원리를 이용한다. 그러나 RTD는 온도가 상승하면 저항도 함께 증가하지만 서미스터의 경우 대부분 저항이 감소한다. 재료에 따라 저항이 증가하는 서미스터도 있는데 이를 PTC(Positive Temperature Coefficient) 서미스터라고 하고 통상적인 경우는 이와 반대로 NTC(Negative Temperature Coefficient) 특성을 갖는다. PTC 서미스터는 회로 보호를 위한 전류 제한용도나 온도를 유지해야 하는 기기에 사용할 수 있다. 반면 NTC 서미스터는 주로 온도 측정에 사용되며, 온도 모니터링을 위한 디지털 온도조절 장치 등에 널리 사용된다. 서미스터는 RTD에 비해 온도 민감도가 매우 높고, 소형이기 때문에 온도 반응성이 매우 우수하다. 사용 온도범위는 상대적으로 낮기 때문에 주로 낮은 온도를 정확하게 측정해야 하는 용도에서 많이 사용된다.

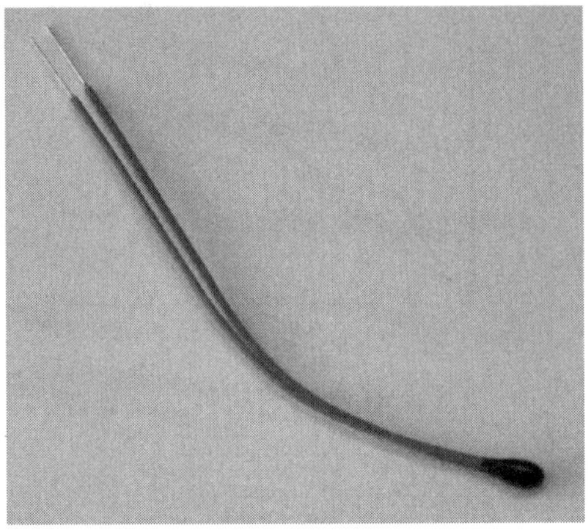

그림 4.58 NTC 서미스터

서미스터의 온도 의존성은 다음 식으로 표현할 수 있는데, 여기서 β는 대략 3,000~4,000으로 큰 값이기 때문에 근사화할 수 없다. 여기서 T_o는 기준 온도로 통상 상온 25 [℃]을 나타낸다.

$$R_T = R_{T_o} \cdot e^{\beta\left(\frac{1}{T} - \frac{1}{T_o}\right)} \tag{4.81}$$

이로부터 서미스터의 온도 계수(temperature coefficient)는 다음과 같이 음의 값을 갖는다.

$$\frac{dR}{dT} = R_{T_o} \cdot e^{\beta\left(\frac{1}{T} - \frac{1}{T_o}\right)} \times \left(-\frac{\beta}{T^2}\right) \tag{4.82}$$

$$\frac{dR}{dT} \times \frac{1}{R_T} = -\frac{\beta}{T^2} \ [℃^{-1}] \tag{4.83}$$

서미스터는 감도는 높지만 비선형성도 심한편이다. 따라서 사용 온도범위에 따라 감도가 달라진다. 온도 T [K]와 서미스터 저항 R_T [Ω]특성은 스테인하트(Steinhart-Hart) 방정식으로 근사화할 수 있다. 여기서 상수 A, B, C는 세 군데의 온도를 측정하여 구하는 보정 계수로 제조사와 제품별로 다른 서미스터의 고유한 특성을 나타낸다.

$$\frac{1}{T}[K^{-1}] = A + B \cdot \ln(R_T) + C \cdot (\ln R_T)^3 \tag{4.84}$$

위 식은 다음과 같이 β 파라미터로 근사화할 수 있다.

$$\frac{1}{T}[K^{-1}] = \frac{1}{T_o} + \frac{1}{\beta}\ln\left(\frac{R_T}{R_{T_o}}\right) \tag{4.85}$$

서미스터의 저항은 상온에서 수백 [Ω]에서 수 [kΩ]의 값을 갖는데 온도 계수는 4~6 [%/℃] 정도의 값이다. 선형성은 동작범위에 따라 달라지는데 일반적으로는 -100~200 [℃]범위에서 사용한다. 분해능은 특별한 제한 없이 저항성 변환회로의 잡음 수준에 따라 결정된다.

RTD와 서미스터는 온도에 따라 저항이 달라지는 센서이므로 전압 분배회로를 이용하거나 혹은 정전류를 흘려서 저항크기를 측정하면 온도를 알 수 있다. 전류를 흘리는 경우는 저항의 발열이 측정 오차로 작용할 수 있기 때문에 주의가 필요하다. 일반적으로 RTD의 경우 1~2 [mA], 서미스터는 5~20 [mA] 이내로 측정 전류를 제한해야 한다.

4.5.3 열전형(thermo-electric) 온도 센서

대표적인 열전형(thermo-electric) 온도센서로 열전쌍(thermo-couple)을 들 수 있다. 열전쌍은 제백 효과(Seebeck effect)라고 알려진 열전 현상을 이용한 것으로 이종의 도체를 한쪽 단에만 연결한 상태로 구현한다. 이 상태에서 연결부위와 연결되지 않은 단자의 온도가 다르면 양단에 열기전력(thermal electromotive force)이 생성되는 원리이다.

온도에 따른 제백 전압(Seebeck voltage)은 비선형적이지만 작은 온도범위에 대해선 선형적이라고 볼 수 있다. 아래 식에서 α [V/K]는 제백 상수(Seebeck coefficient)라고 하며 물질에 따라 고유한 값이다.

$$\Delta V \approx \alpha_{ab} \cdot \Delta T = (\alpha_a - \alpha_b)\Delta T \tag{4.86}$$

표 4.10 재질별 제백 상수

재질	측정범위	비고
Aluminum	−1.7 [μV/K]	@300 [K]
Chromium	18.8 [μV/℃]	@273 [K]
Gold	1.79 [μV/℃]	
Copper	1.70 [μV/℃]	
Platinum	−4.45 [μV/℃]	
Nickle	−18.0 [μV/℃]	
Bismuth	−79.0 [μV/℃]	
Antimony	43.0 [μV/℃]	
p type Silicon	300~1,000 [μV/℃]	
n type poly silicon	−200~−500 [μV/℃]	

제백 상수가 큰 물질쌍 중에서 선형성과 측정범위를 고려하면 실제적으로는 몇 가지 종류만 온도 센서로 사용할 수 있다. 열전쌍은 사용물질에 따라 고유한 기호(S, R, J, K,…)로 표시하는데 이들의 대략적인 특성은 다음 표와 같다.

표 4.11 열전쌍 종류별 특성

종류	재질	측정범위	감도
S	PtRh/Pt	0~1,400 [℃]	6.45 [μV/℃]
R	PtRh/Pt	0~1,400 [℃]	6.47 [μV/℃]
J	Fe/CuNi	0~800 [℃]	52.68 [μV/℃]
K	NiCr/NiAl	0~1,100 [℃]	40.95 [μV/℃]
T	Cu/CuNi	−200~400 [℃]	42.77 [μV/℃]
E	NiCr/CuNi	0~800 [℃]	61.37 [μV/℃]

이러한 제백 효과를 반대로 적용한 것이 펠티어(Peltier) 소자이다. 이는 한쪽만 연결한 이종의 도체에 전류를 흘리면 연결 단자에서 발열 혹은 흡열 현상이 발생하는 데 이 원리를 이용하면 TEC(Thermal Electrical Cooler)를 만들 수 있다.

표 4.12 열전쌍과 RTD 비교

	열전쌍	백금 RTD
정밀도	0.5~5 [℃]	0.1~1 [℃]
측정범위	-200~1,750 [℃]	-200~650 [℃]
응답성	0.05~5 [s]	1~50 [s]
장기 안정성	부족	양호
강건성	강건	취약
출력 감도	10~40 [μV/℃]	0.4% [℃$^{-1}$]
외부 전원	불필요	필요
표면 온도 측정	가능	-
오프셋 보정	필요	-

열전쌍의 구성에 따른 동작을 이해하기 위해 다음 3가지 경우로 구분해서 생각할 수 있다.

1) 동일한 재질의 금속으로 이루어진 회로는 한쪽에 열을 가해도 열기전력은 발생하지 않는다.
2) 이종의 금속이 연결된 회로를 일정한 온도로 유지하면 실효적인 열기전력은 발생하지 않는다.
3) 접점 온도가 T_1과 T_2인 이종의 금속에서 발생한 열기전력이 E_1이고, 접점 온도가 T_2과 T_3인 이종의 금속에서 발생한 열기전력이 E_2라면 접점 온도가 T_1과 T_3인 이종의 금속에서 발생한 열기전력은 $E_1 + E_2$가 된다.

열전쌍은 수동형 센서로 외부 전원 없이 작동할 수 있으므로 아래 결선 구조에서 전압을 직접 측정하면 된다. 그러나 이는 일정한 기준 온도를 만들어줘야 하므로 실제로 사용하기에 적합하지 않다.

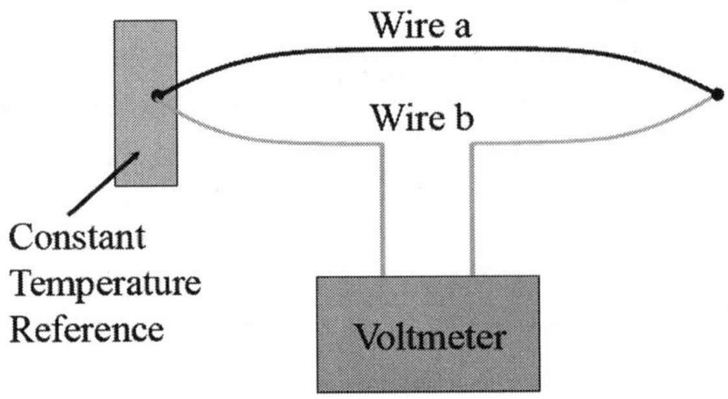

그림 4.59 열전쌍 측정 원리

실제적인 열전쌍의 구성은 아래와 같다. 이 경우는 증폭기에 연결하는 순간 추가적인 이종의 금속이 연결됨을 알 수 있다. 즉 아래 그림에서 금속 a와 c 그리고 금속 b와 c 사이에 추가적인 열전쌍이 형성되는 것이다. 원래 열전쌍으로 측정하고자 하는 연결부위를 온점(hot junction)이라고 하고 추가적으로 형성된 연결부위를 냉점(cold junction)이라고 부르는 데 정확한 계측을 위해선 냉점 보상(cold junction compensation)이 필요하다.

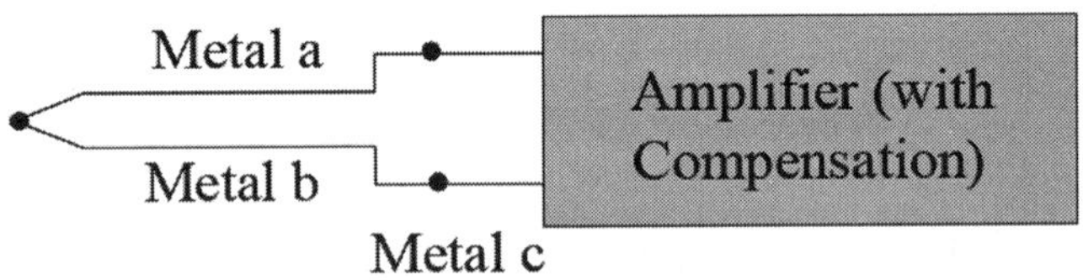

그림 4.60 실제적인 열전쌍 측정 방식

냉점 보상을 위해 열전쌍에 매개 금속을 삽입하고 간단한 가정을 적용하면 측정 전압이 열전쌍의 유형, 열전쌍의 전압 및 냉접점의 온도에 의해 결정됨을 알 수 있다. 이를 매개 금속의 법칙(law of intermediate metals)라고 하는데 아래 열전쌍에서 Cu 선을 삽입하면 Fe-C 열전쌍 전압은 Cu 선의 온도와는 무관하고 T_1온도로 결정된다.

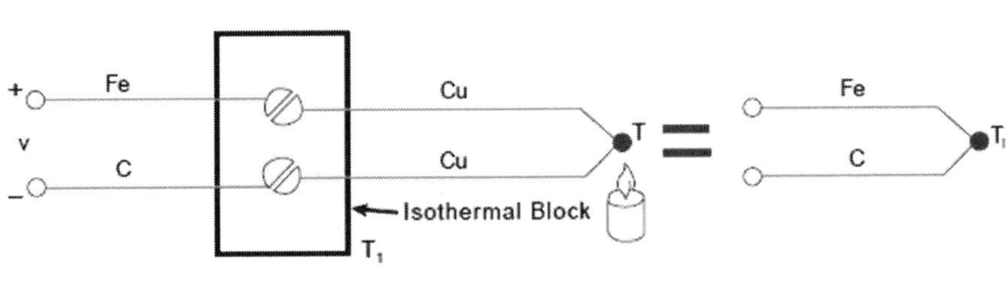

그림 4.61 매개 금속의 법칙

반면 아래와 같이 구성하면 Fe-C 열전쌍의 전압은 외부 열원 T_1에 무관하게 온점의 온도 T에 의해 결정된다.

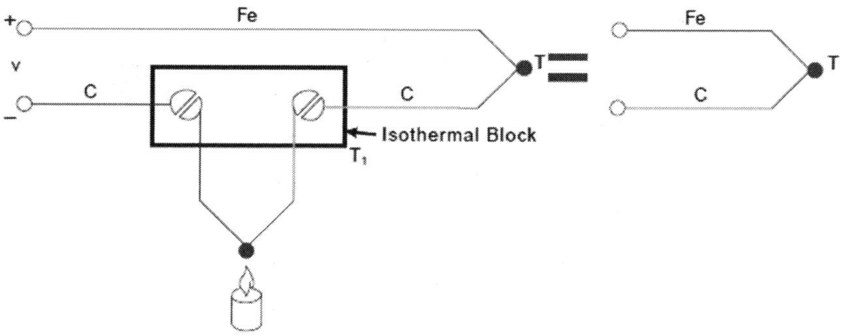

그림 4.62 냉점 보상 구성

따라서 아래 구성에서 Pt 선의 양측의 온도가 동일하다면 Fe-C 열전쌍의 전압은 온점의 온도 T에 의해 결정된다. 이 경우 Pt 선을 연결하면서 추가된 2개의 열전쌍(Fe-C, Pt-Fe)에 의한 전압은 서로 상쇄된다.

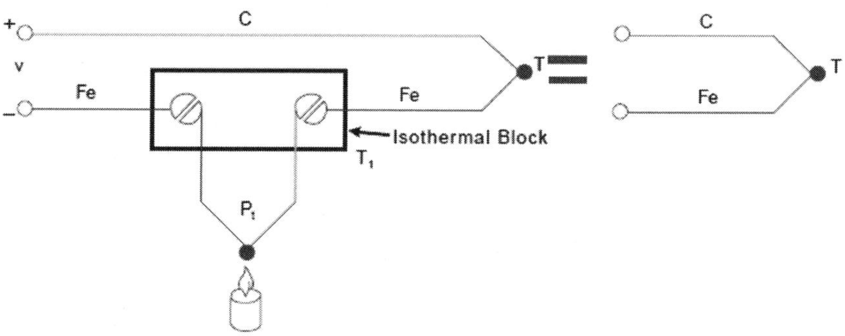

그림 4.63 냉점 보상 구성

열전쌍은 변환회로 없이 그 자체로 출력을 얻을 수 있기 때문에 사용이 편리하다. 그러나 제백상수 α_{ab}가 대략 10~100 [μV/K]의 범위로 매우 작기 때문에 LNA(Low Noise Amplifier)로 증폭을 해야만 0.1~0.01 [℃]의 분해능을 얻을 수 있다. 다른 방법으로는 열전쌍을 여러 개 직렬로 연결해서 사용할 수 있는 데 이것을 써모파일(thermopile)이라고 한다. 이는 작은 전압원을 여러 개 직렬로 연결하는 것과 같은 개념이다. 예를 들어 열전쌍 25개를 연결한 써모파일의 경우 감도는 0.5 [mV/℃]에 달한다.

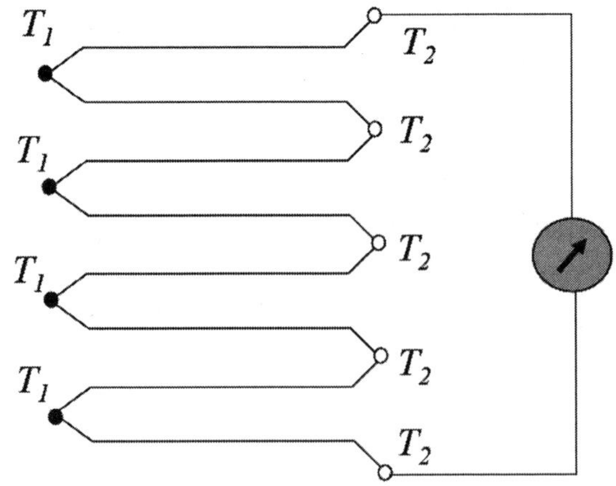

그림 4.64 써모파일 구성

4.5.4 용량형 온도 센서

용량형 센서를 구성하는 유전체 중에 온도에 따라 유전율 변화가 큰 물질을 이용하면 간단히 온도 센서를 구성할 수 있다. 주로 극저온(cryogenic) 영역의 온도 측정에 사용하며 대표적인 유전체로 $SiTiO_3$를 들 수 있다.

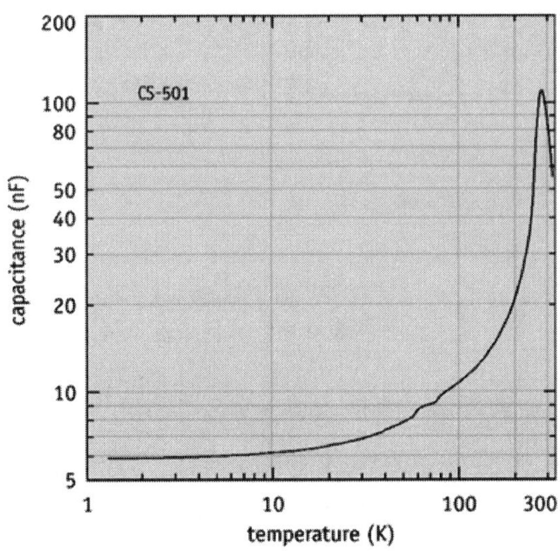

그림 4.65 극저온 용량형 온도 센서 예

4.5.5 IC 온도 센서

트랜지스터(transistor)회로를 설계할 때 가장 어려운 부분이 온도 영향을 최소화하는 것인데 이를 역이용한 것이 트랜지스터 온도 센서이다. 이 방식은 IC 제조 공정을 통해 일괄 제작하는 반도체 센서이므로 가격이 싸다는 장점이 있다.

IC 온도 센서는 p-n 접합 다이오드(p-n junction diode)의 전압-전류특성이 온도 의존성을 가지는 점을 이용한 것으로 일반적으로 트랜지스터(transistor)의 베이스(base)와 에미터(emitter)간 전압 V_{BE}를 이용한다. npn 트랜지스터에 일정 컬렉터(collector) 전류 I_C가 흐른다면 다음 관계가 성립한다.

$$V_{BE} = V_o - \frac{\kappa T}{q} \ln\left(\frac{KT\gamma}{I_C}\right) \tag{4.87}$$

여기서 V_o는 0 [K]에서의 기준 전압(bandgap voltage), κ는 볼츠만상수(Boltzmann's constant), T [K]는 절대 온도를 나타내고, K와 γ는 트랜지스터 설계에서 결정되는 상수이다. 이 경우 전류가 일정하게 흐르도록 하면 넓은 범위에서 베이스와 에미터간 전압은 온도에 역비례하므로 이를 온도 측정기로 이용한다. 가장 간단한 방법은 OP-Amp를 이용하여 반전 증폭기를 구성하고 궤환(feedback)요소에 트랜지스터를 연결하면 출력이 바로 온도의 함수로 나타난다.

그러나 V_{BE}는 제조 과정에서 조금씩 달라질 수 있으므로 약 -2 [mV/℃]인 온도 상수도 조금씩 다른 값을 갖는다. 또한 좁은 영역에서는 온도에 대한 전압 특성이 선형적이지만 -55~150 [℃] 온도범위에서는 상당한 비선형성을 갖는다.

이를 해소하기 위한 방법으로 서로 다른 일정한 전류가 흐르는 두 트랜지스터의 V_{BE} 차이를 이용하는 것이다. 아래 그림과 같은 회로에서 ΔV_{BE}는 다음과 같이 결정된다.

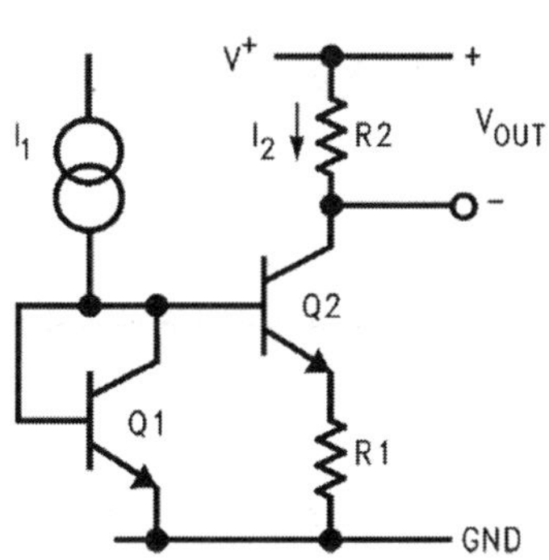

그림 4.66 IC 온도 센서 구성

$$\Delta V_{BE} = V_{BE1} - V_{BE2} = \frac{\kappa T}{q} \ln\left(\frac{I_1}{I_2}\right) \tag{4.88}$$

위 식에서 볼 수 있듯이 두 전류의 비가 일정한 한 ΔV_{BE}는 온도(T)에 비례한다. 물론 이 방식에서도 온도 센서 자체는 약간의 비선형성이 있지만 전자회로적인 방법으로 오차를 최소화할 수 있다. 최근 판매되는 IC 센서는 센싱부 외에 기준 전압 발생부, 증폭부, 보상회로 등이 동일 소자에 집적되어 있어서 외부에서 별도의 조작이 필요 없도록 되어 있다.

4.5.6 방사형(radiative) 온도 센서

방사형 온도 센서는 비접촉으로 온도를 검출할 수 있는 센서로서 물체가 방사하는 에너지를 측정하는 원리이다. 즉 흑체(black body)에서 방사되는 에너지 M [J]와 절대 온도 T [K]의 관계는 아래의 스테판-볼쯔만(Stefan-Boltzmann) 방정식으로 표현된다. 여기서 ϵ은 방사도(emissivity), 그리고 σ는 스테판 볼츠만상수로 5.6697×10^{-8} [$Js^{-1}m^{-2}K^{-4}$]의 값을 갖는다.

$$M = \epsilon \cdot \sigma \cdot T \tag{4.89}$$

즉 온도가 T_1 [K]인 센서가 온도가 T_2 [K]인 측정대상에서 방사되는 에너지를 흡수하면 두 방사 에너지의 차이에 해당하는 비율로 온도가 변화하게 된다. 일반적으로 물체가 방사하는 전자파는 주로 적외선 영역에 해당한다. 따라서 적외선 센서를 이용하여 방사 에너지를 측정하면 온도를 계산할 수 있다.

방사형 온도 센서의 측정범위는 어떤 적외선 온도 센서를 사용하느냐에 따라 달라지는 데 일반적으로 접촉형 센서에 비해 고온 측정에 주로 사용한다. 측정대상은 주로 물체의 표면 온도이며 정밀도는 접촉형에 비해 낮다. 방사형 온도 센서를 이용하는 경우 정밀도가 떨어지는 원인은 센서 자체가 방사하는 에너지의 영향이 잡음으로 작용하기 때문이다.

4.6 광 센서

현재 널리 쓰이는 광도전형 및 접합형 광 센서는 빛의 흡수에 따른 물성 변화를 이용한 것이다. 이러한 물질로는 빛 흡수에 따라 물성 변화가 상대적으로 큰 반도체 재료가 주요 사용되며 이때 빛의 파장에 따른 흡수 정도는 사용 재료의 에너지갭(E_G)에 크게 의존한다. 즉 E_G보다 큰 에너지의 빛은 반도체 재료에 흡수되어 물성 변화를 일으키지만 작은 경우는 투과되어 변화를 일으키지 못한다. 또한 너무 큰 에너지의 경우 대부분 표면에서 흡수되기 때문에 물성 변화를 거의 발생시키지 않는다. 결국 광 센서에 사용할 수 있는 물질의 에너지 갭이나 구조에 따라 검출할 수 있는 빛의 파장대는 한정되어 있고 임계적인 광 흡수특성을 보인다. 파장대에 따른 빛의 에너지는 다음과 같다. 여기서 h는 플랭크상수(Planck' constant)이고 c는 광속(light velocity)을 의미한다.

$$E[\mathrm{eV}] = \frac{hc}{\lambda(\mu\mathrm{m})} = \frac{1.24}{\lambda(\mu\mathrm{m})} \tag{4.90}$$

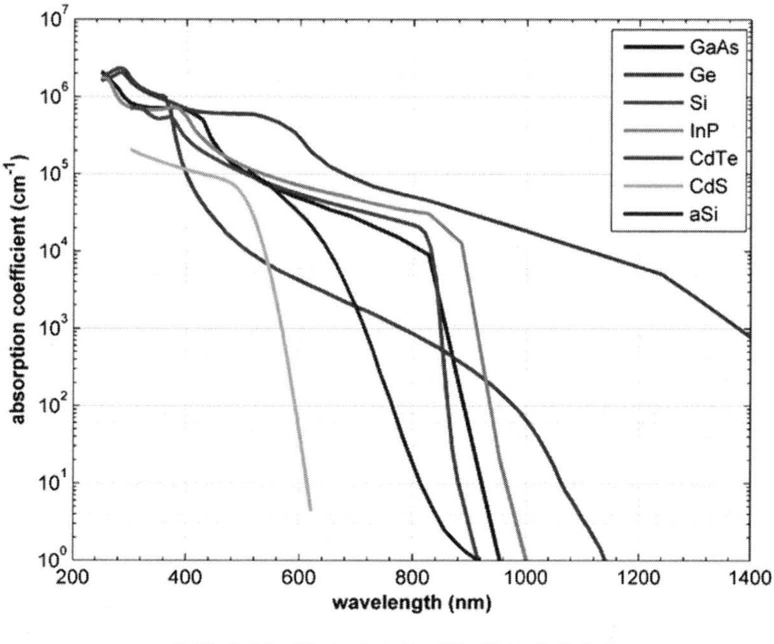

그림 4.67 빛의 파장에 따른 물질의 흡수율

4.6.1 광도전형(photo-conductive) 센서

광도전(photo-conductor)형 센서는 흔히 광 저항(Photo Resistor, Light Dependent Resistor, LDR)이라고 불리며 빛이 가해질 때 저항이 줄어드는 소자이다. 어떤 재료에 빛을 조사했을 때 그 물질의 도전율이 증가하는 현상을 광도전 효과(photo conductive effect)라고 한다. 이는 빛 에너지를 받아서 그 물질 내부에 캐리어(carrier) 즉 자유전자

(free electron)과 정공(hole)이 생성되기 때문이다. 빛을 조사하지 않았을 때 반도체의 도전율(σ_o)과 빛을 가해서 생긴 변화량 $\Delta\sigma$의 관계는 다음과 같다. 여기서 n_o와 p_o는 열적 평형상태에서 전자와 정공의 농도, 그리고 μ_n와 μ_p는 전자와 정공의 이동도를 나타낸다.

$$\sigma = q(n\mu_n + p\mu_p) = q\left[(n_o + \Delta n)\mu_n + (p_o + \Delta p)\mu_p\right] = \sigma_o + \Delta\sigma \tag{4.91}$$

$$\sigma_o = q(n_o\mu_n + p_o\mu_p) \tag{4.92}$$

$$\Delta\sigma = q(\Delta n\mu_n + \Delta p\mu_p) \tag{4.93}$$

단위 체적당 매초 f [1/s · cm^3]개의 전자-정공쌍(Electron Hole Pair, EHP)가 생성된다면 전도율의 변화는 다음과 같이 표시할 수 있다. 여기서 τ_n와 τ_p는 전자와 정공의 수명을 나타낸다.

$$\Delta n = f\cdot\tau_n,\ \ \Delta p = f\cdot\tau_p \tag{4.94}$$

$$\Delta\sigma = qf(\tau_n\mu_n + \tau_p\mu_p) \tag{4.95}$$

따라서 단면적이 A이고 길이가 L인 광도전형 센서의 양단에 전압 V를 가한 상태에서 전자와 정공이 이동하는 데 걸리는 시간을 t_n와 t_p라고 하면 빛에 의한 전류 증가분 ΔI는 다음과 같이 결정된다. 여기서 G는 단위 시간당 EHP의 생성률을 나타낸다.

$$t_n = \frac{L^2}{\mu_n V},\ \ t_p = \frac{L^2}{\mu_p V} \tag{4.96}$$

$$G = f\cdot L\cdot A \tag{4.97}$$

$$\Delta I = \frac{A\cdot V}{L}\Delta\sigma = \frac{L\cdot A\cdot V}{L^2}qf(\tau_n\mu_n + \tau_p\mu_p) = q\cdot G\cdot\left(\frac{\tau_n}{t_n} + \frac{\tau_p}{t_p}\right) \tag{4.98}$$

결국 광도전형 센서의 전류 변화량 ΔI를 크게 하기 위해서는 캐리어 수명이 길고 이동도가 큰 재료를 선택해야 한다. 그러나 캐리어 수명을 길게 가져가면 응답 속도가 느려지므로 적절한 조정이 필요하다. 주로 사용하는 광도전형 센서의 재료는 CdS나 CdSe 등이 있다. 재료마다 최대 감도를 갖는 파장이 다른데 CdS는 520 [nm], CdSe는 720 [nm]일 때 최대 감도이기 때문에 이들의 조성비를 조정하면 최대 감도 파장을 인위적으로 조절할 수 있다.

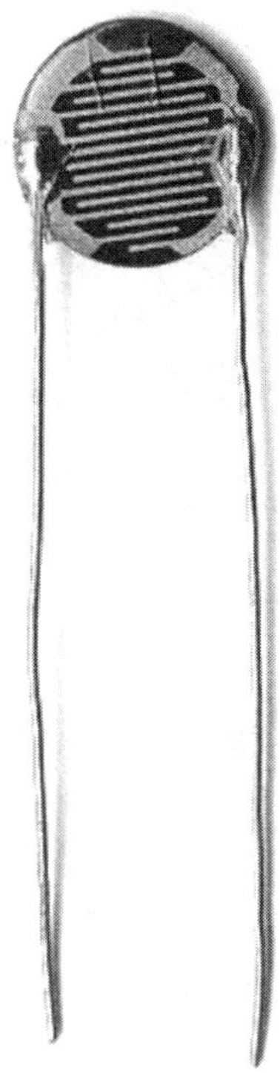

그림 4.68 CdS 광 센서

4.6.2 광 다이오드

광 다이오드(photo diode)는 p형과 n형 반도체를 접합한 형태로 전압-전류의 광의존 특성을 이용한 것이다. 이는 반도체 소자의 기본 요소인 p-n 접합 다이오드(junction diode)의 작동 원리와 동일하다.

아래와 같이 p-n 접합을 형성하면 전자와 정공은 각각 농도가 높은 쪽에서 낮은 부위로 확산이 일어난다. 이 과정에서 전기적으로 중성인 상태로 격자에 고정되어 이동할 수 없는 불순물 원자는 전하를 띤 이온(ion) 형태로 남게 된다. 결국 양 이온과 음 이온이 형성된 접합부에는 내부 전계가 존재하게 되는 데, 이 부분은 캐리어를 밀어내는 것처럼 작용하기 때문에 공핍(depletion) 영역이라고 부른다. 이 내부 전계에 의해 접합 영역에는 내부 전위차(Built in Potential, V_{bi})가 형성된다.

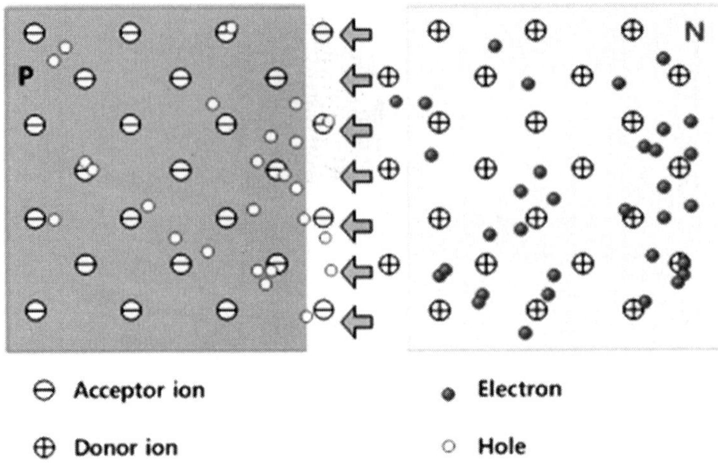

그림 4.69 p-n 접합 개념도

평형 상태 p-n 접합은 공핍 영역에 내부 전계가 존재하는 상태에서 캐리어 생성, 재결합, 확산, 표동 전류 등이 모두 평형 상태를 이루고 있다. 평형 상태에서 p-n 접합의 특성을 에너지 밴드로 표현하면 아래와 같다.

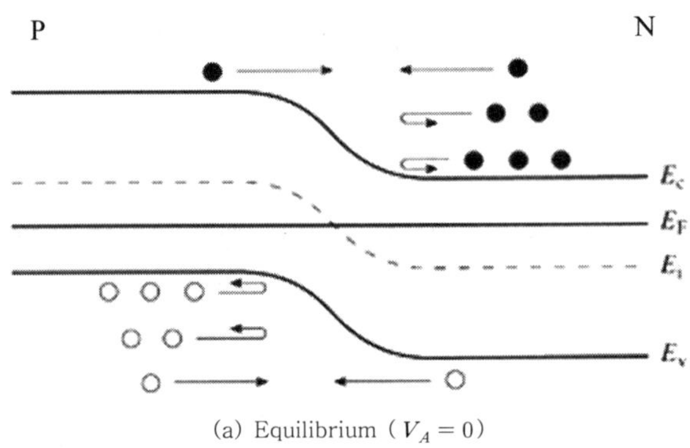

그림 4.70 평형 상태 p-n 접합의 에너지 밴드

접합면에서의 농도 차이로 인해 캐리어가 서로 확산되면서 전류가 발생한다. 그러나 이 확산 전류에 대항하는 내부 전계가 형성되기 때문에 전류가 무한히 증가하지는 않는다. 이 전계에 의한 전위차는 내부 전위 장벽(built-in potential barrier) 역할을 함으로서 접합에서의 평형을 유지하는 역할을 한다.

이 상태에서 접합에 빛을 조사하면 전자-정공쌍(EHP)이 발생하는데 공핍 영역 내에서 발생한 EHP는 전계의 영향으로 중성 영역 쪽으로 이동한다. 또한 공핍 영역 끝부터 확산거리 이내에 발생한 전자와 정공은 확산을 통해 공핍 영역으로 이동할 수 있으므로 또한 전계에 의해 쓸려가게 된다. 이 결과 p형 쪽에는 정공이 n형 쪽에는 전자가 축적되어 접합 전극에 광기전(photo voltaic) 전압이 발생하는 것이다.

p-n 접합에 빛을 가할 때의 전압-전류특성은 아래와 같다. 여기서 I_o는 역방향으로 흐르는 다이오드의 암전류(dark current)이고, κ는 볼쯔만상수(Boltzmann's constant) 그리고 I_L은 빛에 의해 흐르는 전류량을 나타낸다.

$$I = I_o\left[\exp\left(\frac{qV}{\kappa T}\right) - 1\right] - I_L \tag{4.99}$$

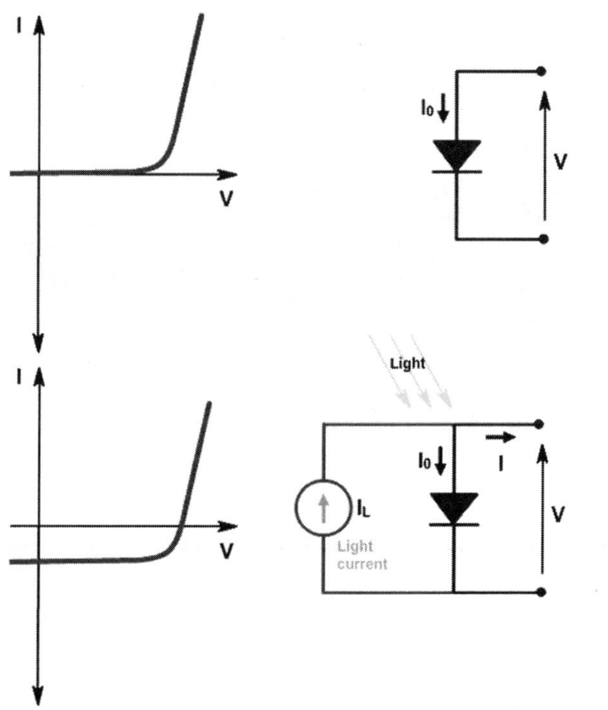

그림 4.71 광 다이오드의 전압-전류특성 변화

빛을 가한 상태의 전압-전류특성에서 전류 축과의 교점을 단락광 전류(I_{sc}) 그리고 전압 축과의 교점을 개방 광전압(V_{oc})이라고 부른다. p-n 접합 다이오드를 이용하여 광을 측정하는 방법은 외부 인가 전압 없이 I_{sc}를 측정하는 방법과 외부에서 역바이어스를 건 상태에서 전류를 계측하는 방법 두 가지가 있다.

4.6.3 광 트랜지스터

광 트랜지스터(photo transistor)는 광 다이오드에 증폭기능을 더한 소자이다. 구조는 통상적인 npn 트랜지스터와 같지만 광전류를 키우기 위해 p형 영역이 크게 만들어져 있다. 광 트랜지스터의 경우 통상 베이스(base)는 개방된 상태에서 에미터(emitter)와 컬렉터 (collector)사이에 바이어스를 가해서 사용한다. 빛의 조사에 의해 베이스 영역에 EHP가 생기면 전자는 확산해서 에미터나 컬렉터로 빠져나가거나 재결합 한다. 한편 정공은 베이스에 축적되어 에미터와 베이스 사이의 p-n 접합을 통해 더 많은 전자가 베이스로 주입된다. 이 전자는 대부분 얇은 베이스 영역을 쉽게 통과해서 컬렉터 접합의 공핍영역까지 확산한 다음 컬렉터 전류가 흐르게 된다.

이처럼 광 트랜지스터는 광전류를 증폭하는 역할을 하므로 발광소자와 연결하면 간단한 광학 측정 장치를 만들 수 있다. 아래는 IRED(Infra-Red Emitting Diode)의 광 출력을 광 트랜지스터로 검출하기 위한 시험 장치를 보인 것이다.

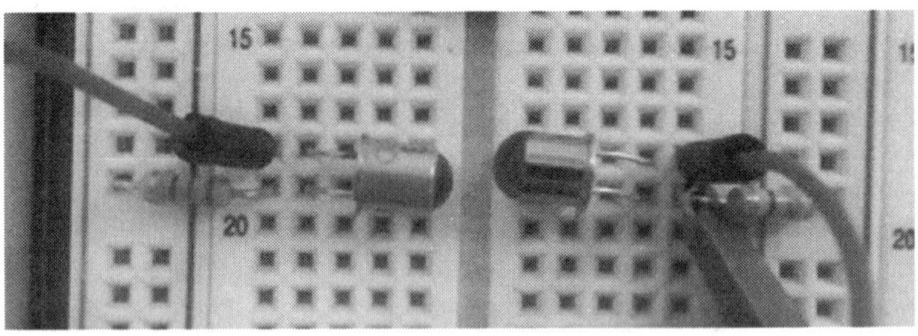

그림 4.72 광 트랜지스터와 IRED

4.7 자기 센서

자기 센서는 지지기를 측정해 방위를 알아내는 나침반으로부터 시작하여 홀(Hall) 소자, 반도체 자기저항 소자, 자기 트랜지스터, 초전도 양자간섭소자(Squid) 등 다양한 형태로 개발되어 왔다. 자기 센서는 자기 강도를 검출하는 자속계뿐 아니라 소형 모터, 위치 검출기, 회전계, 수도계량기 등 여러 곳에서 폭넓게 활용되고 있다.

자기 센서는 기본적으로 하전입자에 작용하는 로렌츠 힘(Lorentz force)에 의한 전류자기 효과(galvano-magnetic effect)에 의한 것이다. 이는 전류가 흐르는 물질이 자기장에 노출되었을 때 전계(electric field)가 형성되는 현상으로 여기서 $\vec{v}$는 전자의 속도, $\vec{B}$는 자기 유도 벡터를 나타낸다.

$$\vec{F} = -q\vec{v} \times \vec{B} \tag{4.100}$$

자기 유도량(magnetic induction)의 대략적인 크기는 아래와 같다.

표 4.13 자기 유도량의 대략적인 크기

구분	크기
지자기	30~60 [μT]
자기 기록장치	≈1 [mT]
영구 자석	5~100 [mT]
10 [A]가 흐르는 도선	≈1 [mT]
초전도 코일	10~20 [T]

자기 센서의 종류는 재료에 따라 아래와 같이 분류할 수 있다.

표 4.14 재질에 따른 자기 센서 분류

구분		방식
magnetic metal		magneto-resistance
		magneto-striction
semiconductor	linear	Hall field
		carrier deflection
		magneto-resistance
	quadratic	magneto-concentration
insulator		Faraday rotation

4.7.1 자기저항(Magnetic resistance) 센서

자기저항 센서는 전기적 저항이 외부 자계에 따라 달라지는 현상을 이용한다. 이는 자계가 존재할 때 로렌츠 힘에 의해 전류의 방향이 전계와 일치하지 않기 때문에 발생한다. 즉 전계와 로렌츠 힘에 의한 하전 입자의 거동을 중첩하면 실효적인 전류 경로가 늘어나서 저항이 증가하는 효과를 가져온다. 아래는 반도체 자기저항소자의 구성을 보인 것이다.

$$\vec{v} = \mu(\vec{E} + \vec{v} \times \vec{B}) \tag{4.101}$$

$$\vec{v} = \frac{\mu}{1+(\mu B)^2}(\vec{E} + \mu\vec{E} \times \vec{B}) \tag{4.102}$$

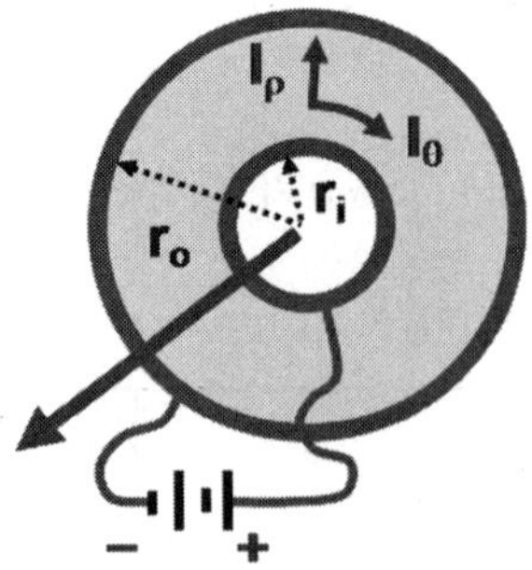

그림 4.73 디스크형 자기저항

자기저항 센서의 종류로는 OMR(Ordinary Magneto-Resistance), GMR(Giant Magneto-Resistance), CMR(Colossal Magneto-Resistance), TMR(Tunneling Magneto-Resistance) 등이 있다.

4.7.2 홀 센서(Hall sensor)

홀 센서는 홀 효과(Hall effect)를 이용한 자기 센서로 기본적인 원리는 전류자기효과와 동일하다. 이 경우 전류가 흐르는 도체판을 자계에 놓으면 이 둘의 직교하는 방향으로 전계가 형성되어 결국 전압이 유기된다. 여기서 I [A]는 도체에 흐르는 전류, B는 자속밀도, d는 도체판의 두께 그리고 n [1/cm^3]은 전자의 농도를 나타낸다.

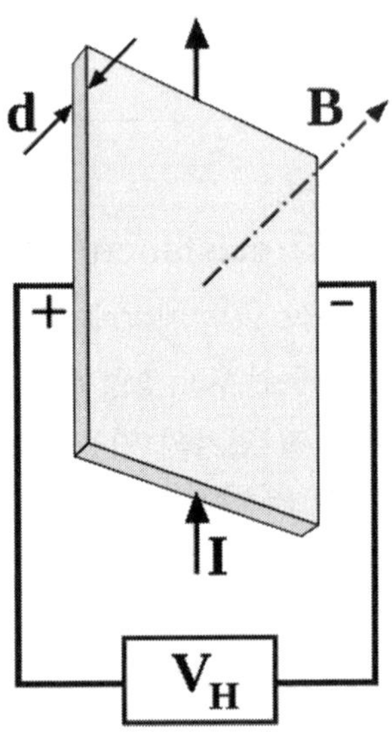

그림 4.74 홀 센서 원리

즉 x 방향으로 흐르는 전류 I_x에 대해 z 방향으로 전계가 작용한다면 전자는 y 방향의 로렌츠 힘을 받게 된다. 따라서 y 방향으로 모인 전자에 의해 전계 E_y가 형성된다. 이때 전자의 이동은 무한히 계속될 수는 없고 전하 축적에 의한 정전력과 로렌츠 힘이 평형을 이루는 조건으로 제한된다. 평형상태에서 홀 전압과 홀 계수(Hall coefficient, R_H)는 전류밀도 J [A/m^2]와 유도 전계 E [V/m]에 의해 결정된다.

$$V_H = -\frac{I_x \cdot B_z}{nqd} \tag{4.103}$$

$$qE_y = qvB_z \tag{4.104}$$

$$J_x = nqv = \frac{I_x}{w \cdot d} \tag{4.105}$$

$$V_H = w \cdot E_y = w \cdot v \cdot B_z = w \cdot R_H \cdot J_x \cdot B_z = \frac{R_H \cdot I_x \cdot B_z}{d} \tag{4.106}$$

$$R_H = \frac{E_y}{J_x \cdot B_z} = \frac{d \cdot V_H}{I_x \cdot B_z} = -\frac{1}{nq} \tag{4.107}$$

홀 소자의 감도는 두께에 반비례하므로 가능한 얇게 제작한다. 대부분의 홀 센서는 구조가 단순하므로 반도체 공정을 이용하여 쉽게 구현할 수 있다. 한편 재료의 선택에 따라 감도와 특히 온도 의존성이 크게 달라진다. 우선 이동도 μ가 높은 물질을 이용하면 동일전계에서 속도 v가 크기 때문에 감도가 높아진다. 또한 온도계수가 낮은 것이 좋은데 이를 작게 가져가려면 반도체의 금지대(forbidden band) 폭 즉 에너지 갭(energy gap)이 커서 온도 변화에 따른 캐리어(carrier)의 농도 변화가 작아야 한다. 아래는 홀 센서에 주로 사용되는 재료의 특성을 정리한 것이다. Si은 값은 가장 싸지만 이동도가 낮아서 잘 쓰이지 않고, InSb는 이동도는 매우 높지만 온도 의존성이 너무 크다는 단점이 있다. 최근에는 InSb에 Sn을 추가하여 동작 온도범위를 넓힌 제품이 나오고 있다.

표 4.15 홀 센서에 사용하는 반도체 재료의 특성 대략적인 크기

구분	이동도, μ	에너지 갭, E_G
InSb	78,000 [cm^2/V · s]	0.17 [eV]
InAs	33,000 [cm^2/V · s]	0.36 [eV]
GaAs	8,000 [cm^2/V · s]	1.43 [eV]
Ge	3,500 [cm^2/V · s]	0.68 [eV]
Si	1,500 [cm^2/V · s]	1.12 [eV]

홀 센서는 다른 종류에 비해 감도가 낮기 때문에 IC 기술을 이용해 증폭기 등 신호처리회로를 일체화해서 사용하는 경우가 대부분이다. 홀 센서는 출력이 자계 강도에 비례하는 선형 방식과 임계치 이상의 자계에 대해 on/off 특성만 보이는 스위치형이 있다. 홀 센서는 브러시리스(brushless) 모터, 자기인터럽터(magnetic interrupter), 자속계, 전력계 등에 널리 활용되고 있다.

그림 4.75 홀 효과를 이용한 전류 센서

제5장

계측회로

05 계측회로

Sensor, Measurements and Instrumentation Engineering

대부분의 경우 센서 최종 출력은 전기적 신호로 주어지는데, 이는 전기적 형태가 중간 단계에서 처리하기에 쉽기 때문이다. 센서 신호 처리의 대표적인 예로는 저항 변화에 비례한 전압 출력 생성, 오프셋 전압 제거, 신호 전압의 증폭, 불필요한 주파수 대역의 성분 제거 등을 들 수 있다. 또한 센서 출력을 컴퓨터에 저장하거나 제어 장치에 사용한다던지 혹은 디지털 표시 장치 등에 나타내기 위해서도 전기적인 신호조정 방식은 필수적이다. 본 장에서는 아날로그 출력 신호를 처리하는 계측회로에 대해 다루기로 한다.

5.1 회로요소

실제적으로 모든 계측 시스템은 전기회로와 센서 소자를 포함하고 있다. 이 시스템을 설계하고 분석하는 방법을 이해하기 위해서 기초적인 전기소자와 회로분석 기술에 대한 정확한 이해가 필요하다. 다음은 가장 기초가 되는 회로 구성요소에 대한 내용을 기술한 것이다.

5.1.1 전압(Volt, V [V])

전자가 힘을 받아서 움직이면 전기적인 일(work)을 하게 되는데, 이때 전자가 움직이는 이유는 전기장에 노출되기 때문이다. 전기장의 전위(electric potential)를 전압이라고 하는데 전압은 단위 전하(Q)가 갖는 위치 에너지(W)의 비율로 나타낸다. 즉 1 [V]의 전위차는 1 [C]의 전하에 작용해서 1 [J]의 일을 하게 만드는 힘(electro motive force, emf)이다.

$$V\,[\mathrm{V}] = \frac{dW}{dQ}\,[\mathrm{J/C}] \tag{5.1}$$

전압은 항상 기준단자에 대한 상대적인 전위차로 나타낸다. 아래의 경우 A 단자가 B

단자보다 5 [V] 만큼 높은 전위이므로 부호에 따라 표시 값이 달라진다.

$$V_{AB} = V_A - V_B = -(V_B - V_A) = -V_{BA}$$

$$V_{AB} = 5[\mathrm{V}],\quad V_{BA} = -5[\mathrm{V}]$$

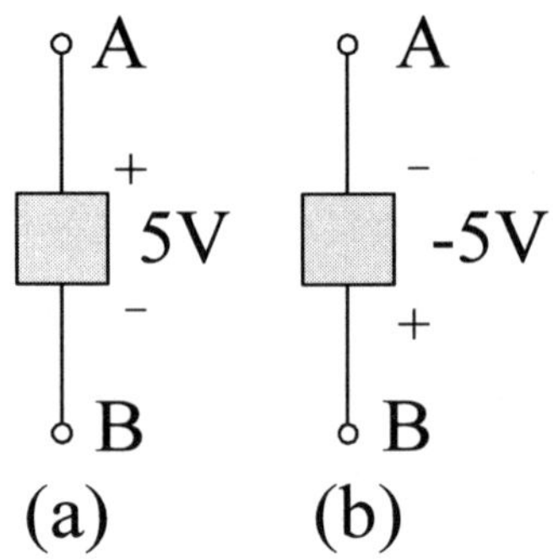

그림 5.1 전압 표시 기준

5.1.2 전류(Current, I [A])

전기적 성질을 갖고 있는 전자가 움직이면 전류가 형성되는 데 전류는 단위 시간당 흐른 양의 전하의 비율로 정의된다. 하나의 전자는 -1.6×10^{-19} [C]크기의 음의 전하량을 갖고 있으므로 전자의 이동 방향과 전류의 방향은 반대이다.

$$I[\mathrm{A}] = \frac{dQ}{dt}\ [\mathrm{C/s}] \tag{5.2}$$

전류의 흐름 방향은 화살표로 나타내는데 아래에서 $i_1 < 0$ 이면 $|i_1|$ 크기의 전류가 우측에서 좌측으로 흐르는 것을 나타낸다.

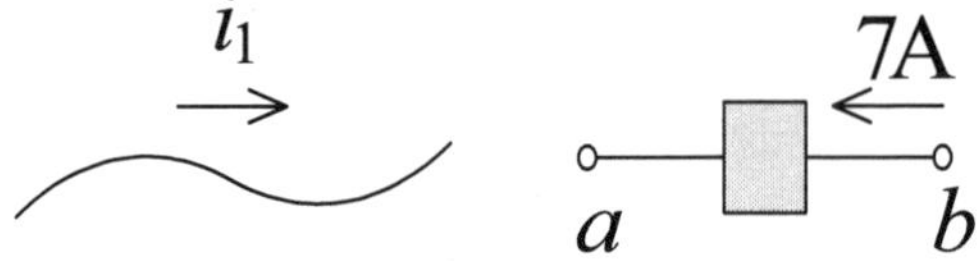

그림 5.2 전류 표시방법

5.1.3 독립 전원

이상적인 독립 전원은 전압원과 전류원으로 구분한다. 이상 전압원은 전원단에서 흘러나오는 전류에 무관하게 항상 일정한 전압을 공급하는 경우를 의미한다. 마찬가지로 이상 전류원은 단자 전압에 무관하게 일정한 전류를 공급하는 전원을 나타낸다.

$$v = f(i) = v_s$$

$$i = f(v) = i_s$$

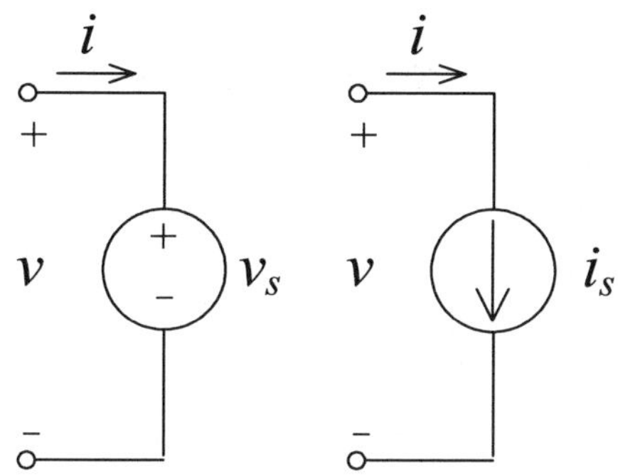

그림 5.3 독립 전원

N개의 이상 전압원을 직렬 연결하면 최종 단에서 확인되는 전압은 각 전압원의 대수적 합과 동일하다. 반면 전류원은 직렬 연결하더라도 동일한 전류가 흘러야 하기 때문에 직렬 전류원의 크기는 모두 같아야 한다.

$$v = v_s = v_{s1} + v_{s2} + \cdots + v_{sN} = \sum_{i=1}^{N} v_{si} \tag{5.3}$$

$$i = i_s = i_{s1} = i_{s2} = \cdots = i_{sN} \tag{5.4}$$

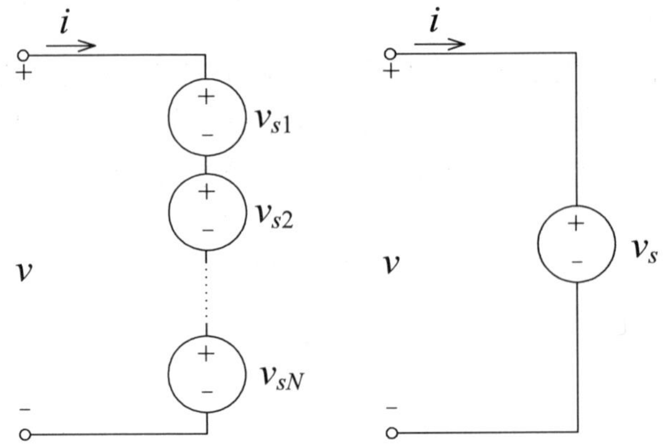

그림 5.4 전압원의 직렬연결

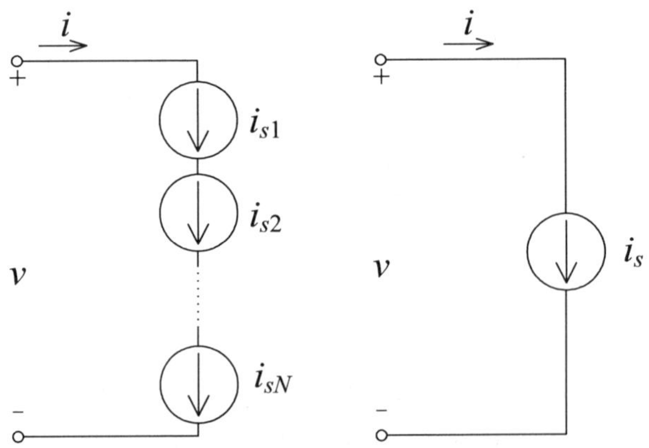

그림 5.5 전류원의 직렬연결

마찬가지로 N개의 이상 전류원을 병렬연결하면 최종 단에서 확인되는 전류 각 전류원의 대수적 합과 동일하다. 반면 전압원은 병렬연결하더라도 동일한 전압이 형성되야 하므로 병렬 전압원의 크기는 모두 같아야 한다.

$$i = i_s = i_{s1} + i_{s2} + \cdots + i_{sN} = \sum_{i=1}^{N} i_{si} \tag{5.5}$$

$$v = v_s = v_{s1} = v_{s2} = \cdots = v_{sN} \tag{5.6}$$

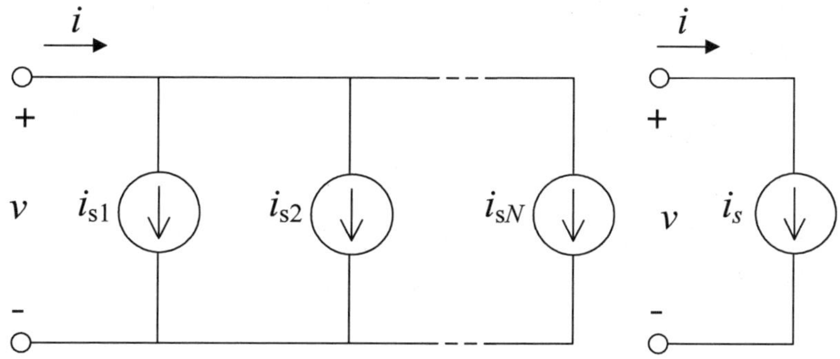

그림 5.6 전류원의 병렬연결

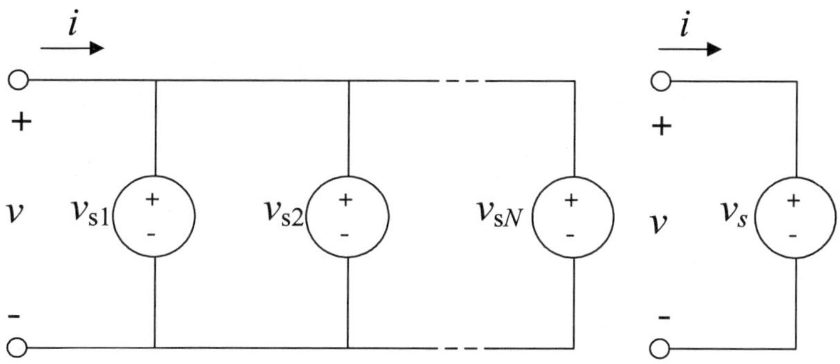

그림 5.7 전압원의 병렬 연결

5.1.4 종속 전원

종속 전원은 다른 위치에 있는 독립 전원에 의해 크기가 달라지는 전압원이나 전류원을 의미한다. 종속 전원의 기호는 독립 전원과 차이를 나타내기 위해 사각형으로 표시하는 것이 일반적이다.

그림 5.8 종속 전원

종속 전원은 주로 능동회로의 증폭 성능을 나타낼 때 사용하는데 기능에 따라 아래의 4가지로 구분한다.

- 전압제어 전압원(Voltage Controlled Voltage Source, VCVS)
- 전류제어 전압원(Current Controlled Voltage Source, CCVS)
- 전압제어 전류원(Voltage Controlled Current Source, VCCS)
- 전류제어 전류원(Current Controlled Current Source, CCCS)

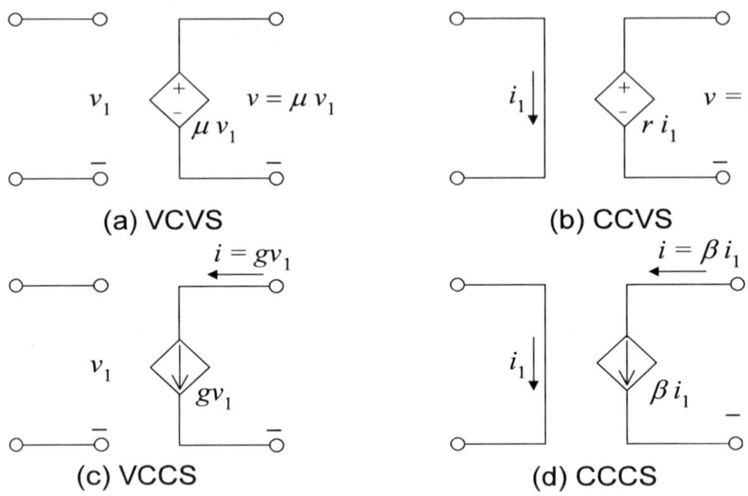

그림 5.9 종속 전원 종류

5.1.5 저항(Resistance, R [Ω])

전압을 기전력(electromotive force, emf)이라고 부르기도 하는데 앞서 전류의 정의를 생각해보면 전류의 크기는 기전력에 비례하는데, 이를 제한하는 요소를 저항이라고 한다. 이들 사이의 관계를 옴의 법칙(ohm's law)이라 하는데, 이처럼 전류의 크기를 제한하는 정도는 전류가 흐르는 경로의 형상에 따라서 달라지므로 길이 ℓ에 비례하고 단면적 A에 반비례 한다. 이때 물질 고유의 전기적 특성을 결정하는 비례상수 ρ를 비저항(resistivity)이라 하며 이 크기에 따라 도체, 반도체, 부도체로 구분한다.

$$I[\mathrm{A}] = \frac{V}{R}\,[\mathrm{V}/\Omega] \tag{5.7}$$

$$R[\Omega] = \frac{V}{I}\,[\mathrm{V}/\mathrm{A}] = \rho\frac{\ell}{A} \tag{5.8}$$

표 5.1 도체의 저항률

material	resistivity (10^{-8} Ωcm)
Silver	1.6
Copper	1.7
Gold	2.4
Aluminum	2.8
Tungsten	5.5
Iron	10
Carbon	4000

이처럼 같은 저항성 물질이라도 길이와 단면적 비율에 따라 전기저항이 달라지는 특성을 이용한 것이 고정형 저항으로 사용하는 권선형 저항의 일반적인 구조이다. 한편 저항이 저항성 도체의 길이에 비례하는 특성을 이용하여 가변저항(variable resistor)도 만들 수 있는데, 기계적인 위치 조정을 통해 저항으로 작용하는 물질의 길이를 변화시키는 것이다. 가변저항은 전위차계(potentiometer)라고도 부르며 저항형 센서의 한 부분이다.

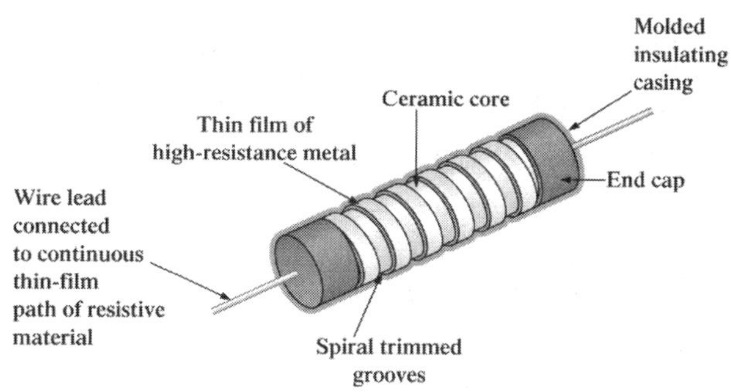

그림 5.10 권선형 고정저항 구조

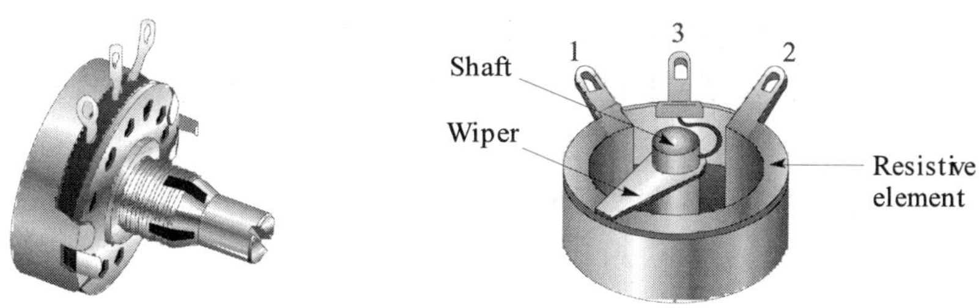

그림 5.11 가변저항 구조

한편 전도도(Conductance, G)는 저항의 역수인데, 저항과 반대로 전류를 잘 흘릴 수 있는 정도를 나타낸다. 전도도의 단위는 지멘스(simens, $\mathrm{S} = 1/\Omega = \mathrm{mho} = \mho$)이다. 전도도를 이용하면 병렬회로 해석이 간단해지는데 직렬 회로에서 전체 합성저항은 각 저항의 대수적 합과 동일한 것처럼, 병렬회로에서 합성전도도는 개별전도도의 합과 동일하다.

$$R_{series} = \sum_{i=1}^{n} R_i = R_1 + R_2 + R_3 + \ldots + R_n \tag{5.9}$$

$$G_{parallel} = \sum_{i=1}^{n} G_i = G_1 + G_2 + G_3 + \ldots + G_n \tag{5.10}$$

$$\Rightarrow R_{parallel} = \frac{1}{\sum_{i=1}^{n} \frac{1}{R_i}} = \frac{1}{\frac{1}{R_1} + \frac{1}{R_2} + \frac{1}{R_3} + \ldots + \frac{1}{R_n}} \tag{5.11}$$

5.1.6 전력(Power, P [W])

전력은 단위 시간당 전기적 에너지의 비율로 나타내는 데, 전압과 전류의 정의로부터 이 둘의 곱이 전력과 같음을 알 수 있다. 이를 와트의 법칙(Watt's law)라 하며 옴의 법칙과 조합하면 아래와 같이 정리할 수 있다.

$$P[\mathrm{W}] = \frac{dW}{dt}[\mathrm{J/s}] = \frac{dW}{dQ}\frac{dQ}{dt} = V \cdot I[\mathrm{VA}] = I^2 R \tag{5.12}$$

$$P[\mathrm{W}] = \frac{V^2}{R} = I^2 R \tag{5.13}$$

2단자 소자에서 전력의 크기는 양의 전압 단자에서 기준 단자로 흘러들어가는 전류와 이때의 전위차를 곱한 값으로 표현한다. 따라서 다음의 경우 a와 b는 전력이 양의 값이고 c와 d는 음의 값을 갖는다. 전력이 양인 경우는 에너지를 흡수(소비)하는 경우를 나타내며 반대로 음인 경우는 에너지를 공급하는 경우이다. 저항은 에너지를 소비하는 소자이므로 전력은 항상 양의 값으로 표현된다.

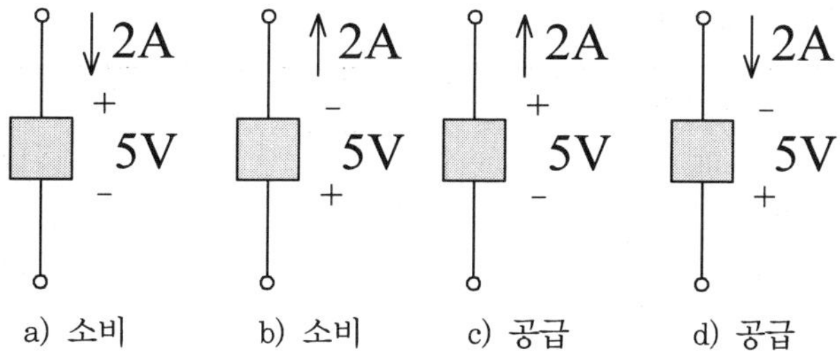

그림 5.12 에너지 공급과 소비 표시방법

5.1.7 커패시터(Capacitor, C [F])

커패시터는 전기장(electric field)의 형태로 에너지를 저장하는 수동소자이다. 전기장은 전하의 분리 결과로 나타나며 가장 간단한 구성은 두 개의 평행판 도체 사이에 유전체(dielectric material)가 샌드위치 형태로 배치된 평판 커패시터이다.

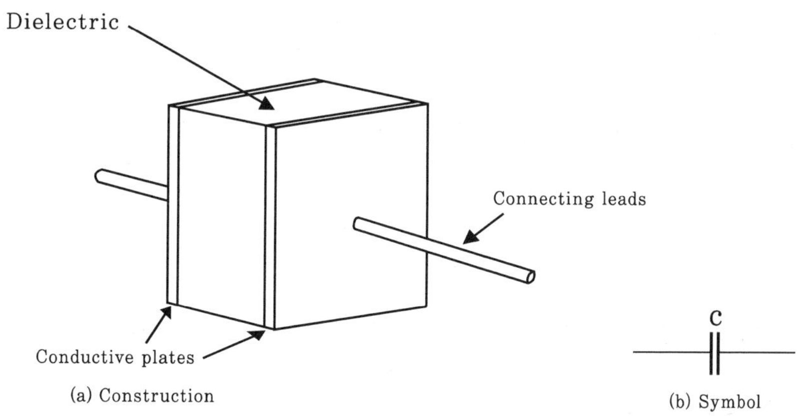

그림 5.13 평행판 커패시터 개략도

커패시터의 용량인 커패시턴스는 단위 전위차에 대해 축적할 수 있는 전하량으로 정의되며, 도체간 간극(d)이 작을수록 그리고 대향 면적(A)이 클수록 증가한다. 여기서 ϵ_o는 진공에서의 유전율로 크기는 8.854×10^{-12} [F/m]이고 ϵ_r은 상대적인 크기를 나타내는 비유전율이다.

$$C = \frac{dQ}{dV} = \epsilon \frac{A}{d} = \epsilon_o \epsilon_r \frac{A}{d} \tag{5.14}$$

표 5.2 유전체의 비유전율

material	ϵ_r
vacuum	1.0
air	1.0006
Teflon	2.0
Oil	4.0
Mica	5.0
Bakelite	7.0
Aluminum oxide	7.0
Glass	7
Ceramic	20 - 7500

커패시터의 정의로부터 전압-전류 관계는 아래와 같이 일차 미분 형태로 결정된다. 따라서 커패시터의 전류는 순시적인 변화가 가능하지만 전압은 연속적으로 변할 수 밖에 없다. 따라서 DC에서 커패시터의 전압 변동이 없어서 전류가 흐를 수 없으므로 전기적으로 개방된 상태와 같다.

$$i_C = \frac{dQ}{dt} = C\frac{dv_C}{dt} \tag{5.15}$$

$$v_C = \frac{1}{C}\int_0^t i_C\, dt \tag{5.16}$$

또한 이 특성으로부터 직렬 커패시터와 병렬 커패시터의 등가치는 다음과 같이 결정된다.

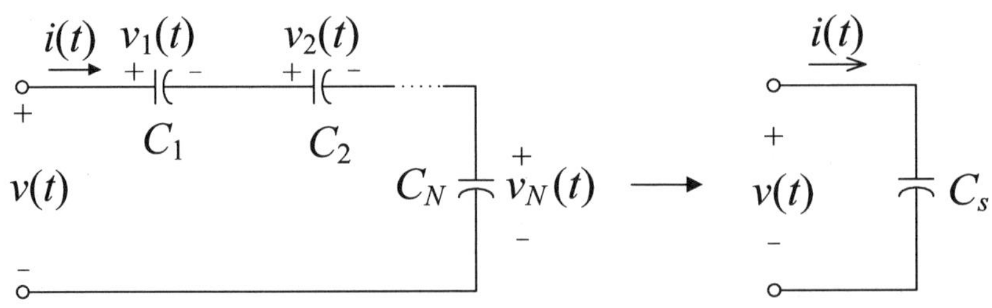

그림 5.14 커패시터의 직렬연결

$$
\begin{aligned}
v(t) &= v_1(t) + v_2(t) + \cdots + v_N(t) \\
&= \left(\frac{1}{C_1}\int_{t_0}^{t} i\,d\tau + v_1(t_0)\right) + \left(\frac{1}{C_2}\int_{t_0}^{t} i\,d\tau + v_2(t_0)\right) + \cdots + \left(\frac{1}{C_N}\int_{t_0}^{t} i\,d\tau + v_N(t_0)\right) \\
&= \left(\sum_{n=1}^{N}\frac{1}{C_n}\right)\int_{t_0}^{t} i\,d\tau + v(t_0) = \frac{1}{C_s}\int_{t_0}^{t} i\,d\tau + v(t_0)
\end{aligned}
$$

$$
\frac{1}{C_s} = \sum_{n=1}^{N}\frac{1}{C_n} = \frac{1}{C_1} + \frac{1}{C_2} + \cdots + \frac{1}{C_N}
$$

$$
C_s = \frac{1}{\sum_{n=1}^{N}\frac{1}{C_n}} = \frac{1}{\frac{1}{C_1} + \frac{1}{C_2} + \cdots + \frac{1}{C_N}} \tag{5.17}
$$

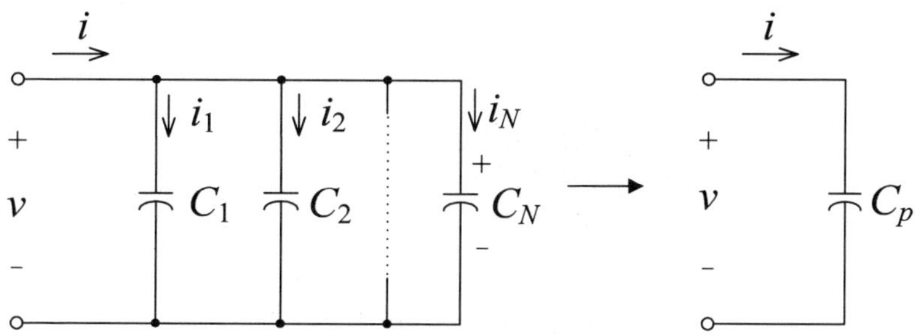

그림 5.15 커패시터의 병렬연결

$$
\begin{aligned}
i &= C_1\frac{dv}{dt} + C_2\frac{dv}{dt} + \cdots + C_N\frac{dv}{dt} = (C_1 + C_2 + \cdots + C_N)\frac{dv}{dt} \\
&= \left(\sum_{n=1}^{N} C_n\right)\frac{dv}{dt} = C_p\frac{dv}{dt}
\end{aligned}
$$

$$
C_p = \sum_{n=1}^{N} C_n = C_1 + C_2 + \cdots + C_N \tag{5.18}
$$

커패시터에 저장되는 정전 에너지의 크기는 다음과 같다.

$$w_C(t) = \int_{-\infty}^{t} p(\tau)d\tau = \int_{-\infty}^{t} v(\tau)i(\tau)\,d\tau = \int_{-\infty}^{t} v(\tau)\left[C\frac{dv(\tau)}{d\tau}\right]d\tau$$

$$= \int_{-\infty}^{t} Cv(\tau)dv(\tau) = \frac{1}{2}Cv^2(t)\ [\mathrm{J}] \tag{5.19}$$

5.1.8 인덕터(Inductor, L [H])

인덕터는 자기장(magnetic field) 형태로 에너지를 저장하는 소자이다. 인덕처의 가장 간단한 형태는 일단 설정된 자기장을 계속 유지하려는 성향이 있는 코일선이다. 인덕터의 전압 전류 특성은 패러데이의 자기 유도 성질에 의해 결정된다. 여기서 Φ는 코일 권선에 발생하는 전체 자속(magnetic flux)이다.

$$v_L = \frac{d\Phi}{dt} \tag{5.20}$$

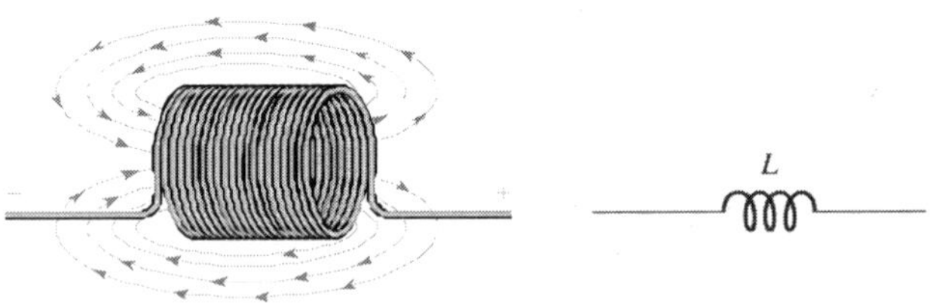

그림 5.16 권선형 인덕터 개략도

한편 인덕터의 용량인 인덕턴스는 단위 전류가 흐를 때 축적되는 전체 자속으로 정의된다. 이 경우 인덕턴스는 자속이 통과하는 단면적(A)이 크고 길이(ℓ)가 짧을수록 증가하며, 권선 수(N)의 제곱에 비례해서 증가한다. 또한 자속이 통과하는 물질의 투자율(permeability)에도 비례하는 데, 여기서 μ_o는 진공에서의 투자율로 크기는 $4\pi \times 10^{-7}$ [H/m]이고 μ_r은 상대적인 크기를 나타내는 비투자율이다.

$$L = \frac{d\Phi}{di} = N^2\mu\frac{A}{\ell} = N^2\mu_o\mu_r\frac{A}{\ell} \tag{5.21}$$

인덕터의 정의로부터 전압-전류 관계는 아래와 같이 일차 미분 형태로 결정된다. 따라서 인덕터의 전압은 순시적인 변화가 가능하지만 전류은 연속적인 변화만 가능하다. 따라서 DC에서 인덕터의 전류 변동이 없어서 전압이 형성되지 않기 때문에 전기적으로 단락된 상태와 같다. 흔히 전기 회로에서 스위치를 끊는 순간 반짝하는 스파이크는 인덕터에 흐르던 전류에 강제로 불연속적인 흐름을 만들었기 때문에 발생하는 현상이다.

$$v_L = \frac{d\Phi}{dt} = L\frac{di_L}{dt} \tag{5.22}$$

$$i_L = \frac{1}{L}\int_0^t v_L\, dt \tag{5.23}$$

또한 이 특성으로부터 직렬 인덕터와 병렬 인덕터의 등가치는 다음과 같이 결정된다.

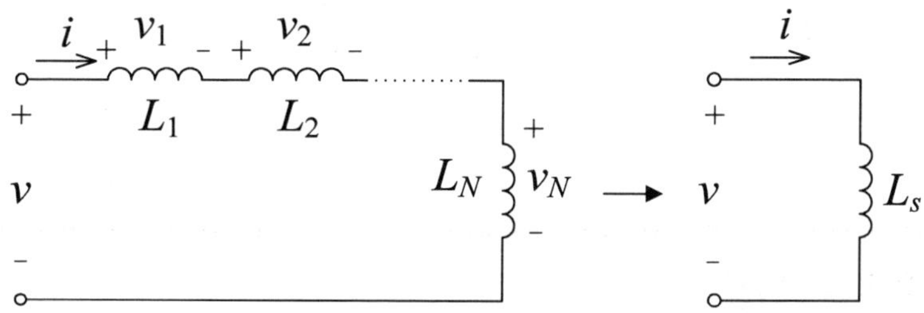

그림 5.17 인덕터의 직렬연결

$$v = v_1 + v_2 + \cdots + v_N = L_1\frac{di}{dt} + L_2\frac{di}{dt} + \cdots + L_N\frac{di}{dt}$$

$$= \left(\sum_{n=1}^{N} L_n\right)\frac{di}{dt} = L_s\frac{di}{dt}$$

$$L_s = \sum_{n=1}^{N} L_n = L_1 + L_2 + \cdots + L_N \tag{5.24}$$

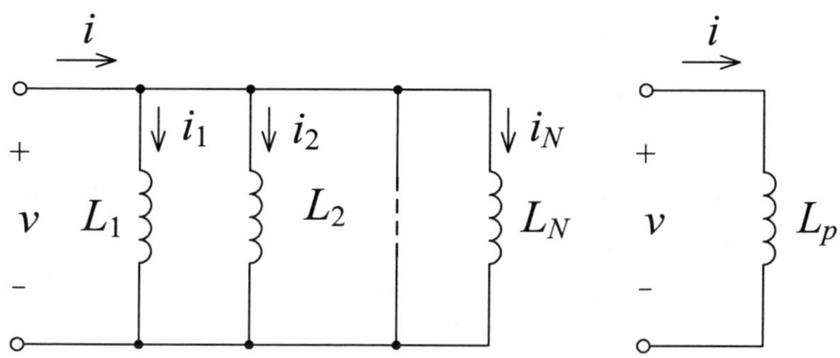

그림 5.18 인덕터의 병렬연결

$$\begin{aligned} i(t) &= i_1 + i_2 + \cdots + i_N \\ &= \left(\frac{1}{L_1}\int_{t_0}^{t} v\,d\tau + i_1(t_0)\right) + \left(\frac{1}{L_2}\int_{t_0}^{t} v\,d\tau + i_2(t_0)\right) + \cdots + \left(\frac{1}{L_N}\int_{t_0}^{t} v\,d\tau + i_N(t_0)\right) \\ &= \left(\sum_{n=1}^{N}\frac{1}{L_n}\right)\int_{t_0}^{t} v\,d\tau + i(t_0) = \frac{1}{L_p}\int_{t_0}^{t} v\,d\tau + i(t_0) \end{aligned} \tag{5.25}$$

인덕터에 저장되는 자기에너지의 크기는 아래와 같다.

$$w_L(t) = \int_{-\infty}^{t} v\,i\,d\tau = \int_{-\infty}^{t}\left(L\frac{di}{d\tau}\right)i\,d\tau = \int_{i(-\infty)}^{i(t)} Li\,di = \frac{1}{2}Li^2(t)\,[\mathrm{J}] \tag{5.26}$$

5.2 기초회로 이론

회로를 분석하고 설계하는 데 있어 가장 기본이 되는 키르히호프의 법칙(Kirchhoff's law)을 이용하면 아무리 복잡한 회로도 분석이 가능하다. 전압법칙과 전류법칙으로 나뉘며 각각 직렬회로와 병렬회로를 해석하는데 적합하다.

5.2.1 KVL(Kirchhoff's Voltage Law)

이는 임의의 폐회로를 따라 정의한 전압의 대수적인 합은 0이라는 것으로, 전자가 폐회로를 지나 원위치로 돌아왔을 때 동일한 전위를 가져야 한다는 사실로부터 입증할 수 있다. 이 수식은 임의의 폐회로 내에서 전압 상승의 합은 전체 전압 강하의 합과 동일하다고 표현할 수도 있다.

$$\sum V = V_s - V_1 - V_2 - V_3 - \ldots - V_n = 0 \tag{5.27}$$

$$\sum V_{rises} = \sum V_{drops} \tag{5.28}$$

또한 이로부터 직렬로 연결된 저항에서 전압강하 크기는 해당되는 저항값에 비례한다는 사실을 알 수 있다. 즉 저항치가 아니라 저항의 비율에 따라 전압이 나눠지는 현상이므로 직렬회로에서의 전압분배특성이라고 부른다.

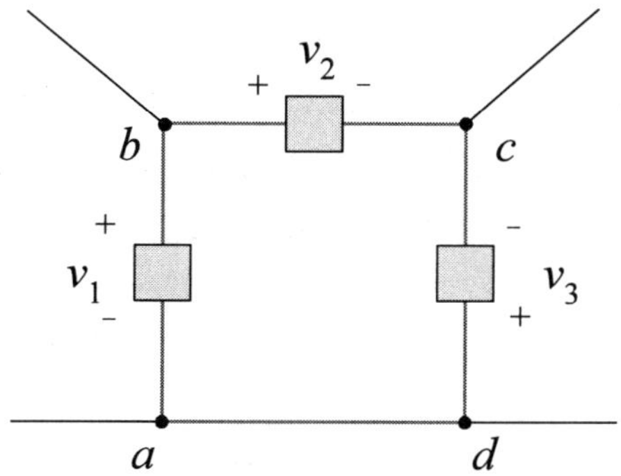

그림 5.19 KVL

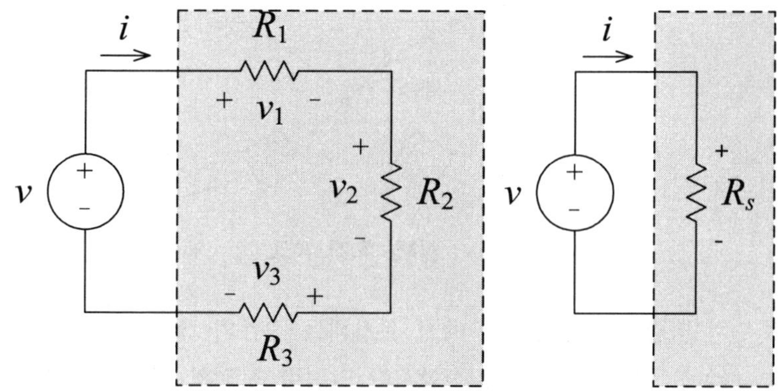

그림 5.20 직렬저항회로의 전압분배

$$i = \frac{v}{R_s} \tag{5.29}$$

$$v_x = \begin{cases} v_1 = R_1 i = \dfrac{R_1}{R_s} v = \dfrac{R_1}{R_1 + R_2 + R_3} v \\ \\ v_2 = R_2 i = \dfrac{R_2}{R_s} v = \dfrac{R_2}{R_1 + R_2 + R_3} v \\ \\ v_3 = R_3 i = \dfrac{R_3}{R_s} v = \dfrac{R_3}{R_1 + R_2 + R_3} v \end{cases} \tag{5.30}$$

5.2.2 KCL(Kirchhoff's current law)

이는 임의의 절점(node)에서 유입되거나 유출되는 전류의 대수적인 합은 0이라는 것으로, 임의의 절점 내에 별도의 전류원이 없다는 사실로부터 입증할 수 있다. 이 수식은 임의의 영역에서 유입 전류의 합은 유출 전류의 합과 동일하다고 표현할 수도 있다.

$$\sum I = I_s - I_1 - I_2 - I_3 - \dots - I_n = 0 \tag{5.31}$$

$$\sum I_{in} = \sum I_{out} \tag{5.32}$$

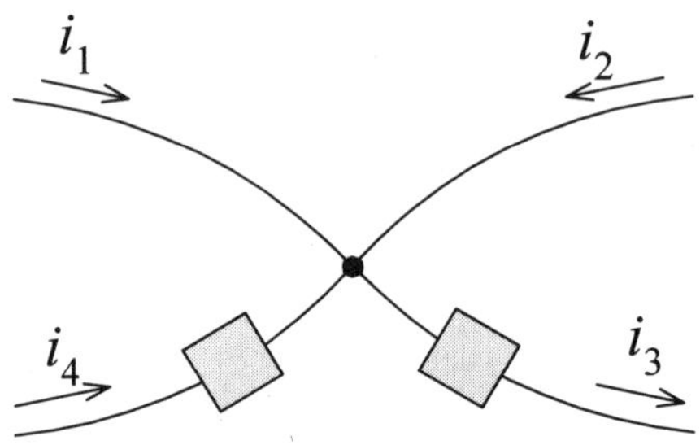

그림 5.21 KCL

KCL로부터 병렬로 연결된 저항에서 분기되는 전류의 크기는 해당되는 저항값에 반비례한다는 사실을 알 수 있다. 즉 저항치가 아니라 저항의 비율에 따라 전류가 나눠지는 현상이므로 병렬회로에서의 전류분배특성이라고 부른다.

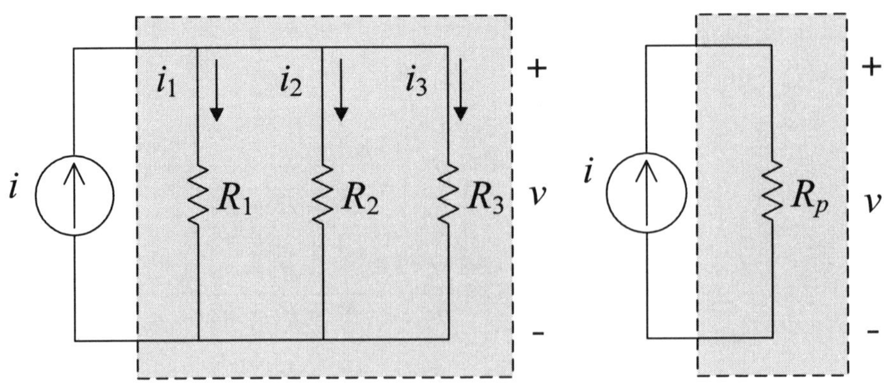

그림 5.22 병렬저항 회로의 전류분배

$$v = \frac{i}{G_p} \tag{5.33}$$

$$i_x = \begin{cases} i_1 = G_1 v = \dfrac{G_1}{G_p} i = \dfrac{G_1}{G_1 + G_2 + G_3} i \\ i_2 = G_2 v = \dfrac{G_2}{G_p} i = \dfrac{G_2}{G_1 + G_2 + G_3} i \\ i_3 = G_3 v = \dfrac{G_3}{G_p} i = \dfrac{G_3}{G_1 + G_2 + G_3} i \end{cases} \tag{5.34}$$

회로해석이란 미지의 절점(node) 전압과 가지(branch) 전류 크기를 파악하는 것을 의미한다. 예를 들어 아래와 같은 회로에서 모든 전류와 전압은 KCL과 KVL을 이용하면 구할 수 있다.

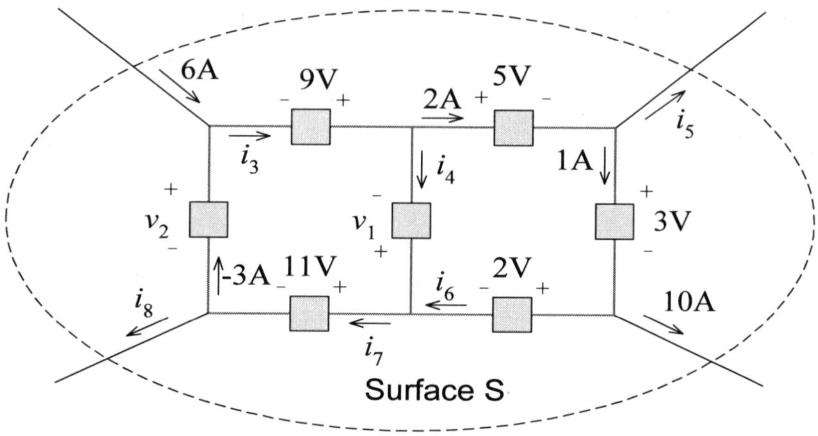

그림 5.23 KCL과 KVL을 이용한 회로해석 예

$$v_1 + 5 + 3 + 2 = 0 \;\rightarrow\; v_1 = -10[\mathrm{V}]$$

$$11 - v_2 - 9 - v_1 = 0 \;\rightarrow\; v_2 = 12[\mathrm{V}]$$

$$i_3 = 6 - 3 = 3[\mathrm{A}],\; i_4 = 3 - 2 = 1[\mathrm{A}],\; i_5 = 2 - 1 = 1[\mathrm{A}]$$

$$i_6 = 1 - 10 = -9[\mathrm{A}],\; i_7 = i_4 + i_6 = -8[\mathrm{A}],\; i_8 = 3 + i_7 = -5[\mathrm{A}]$$

이 결과로부터 KCL이 임의의 절점에서만 성립하는 것이 아니라 폐 영역에서도 성립함을 알 수 있다. 즉 폐곡면 S에 대해 유입하는 전류와 유출하는 전류의 크기는 동일하다.

$$6 = i_5 + i_8 + 10 = 1 + (-5) + 10$$

사실상 KVL과 KCL을 이용하면 아무리 복잡한 회로라도 해석할 수 있다. 특히 집적회로의 경우 많은 계산량이 요구되지만 Spice 등과 같은 회로해석 software를 이용하면 쉽게 풀 수 있다. 그러나 설계를 위해선 대략적인 값들을 공학적인 감각으로 쉽게 파악하는 것이 필요한데 이를 위한 몇 가지 대표적인 방법을 소개한다.

5.2.3 전원 대체법

이상 전압원이나 이상 전류원은 부하(load)에 따른 영향이 없는 전원이며, 실제적인 전원은 모두 내부저항에 의한 부하 효과가 존재한다. 내부저항은 전압원의 경우 직렬로, 그리고 전류원의 경우 병렬로 나타나는데 필요에 따라 등가적인 전압 혹은 전류원으로 대체하는 것이 유리할 경우가 있다. 따라서 이상 전압원의 경우 직렬 내부저항은 0이고 이상 전류원의 경우 병렬 내부저항은 ∞ 이다.

한편 다수의 직렬 전압원 혹은 다수의 병렬 전류원은 대수적인 합으로 전체 전원을 표기할 수 있기 때문에 회로를 간략할 수 있다. 이 경우 전원을 변환하더라도 부하 입장에서 동일한 전압-전류특성을 갖도록 대체하는 것이므로 회로해석에서 달라지는 것은 없다. 예를 들어 아래에 보인 회로에서 부하저항 R_L 양단의 전압 V_L과 전류 I_L은 동일하다.

$$V_L = E\left(\frac{R_L}{R_S + R_L}\right) = I_L \cdot R_L \tag{5.35}$$

$$I_L = \frac{E}{R_S + R_L} = \frac{V_L}{R_L} \tag{5.36}$$

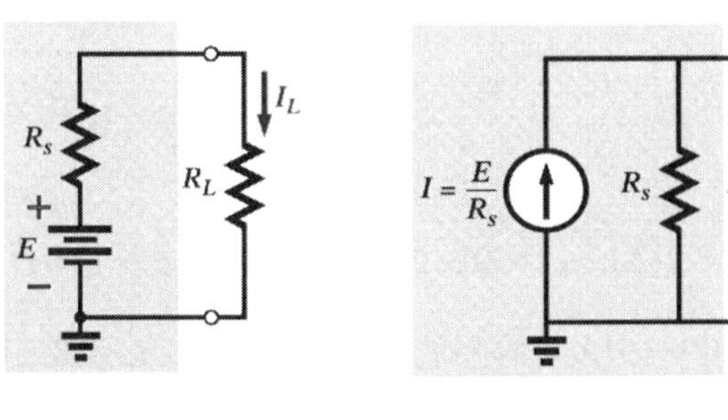

그림 5.24 전원 대체법

5.2.4 망로해석법(Mesh analysis)

KVL과 전원 대체를 이용하여 망로 전류를 구하는 방법이다. 먼저 전류원이 있으면 전압원으로 대체해 두고 구하고 싶은 미지의 전류에 변수를 할당한 다음 각 폐루프에 KVL을 적용하면 된다.

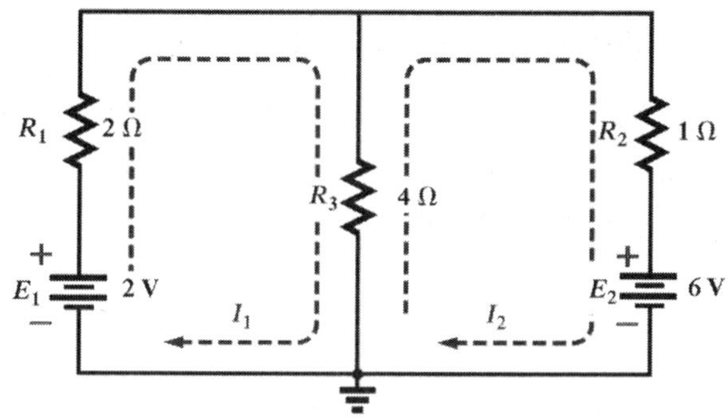

그림 5.25 망로해석 예

$$6I_1 - 4I_2 = 2$$

$$5I_2 - 4I_1 = -6$$

$$\therefore\ I_1 = -1[\mathrm{A}],\ \ I_2 = -2[\mathrm{A}]$$

5.2.5 절점해석법(Nodal analysis)

KCL과 전원대체를 이용하여 절점의 전압을 구하는 방법이다. 먼저 전압원이 있으면 전류원으로 대체해 두고 구하고 싶은 미지의 전압에 변수를 할당한 다음 각 절점에 KCL을 적용하면 된다.

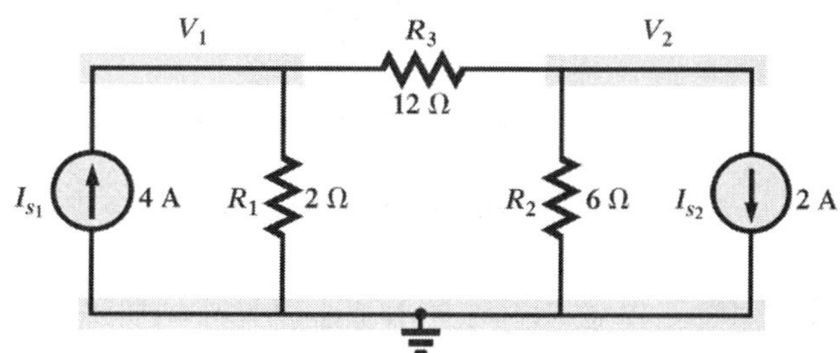

그림 5.26 절점해석 예

$$V_1\left(\frac{1}{R_1}+\frac{1}{R_3}\right)-V_2\left(\frac{1}{R_3}\right)=I_{S1}$$

$$V_2\left(\frac{1}{R_2}+\frac{1}{R_3}\right)-V_1\left(\frac{1}{R_3}\right)=-I_{S2}$$

5.2.6 중첩의 정리(Superposition theorem)

대부분의 회로는 입출력특성이 선형인 시스템이므로 입력의 가산성이 성립한다. 따라서 전원이 2개 이상 존재하는 회로의 경우 전체 응답(x)은 각각의 전원(y)이 단독으로 공급될 때의 응답을 더한 것과 같아진다.

$$y=y_a+y_b$$

$$a_1x_1+a_2x_2+\cdots+a_nx_n=y$$

$$a_1x_{1a}+a_2x_{2a}+\cdots+a_nx_{na}=y_a$$

$$a_1x_{1b}+a_2x_{2b}+\cdots+a_nx_{nb}=y_b$$

$$a_1(x_{1a}+x_{1b})+a_2(x_{2a}+x_{2b})+\cdots+a_n(x_{na}+x_{nb})=y_a+y_b$$

$$\therefore x_i=x_{ia}+x_{ib}$$

다음에 보인 회로는 앞에서 논의한 전원 대체로 간단히 해석할 수 있지만, 중첩의 정리를 이용하여 선형성을 확인해 보기로 한다.

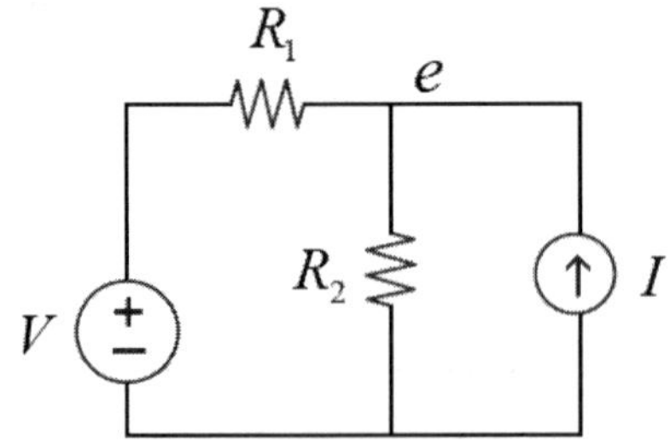

그림 5.27 선형회로 예

위의 회로에서 전원은 우선 미지의 전압 e를 구하기 위해 KCL을 적용하고 정리를 하면 다음과 같다.

$$\frac{e-V}{R_1}+\frac{e}{R_2}-I=0$$

$$\left(\frac{1}{R_1}+\frac{1}{R_2}\right)e=\frac{V}{R_1}+I$$

$$e=\frac{R_2}{R_1+R_2}V+\frac{R_1R_2}{R_1+R_2}I=e_V+e_I$$

위 결과로부터 미지의 전압 e는 I=0 인 경우의 출력 e_V와 V=0인 경우의 출력 e_I로 구분해서 구한 것과 같다. 한가지 주의할 점은 I=0인 경우는 전류원을 개방(open)해야 하고, V=0인 경우는 전압원을 단락(short)시켜야 하는 점이다.

5.2.7 테브난 정리(Thevenin's theorem)

복잡한 회로에서 모든 절점의 전압과 모든 지로의 전류를 알 필요는 없고 간단히 부하의 전압-전류특성만 파악하고 싶은 경우가 많이 있다. 혹은 부하특성만 먼저 확인하고 나머지 회로를 해석하는 경우에도 부하 입장에서 나머지 부분을 간단한 등가회로로 변경할 수 있다면 회로의 해석이나 설계가 쉬워질 것이다. 이처럼 임의의 2단자 회로망을 테브난 등가 전압(V_T)와 테브난 등가저항(R_T)로 대체하는 것을 테브난 등가회로라고 부른다. 이때 V_T 는 2단자 회로의 개방 전압(무부하 전압)으로 정의하고, R_T는 전원이 제거된 상태에서의 등가저항을 의미한다.

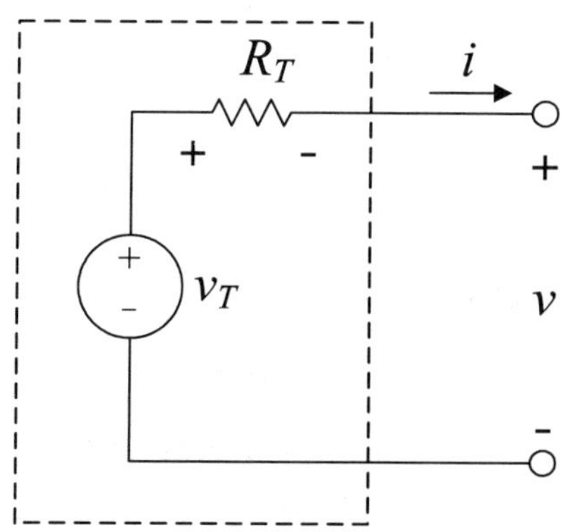

그림 5.28 테브난 등가회로

5.2.8 노튼 정리(Norton's theorem)

앞서 논의한 테브난 정리와 전원 대체를 활용한 등가회로로 임의의 2단자 회로망을 노튼 등가 전류원(I_N)와 여기에 병렬로 연결되는 노튼 등가저항(R_N)로 대체하는 것을 노튼 등가회로라고 부른다. 이때 I_N은 2단자 회로의 단락 전류으로 정의하고, R_N는 전원이 제거된 상태에서의 등가저항을 의미한다.

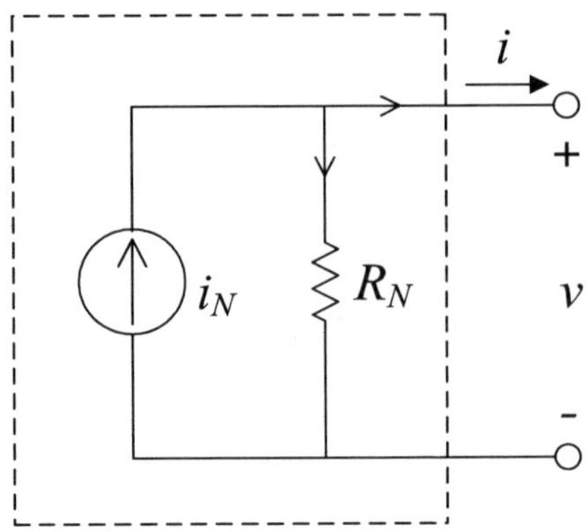

그림 5.29 노튼 등가회로

앞서 전원 대체 원칙을 감안하면 테브난 등가회로와 노튼 등가회로 사이에 다음과 같은 관계가 성립한다. 따라서 부하를 제외한 나머지 부분이 어떻게 구성되는 지 분석하지 않고도 직접 측정을 통해 등가회로를 구성할 수 있으므로 매우 유용한 방법이다.

$$R_T = R_N = \frac{V_T}{I_N} = \frac{V_{OC}}{I_{SC}} \tag{5.37}$$

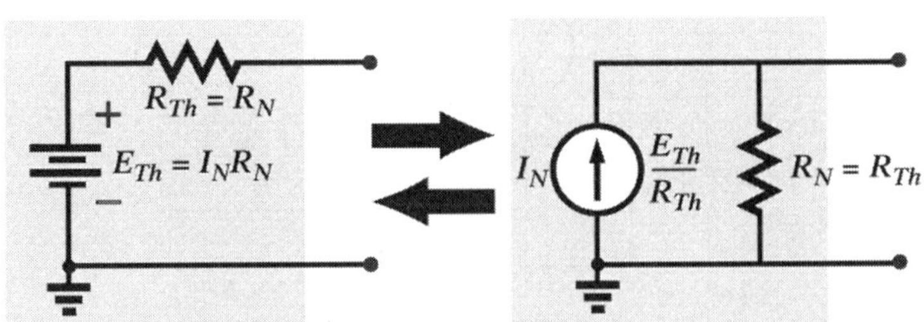

그림 5.30 테브난과 노튼 등가회로의 상관 관계

5.3 교류회로

5.3.1 교류 신호의 크기

선형회로가 주어진 주파수의 교류 신호에 의해 구동되면 회로의 각 지로 전류와 절점의 전압도 같은 주파수의 교류가 된다. 교류 신호의 주파수(frequency)는 주기(period)의 역수로 1초 동안에 포함되는 정현파의 사이클 수로 나타낸다. 또 정현파 교류 신호는 아래와 같이 진폭과 주기 그리고 위상으로 기술되는 바, 정상 상태에서 주기는 동일하므로 진폭과 위상의 변화만 관측하면 된다.

$$f\ [\text{Hz}] = \frac{1}{T}\ [1/\text{s}] \tag{5.38}$$

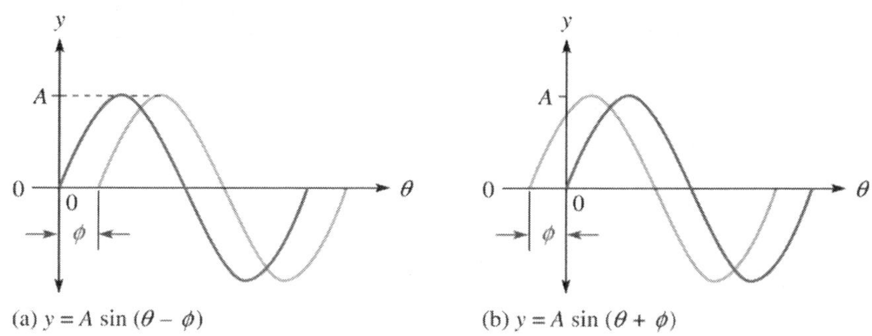

그림 5.31 정현 교류 신호 표현식

교류 신호의 크기는 아래에 보인 바와 같이 여러 방식으로 표현할 수 있다.

- 순시(instaneous)값 : 임의의 시점에서 정현 교류 신호의 값, $v(t)$

$$v(t) = 10\sin\left(\frac{2\pi}{20\mu s}t\right) \rightarrow v(t = 2.5\mu s) = 7.07\ [\text{V}]$$

- 최대(peak)값 : 양 또는 음의 최대 절대치, V_p

$$v(t) = 10\sin\left(\frac{2\pi}{20\mu s}t\right) \rightarrow V_p = 10\ [\text{V}]$$

- 최대-최소(peak-to-peak)값 : 최대값과 최소값의 차이, V_{pp}

$$v(t) = 10\sin\left(\frac{2\pi}{20\mu s}t\right) \rightarrow V_{pp} = 2V_p = 20 \text{ [V]}$$

• 평균(average)값 : 정현 신호의 경우 반주기의 평균값, V_{ave}

$$v_{ave} = \frac{2}{T}\int_0^{\frac{T}{2}} V_p \sin\omega t dt = \frac{2V_p}{T}\left(\frac{\cos\omega t}{-\omega}\right) = \left(\frac{2}{\pi}\right)V_p = 0.637V_p \tag{5.39}$$

• 실효(effective)값 : 동일 부하에 대해 같은 시간동안 같은 크기의 에너지를 소모하는 직류값, V_{rms}

$$V_{rms} = \sqrt{\frac{1}{T}\int_0^T v^2(t)dt} = \sqrt{\frac{1}{T}\int_0^T V_p^2 \sin^2\omega t dt} = V_p\sqrt{\frac{1}{T}\int_0^T \frac{1-\cos 2\omega t}{2}dt}$$

$$= \frac{V_p}{\sqrt{2}} = 0.707V_p \tag{5.40}$$

$$V_p = \sqrt{2}V_{rms} = 1.414V_{rms} \tag{5.41}$$

$$V_{pp} = 2V_p = 2\sqrt{2}V_{rms} = 2.828V_{rms} \tag{5.42}$$

5.3.2 복소 페이저(Complex phasor)

정상 상태에서 교류회로의 응답은 동일한 주파수에 진폭과 위상만 변하게 되므로 복소수를 이용한 페이저(phasor)로 쉽게 다룰 수 있다. 즉 복수지수함수를 오일러 공식(Euler's formula)로 전개하면 실수와 허수 정현파로 표현할 수 있는데, 이처럼 복소지수함수를 실수와 허수로 이루어진 회전 벡터(vector)로 표현한 것이 페이저이다.

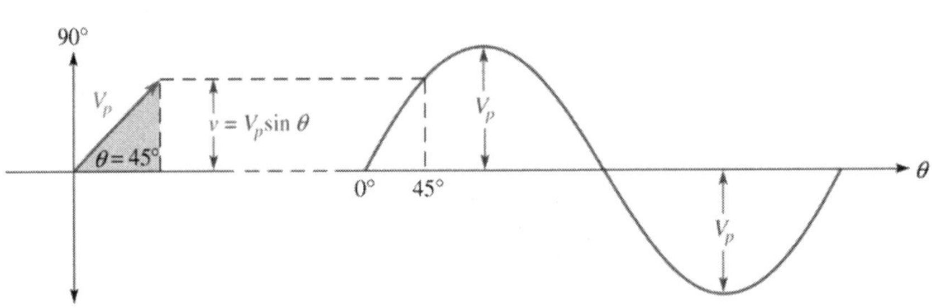

그림 5.32 복소 페이저 개념도

$$e^{j(\omega t+\phi)} = \cos(\omega t+\phi) + j\sin(\omega t+\phi) \tag{5.43}$$

즉 정현 신호는 복소 평면에서 회전하는 벡터로 표현해야 하지만, 모두 같은 속도로 회전하고 있으므로 어느 순간에 크기와 위상만으로 표현하는 것이 페이저이다.

$$v(t) = V_p\cos(\omega t \pm \phi) = Re\left\{V_p e^{j(\omega t \pm \phi)}\right\} \Rightarrow V\angle\phi \tag{5.44}$$

$$i(t) = I_p\sin(\omega t \pm \phi) = Im\left\{I_p e^{j(\omega t \pm \phi)}\right\} \Rightarrow I\angle\phi \tag{5.45}$$

이처럼 교류 정현 신호를 페이저로 표현하면 복소수를 도입하게 되므로 이를 직교 좌표 형식이나 극 좌표 형식으로 변환해 가면서 연산을 쉽게 할 수 있다. 예를 들어 임의의 복소수 C에 대해 아래와 같이 정리할 수 있다.

$$\boldsymbol{C} = Re\{\boldsymbol{C}\} + j\,Im\{\boldsymbol{C}\} = X + jY = |\boldsymbol{C}|e^{j\phi} \tag{5.46}$$

$$|\boldsymbol{C}| = \sqrt{X^2+Y^2},\ X = |\boldsymbol{C}|\cos\alpha,\ Y = |\boldsymbol{C}|\sin\alpha,\ \alpha = \tan^{-1}\frac{Y}{X} \tag{5.47}$$

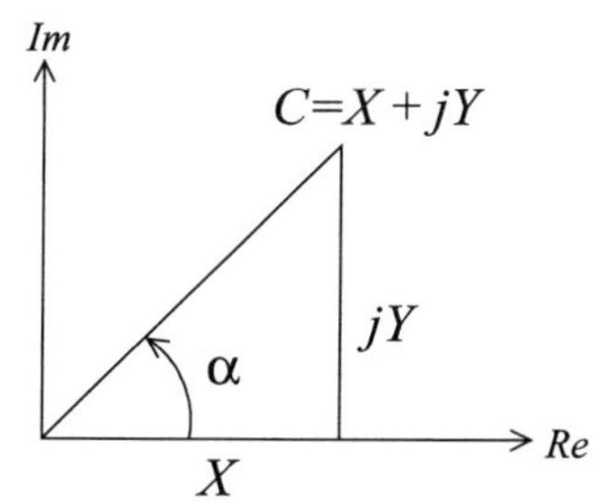

그림 5.33 복소평면상 복소수 표현

$$C_1 = X_1 + jY_1 = |C_1|e^{j\phi_1}, \quad C_2 = X_2 + jY_2 = |C_2|e^{j\phi_2} \tag{5.48}$$

$$C_1 \pm C_2 = (X_1 \pm X_2) + j(Y_1 \pm Y_2) \tag{5.49}$$

$$C_1 \cdot C_2 = |C_1||C_2|e^{j(\phi_1 + \phi_2)} \tag{5.50}$$

$$\frac{C_1}{C_2} = \frac{|C_1|}{|C_2|}e^{j(\phi_1 - \phi_2)} \tag{5.51}$$

위 사실로부터 저항 외 인덕터나 커패시터를 포함하는 2단자 소자의 임피던스(Impedance, $\boldsymbol{Z}$)를 정의할 수 있다. 즉 저항은 전류의 흐름을 방해하는 정도로 저항형 교류회로에서 전압과 전류 사이에 위상차이가 없지만, 인덕터나 커패시터는 1차 미분으로 전압-전류 관계가 정의되므로 위상차가 생길 것임을 예측할 수 있다. 이처럼 교류회로에서의 전류의 흐름을 방해하는 정도인 임피던스는 교류 전압과 전류의 진폭비와 위상차정보를 포함하고 있다.

$$\boldsymbol{Z} = \frac{\boldsymbol{V}}{\boldsymbol{I}} = \frac{|\boldsymbol{V}|}{|\boldsymbol{I}|}e^{j(\phi_V - \phi_I)} \tag{5.52}$$

$$\boldsymbol{Z_R} = \frac{\boldsymbol{V_R}}{\boldsymbol{I_R}} = \frac{|\boldsymbol{V_R}|}{|\boldsymbol{I_R}|}e^{j(0)} = \frac{|\boldsymbol{V_R}|}{|\boldsymbol{I_R}|} = R \tag{5.53}$$

$$\boldsymbol{Z_L} = \frac{\boldsymbol{V_L}}{\boldsymbol{I_L}} = \frac{|\boldsymbol{V_L}|}{|\boldsymbol{I_L}|}e^{j\left(\frac{\pi}{2}\right)} = 2\pi fL \cdot e^{j\left(\frac{\pi}{2}\right)} = j2\pi fL = jX_L \tag{5.54}$$

$$\boldsymbol{Z_C} = \frac{\boldsymbol{V_C}}{\boldsymbol{I_C}} = \frac{|\boldsymbol{V_C}|}{|\boldsymbol{I_C}|}e^{j\left(-\frac{\pi}{2}\right)} = \frac{1}{2\pi fC} \cdot e^{j\left(-\frac{\pi}{2}\right)} = -j\frac{1}{2\pi fC} = -jX_C \tag{5.55}$$

5.4 연산 증폭기 회로

일반적으로 트랜스듀서의 출력 차체는 너무 작은 신호이거나 전자기 간섭에 의한 잡음을 많이 포함하고 있기 때문에 적절한 아날로그 신호처리가 필요하다. 가장 기본적인 신호처리는 신호의 크기를 증가시키는 증폭(amplification)인데, 이상적인 증폭기란 신호에 포함된 여러 성분들의 위상 관계를 변화시키지 않고 신호의 진폭만을 증가시키는 것이다. 증폭기는 전압, 전류 혹은 전력을 증폭하거나 임피던스 변환 등과 같은 기능을 한다. 이처럼 다양한 기능을 구현하기 위한 기본 소자로 많이 사용하는 것이 연산 증폭기(Operational Amplifier, OP-Amp)이다.

표 5.3 OP-Amp의 특성 비교

특성	이상적인 OP-Amp	실제 OP-Amp
개방 전압 이득, A_{vo}	∞	100~120 [dB]
입력 임피던스, R_i	∞	M~T [Ω]
출력 임피던스, R_o	0	20~100 [Ω]

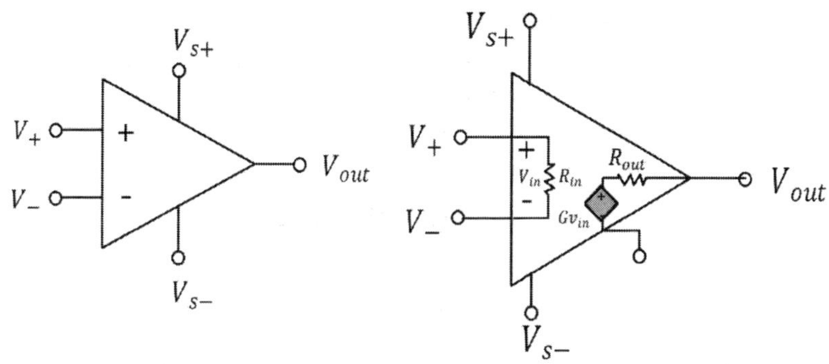

그림 5.34 OP-Amp 등가회로

위는 OP-Amp의 기호와 내부 등가회로 그리고 입출력특성을 보인 것이다. 대부분의 상용 OP-Amp는 전압 증폭비가 이상적인 전압제어 전압원(VCVS)처럼 작동한다. 이러한 이상적인 OP-Amp의 특성으로부터 다음과 같은 결론을 내릴 수 있다.

- $R_i \approx \infty \Rightarrow$ 각 입력 단자로 흘러들어 가는 전류는 0이다. ($I_+ = I_- = 0$)
- $A_{vo} \approx \infty \Rightarrow$ 출력이 유한한 경우 입력 단자의 전위차는 0이다. ($V_+ = V_-$)
- $R_o \approx 0 \Rightarrow$ 출력 전압은 출력 전류에 영향을 받지 않는다.

이러한 OP-Amp의 거동특성만 이해하면 앞에서 학습한 기초 회로이론을 활용하여 복잡한 OP-Amp회로도 쉽게 해석하고 설계할 수 있다. 단 이 3가지 특성은 OP-Amp가 음궤환(negative-feedback) 상태에서 작동할 때에만 해당한다. OP-Amp회로는 크게 음궤환 작용 여부에 따라 선형회로와 비선형 회로로 구분할 수 있다. 다음은 센서 신호처리에서 주로 사용하는 OP-Amp 응용회로를 정리한 것이다.

5.4.1 선형회로

• **전압 추종기(voltage follower)**

이 회로는 전압 신호의 크기에는 변동이 없고 높은 입력 임피던스와 낮은 출력 임피던스를 갖는다. 따라서 입력 신호의 임피던스가 큰 경우 직접 증폭하기 보다는 이 단을 통과시키면 나머지 회로와의 정합(matching)이 좋아지므로 버퍼(buffer)라고 부르기도 한다.

$$V_{out} = V_{in} \tag{5.56}$$

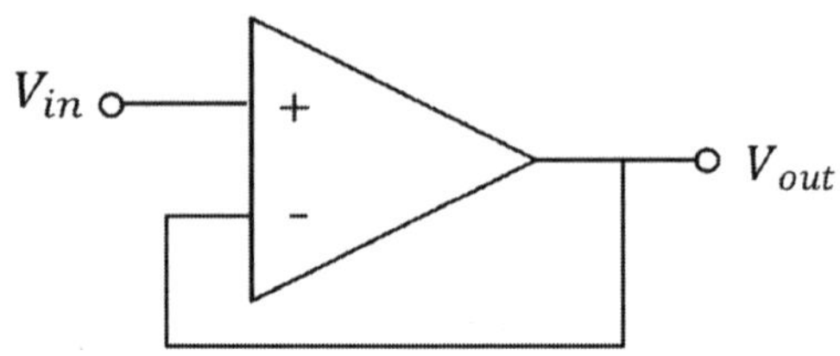

그림 5.35 버퍼회로

• **비반전 증폭기(non-inverting amplifier)**

비반전 증폭기는 1보다 큰 양의 전압 이득을 갖는다. 비반전 증폭기는 입력 임피던스가 매우 크기 때문에 입력회로가 적은 전류를 공급하면서 전압 신호를 전달하는 경우 많이 사용된다. 비반전 증폭기에서 $R_1 = \infty$이고 $R_2 = 0$인 경우가 버퍼회로이다.

$$V_{out} = \left(1 + \frac{R_2}{R_1}\right) V_{in} \tag{5.57}$$

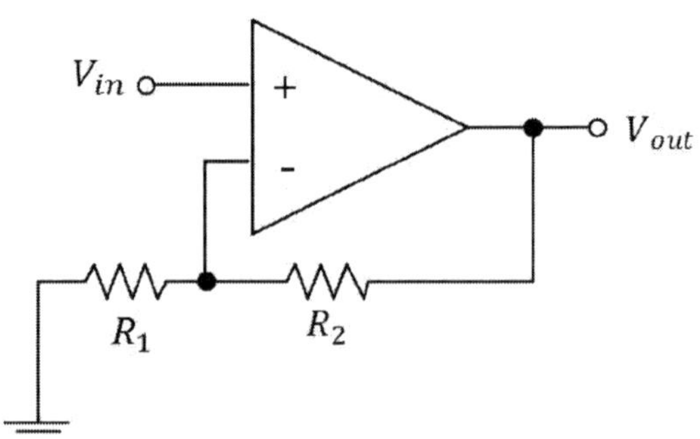

그림 5.36 비반전 증폭회로

• 반전 증폭기(inverting amplifier)

반전 증폭기는 저항 R_f를 이용하여 음궤환 루프를 형성한다. 즉 입력이 증가해서 출력이 음으로 커지려고 하면 OP-Amp로 유입되는 전류가 감소하는 방식이다. 이를 앞에서 논의한 이상적인 OP-Amp의 특성과 기초 회로이론을 적용해서 계산하면 다음과 같다.

$$V_{out} = -\left(\frac{R_f}{R_{in}}\right)V_{in} \tag{5.58}$$

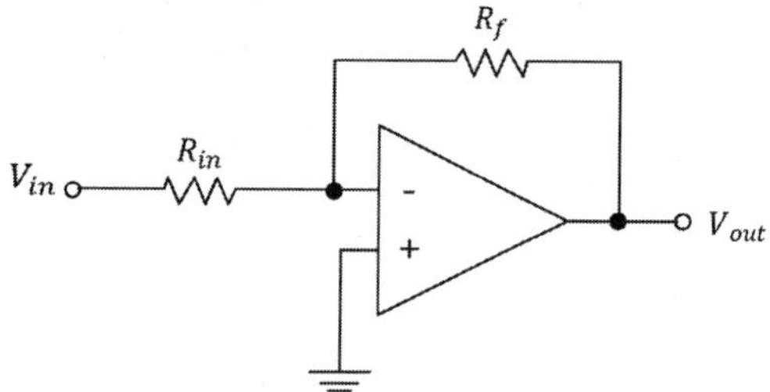

그림 5.37 반전 증폭 회로

• 가산 증폭기(summing amplifier)

가산기는 아날로그 신호를 더할 때 사용한다. 이는 반전 증폭회로에서 입력단이 부가된 형태로 볼 수 있으며 입출력특성은 아래와 같다.

$$V_{out} = -R_f\left(\frac{V_1}{R_1} + \frac{V_2}{R_2} + \frac{V_3}{R_3} + \dots \frac{V_n}{R_n}\right) \tag{5.59}$$

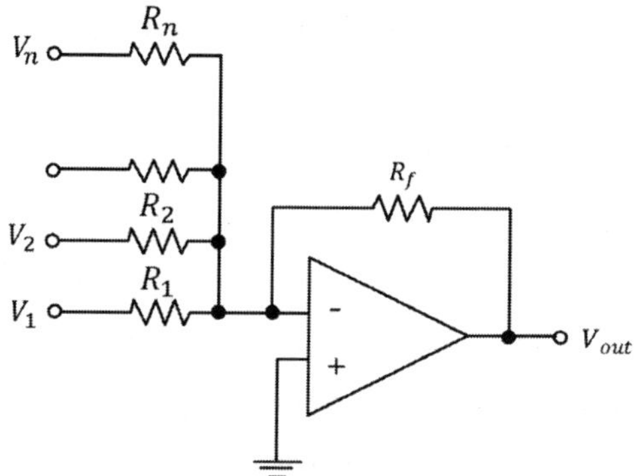

그림 5.38 가산 증폭회로

• **차동 증폭기(differential amplifier)**

차동 증폭기는 두 아날로그 신호의 차이를 구할 때 사용한다. 이 회로의 해석은 앞서 논의한 중첩의 정리를 이용하면 쉽게 구할 수 있다. 즉 두 개의 입력 V_1과 V_2에 대해 하나의 입력만 있는 경우의 출력 V_{o1}과 V_{o2}를 구하고 이를 더하면 최종 출력 V_{out}을 구할 수 있다.

$$V_{o1} = -V_1\left(\frac{R_f}{R_1}\right) \tag{5.60}$$

$$V_{o2} = V_2\frac{R_g}{R_g+R_2}\left(1+\frac{R_f}{R_1}\right) = \frac{R_g}{R_1}\left(\frac{R_1+R_f}{R_g+R_2}\right)V_2 \tag{5.61}$$

$$V_{out} = V_{o1}+V_{o2} = \frac{R_g}{R_1}\left(\frac{R_1+R_f}{R_g+R_2}\right)V_2 - \left(\frac{R_f}{R_1}\right)V_1 \tag{5.62}$$

$$R_1 = R_2,\ R_f = R_g \Rightarrow V_{out} = \left(\frac{R_f}{R_1}\right)(V_2 - V_1) \tag{5.63}$$

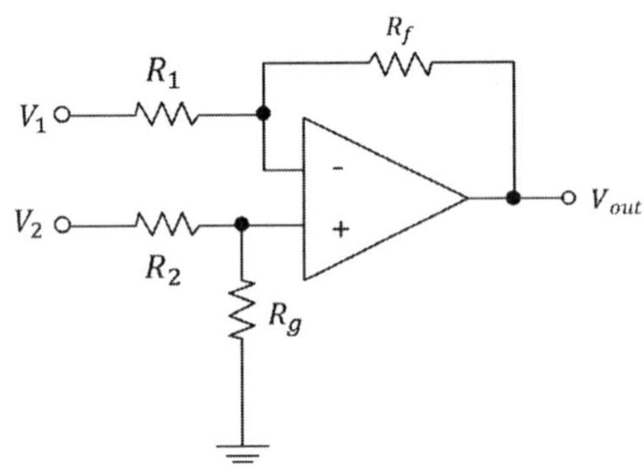

그림 5.39 차동 증폭회로

• **계기 증폭기(instrument amplifier)**

앞에서 설명한 차동 증폭기는 입력원의 임피던스가 작을 때는 문제가 없지만 반대의 경우 증폭기의 입력 임피던스가 너무 작다는 문제가 있다. 또한 신호의 크기가 작고 노이즈를 포함하고 있는 경우 차동 증폭을 통해 공통 잡음 성분을 충분히 제거해야 하는데 일반적인 차동 회로에서 저항비가 달라지거나 하면 만족스러운 결과를 얻지 못할 수 있다. 이러한 문제를 해결할 수 있는 방식이 계기 증폭기이다.

계기 증폭기는 입력 임피던스가 매우 크고, 공통 성분 제거비(Common Mode Rejection Ratio, CMRR)가 매우 높다는 특성을 갖고 있다. 또한 하나의 외부저항(R_{gain})을 조절하여 증폭기의 전체 이득을 변화시킬 수 있다.

$$V_{1o} = V_1 + \frac{R_1}{R_{gain}}(V_1 - V_2) = \left(1 + \frac{R_1}{R_{gain}}\right)V_1 - \left(\frac{R_1}{R_{gain}}\right)V_2 \tag{5.64}$$

$$V_{2o} = V_2 - \frac{R_1}{R_{gain}}(V_1 - V_2) = -\left(\frac{R_1}{R_{gain}}\right)V_1 + \left(1 + \frac{R_1}{R_{gain}}\right)V_2 \tag{5.65}$$

$$\begin{aligned} V_{out} &= \left(\frac{R_3}{R_2}\right)(V_{2o} - V_{1o}) = \left(\frac{R_3}{R_2}\right)\left[\left(1 + \frac{2R_1}{R_{gain}}\right)V_2 - \left(1 + \frac{2R_1}{R_{gain}}\right)V_1\right] \\ &= \left(\frac{R_3}{R_2}\right)\left(1 + \frac{2R_1}{R_{gain}}\right)(V_2 - V_1) \end{aligned} \tag{5.66}$$

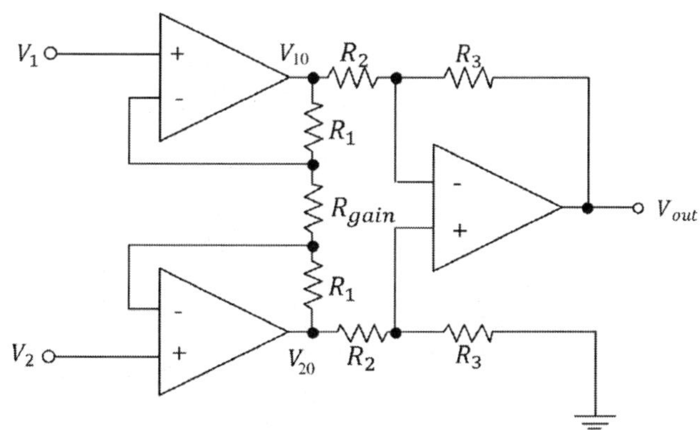

그림 5.40 계기 증폭회로

• **적분 증폭기(integrating amplifier)**

반전 증폭기에서 궤환 저항(R_f)을 커패시터로 대체하면 적분기(integrator)를 얻을 수 있다. 실제 동작에서는 작은 오프셋 전류에 의한 커패시터의 포화를 방지하는 것이 중요하다. 이를 위해선 커패시터에 분로저항(Shunt Resistor, R_s)을 연결하여 전류 경로를 만들어 주면 된다. R_s의 크기는 입력저항 (R)보다 10배 이상 크게 함으로서 일정 주파수 구간에서만 적분기로 작동시키는 것이 일반적이다.

$$V_{out} = -\frac{1}{C}\int_0^t I_{in}dt = -\frac{1}{RC}\int_0^t V_{in}dt \tag{5.67}$$

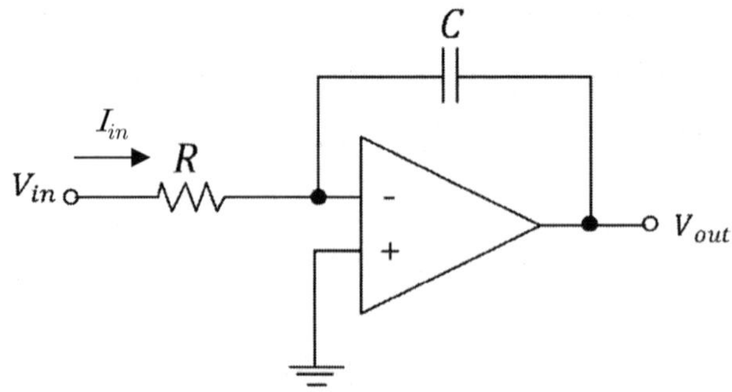

그림 5.41 적분회로

- **미분 증폭기(differential amplifier)**

반전 증폭기에서 입력 저항(R_{in})을 커패시터로 대체하면 미분기(differentiator)를 얻을 수 있다. 아래 수식에서 볼 수 있듯이 미분은 입력에 존재하는 잡음의 영향을 크게 만드는 효과가 있다.

$$V_{out} = -R \cdot I_{in} = -RC\frac{dV_{in}}{dt} \tag{6.68}$$

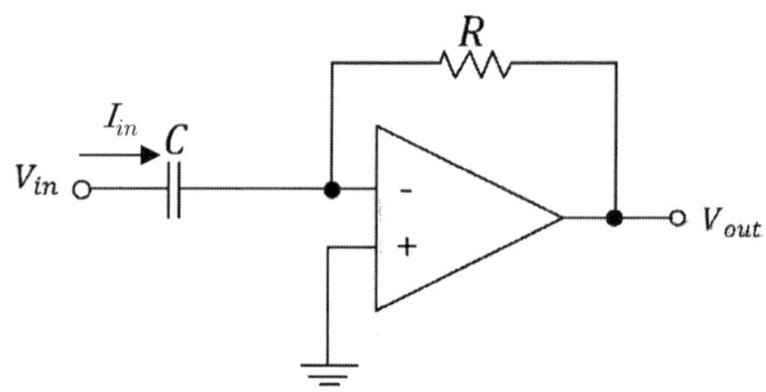

그림 5.42 미분회로

- **전류-전압 증폭기(current to voltage amplifier)**

전류형 센서의 경우 출력 전류를 전압으로 변환할 필요가 있는 데, 이는 OP-Amp로 간단히 구현할 수 있다. 회로 동작은 앞서 논의한 반전 증폭기와 거의 유사하다.

$$V_{out} = -R \cdot I_{out} \tag{5.69}$$

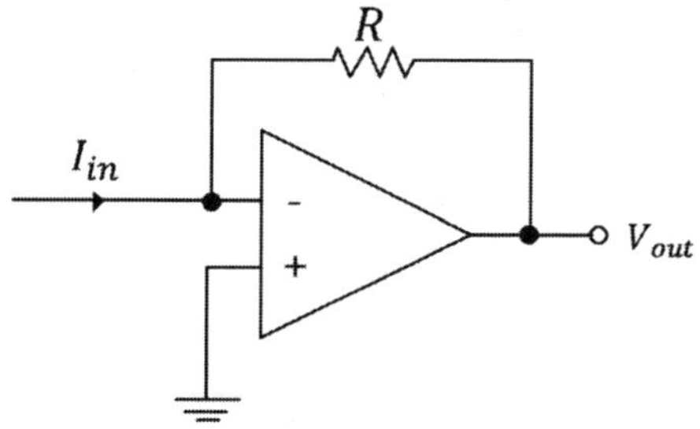

그림 5.43 전류-전압 증폭회로

- **전압-전류 증폭기(voltage to current amplifier)**

이 경우 부하저항(R_L) 양단의 부하 전압(V_L)은 입력 전압에 의해서만 결정되고 부하 저항과는 무관하게 동작한다.

$$I_L = \frac{1}{R}(V_2 - V_L) + \frac{1}{R}(V_L) = \frac{1}{R} \cdot V_2 \tag{5.68}$$

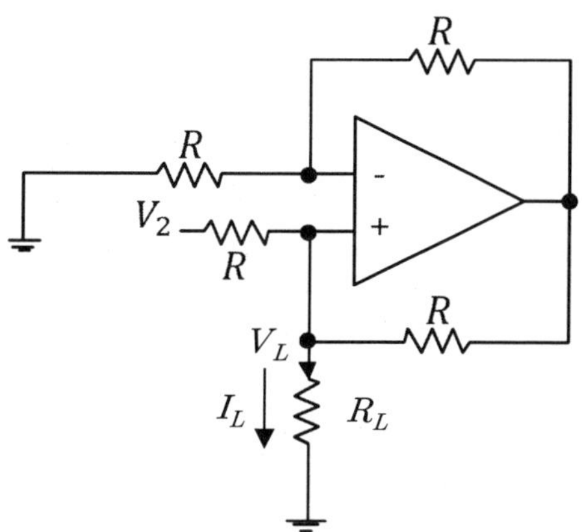

그림 5.44 전압-전류 증폭회로

- **음저항 변환기(negative impedance converter)**

음저항 변환기는 부하저항이 0보다 작은 효과를 내는 회로로 주로 전류 반전형을 많이 이용한다. 전류 반전형은 비반전 증폭회로에 추가로 양의 궤환 저항(R_3)을 연결한 형태이다. 즉 비반전 증폭회로의 출력 전압(V_{out})에 의해 R_3를 통과해서 음의 전류가 입력 단자로 흐르게 된다.

$$V_{out}=\left(1+\frac{R_2}{R_1}\right)V_s \tag{5.69}$$

$$I_s=-\frac{1}{R_3}(V_{out}-V_s)=-\frac{1}{R_3}\frac{R_2}{R_1}V_s \tag{5.70}$$

$$R_{in}=\frac{V_s}{I_s}=-R_3\frac{R_1}{R_2} \tag{5.71}$$

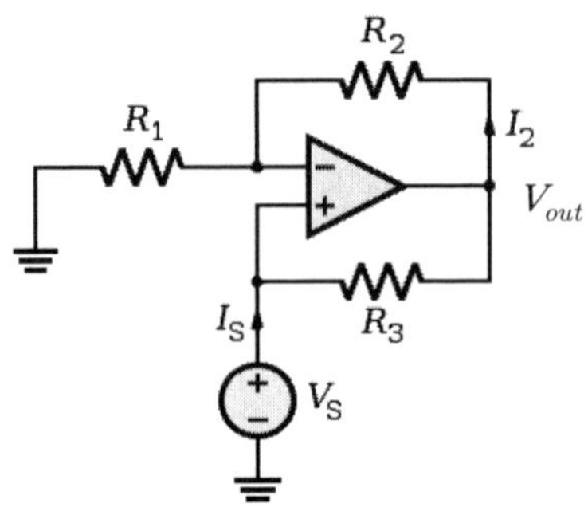

그림 5.45 음저항 변환회로

5.4.2 비선형회로

지금까지는 음궤환 상태에서 작동하는 OP-Amp의 특성을 이용한 아날로그 회로를 살펴보았다. OP-Amp의 개방 전압 이득이 매우 큰 특성을 이용해서 비교회로에 많이 사용하는 데, 아래는 대표적인 예를 보인 것이다.

- **비교기(comparator)**

비교회로는 음의 되먹임 상태가 아니므로 개방 전압 이득에 따라 동작한다. 단 개방 전압 이득이 크지만 출력은 OP-Amp의 최대 출력 전압으로 포화된다.

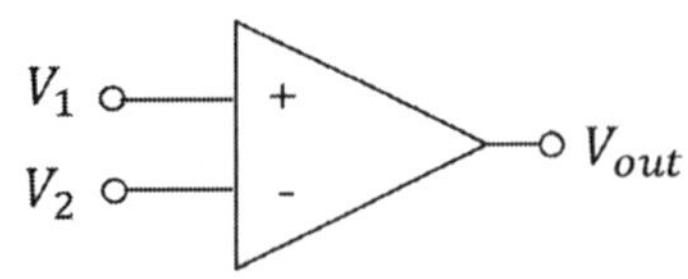

그림 5.46 비교 회로

$$V_{out}=\begin{cases}V_{s+} & ,V_1>V_2\\ V_{s-} & ,V_1<V_2\end{cases} \tag{5.72}$$

• **슈미트 트리거(schmitt trigger)**

앞에서 소개한 비교기는 OP-Amp의 개방 전압 이득이 매우 크기 때문에 작은 잡음에도 출력이 진동하는 링잉(ringing) 현상이 발생한다. 이를 개선하기 위해 약간의 이력특성을 부여한 것이 슈미트 트리거로 비반전형과 반전형으로 구분된다.

$$V_{out,\,non-inverting} = \begin{cases} V_{s+}\ , & V_{in} > \left(\dfrac{R_1}{R_2}\right)V_{sat} \\ V_{s-}\ , & V_{in} < -\left(\dfrac{R_1}{R_2}\right)V_{sat} \end{cases} \tag{5.73}$$

$$V_{out,\,inverting} = \begin{cases} V_{s+}\ , & V_{in} < \left(-\dfrac{R_2}{R_1+R_2}\right)V_{sat} \\ V_{s-}\ , & V_{in} > \left(\dfrac{R_2}{R_1+R_2}\right)V_{sat} \end{cases} \tag{5.74}$$

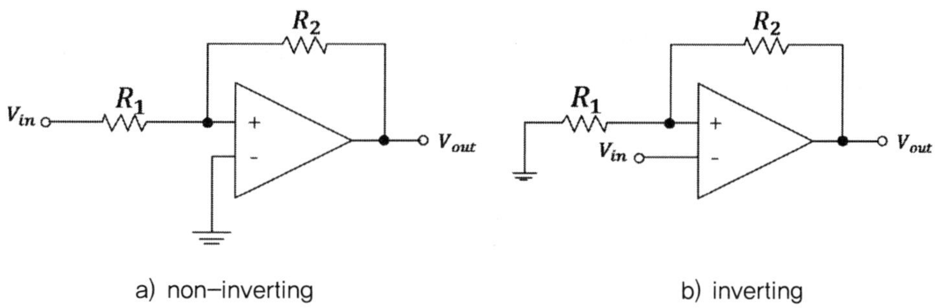

그림 5.47 슈미트 트리거회로

한편 OP-Amp에 비선형 소자인 다이오드(diode)를 결선하면 다양한 회로를 구성할 수 있다. 특히 다이오드의 정류특성을 활용한 정밀 정류기(precision rectifier)와 다이오드의 순방향 전압-전류특성을 활용한 지수 회로 등도 자주 사용하는 방식이다.

• **정밀 정류회로(precision rectifier)**

아래의 회로에서 입력이 음인 경우 다이오드는 역 바이어스가 걸려 개방(open) 상태가 되어 부하 저항(R_L)에 흐르는 전류와 부하 전압(V_{out})은 0이 된다. 반대로 입력이 양인 경우 다이오드는 순방향 바이어스로 음궤환이 작용하므로 출력 전압은 입력 전압과 동일하게 된다.

$$V_{out} = \begin{cases} V_{in}\ , & V_{in} > 0 \\ 0\ , & V_{in} < 0 \end{cases} \tag{5.75}$$

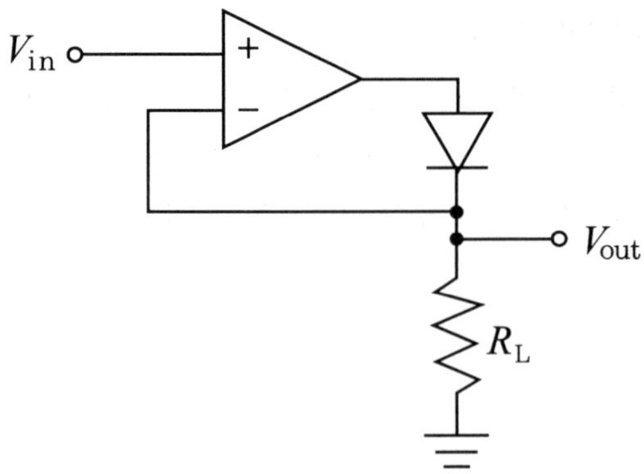

그림 5.48 정밀 정류회로

한편 아래에 보인 정류회로에서 입력이 양인 경우 출력단 다이오드 (D_1)는 개방되는 반면 입력단 다이오드(D_2)는 도통한다. 따라서 D_2를 통한 음궤환이 걸린 상태에서 D_1이 개방되어 있으므로 궤환저항(R_2) 양단의 전압은 0이 된다. 반대로 입력이 음이 되면 D_1이 도통하고 D_2가 개방되므로 R_2를 통한 음궤환 상태로 출력 전압(V_{out})은 반전 증폭기와 같은 형태가 된다.

$$V_{out} = \begin{cases} 0 & , \quad V_{in} > 0 \\ -\left(\dfrac{R_2}{R_1}\right)V_{in} & , \quad V_{in} < 0 \end{cases} \tag{5.76}$$

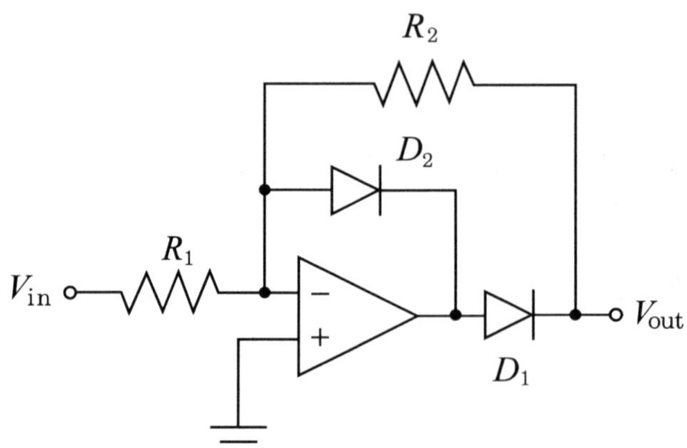

그림 5.49 정밀 정류회로

• **로그 증폭회로(logarithmic amplifier)**

아래 회로에서 입력전압이 양인 경우 출력 전압은 다이오드의 순방향 전압에 의해 결정된다. 이때 다이오드의 전압-전류특성이 지수함수적이므로, 출력 전압(V_{out})은 로그 함수특성을 나타낸다.

$$I_D = I_s\left(e^{V_D/V_T} - 1\right) \cong I_s \cdot e^{V_D/V_T} = \frac{V_{in}}{R} \tag{5.77}$$

$$V_{out} = -V_D = -V_T \ln\left(\frac{V_{in}}{I_s \cdot R}\right) \tag{5.78}$$

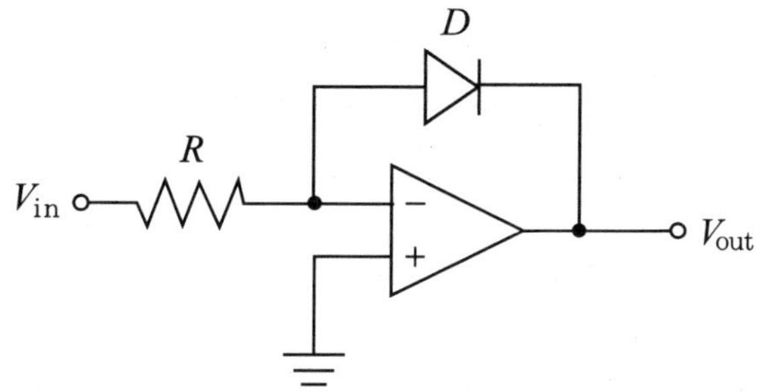

그림 5.50 로그 증폭회로

• **지수 증폭회로(exponential amplifier)**

아래는 반전 증폭기에서 입력저항을 다이오드로 대체한 지수 증폭회로를 보인 것이다.

$$V_{out} = -R \cdot I_D = -R \cdot I_s\left(e^{V_D/V_T} - 1\right) \cong -R \cdot I_s \cdot e^{V_D/V_T} \tag{5.79}$$

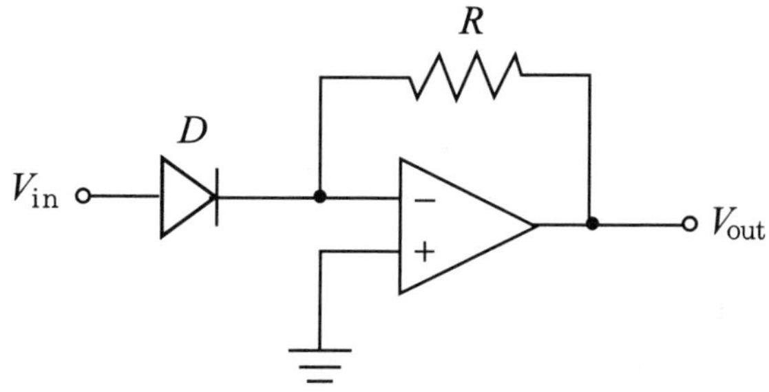

그림 5.51 지수 증폭회로

5.5 필터회로

필터는 입력 신호에서 원치 않는 주파수 성분을 제거하는 기능을 한다. 이를 통해 신호 대 잡음비(Signal to Noise Ratio, SNR)를 높일 수 있기 때문에 신호처리의 핵심적인 역할을 한다. 필터는 형식이나 기능에 따라 아래와 같이 분류한다.

표 5.4 필터의 분류 체계

구분	필터 종류
입출력 특성	선형, 비선형
동작 방식	능동형, 수동형
요구 기능	저역통과 필터, 고역통과 필터, 대역통과필터, 대역차단필터 ...
출력 방식	아날로그형, 디지털 형
이산화 여부	연속시간 필터, 이산시간 필터
디지털 필터 방식	FIR 필터, IIR 필터

필터의 주요 기능은 주파수영역에 대한 선택성을 부여하는 것이므로 입력 신호와 출력 신호의 전달함수(transfer function)로부터 주파수에 대해 보드 선도(Bode plot)을 그리면 그 특성을 쉽게 표현할 수 있다. 크게 저역통과 필터(Low Pass Filter, LPF), 고역통과 필터(High Pass Filter, HPF), 대역통과 필터(Band Pass Filter, BPF), 대역차단 필터(Band Rejection Filter, Notch)로 구분한다. 아래의 보드 선도에서 알 수 있듯이 대역통과 필터는 고역통과 필터 후단에 저역통과 필터가 직렬로 연결된 형태이고, 대역차단 필터는 고역통과 필터와 저역통과 필터가 병렬로 작용함을 알 수 있다.

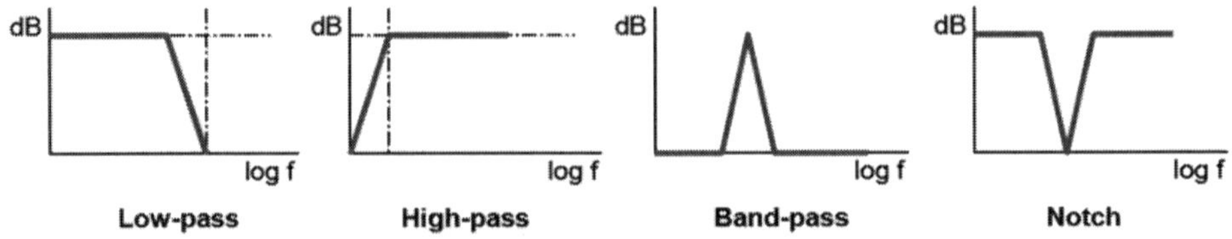

그림 5.52 필터 전달함수

5.5.1 수동 필터

수동 필터는 R, L, C 조합으로 구성하는데, 기본적으로 인덕터의 전류와 커패시터의 전압은 순간적으로 변할 수 없다는 특성을 이용한 것이다. 즉 인덕터의 경우 DC 전류는 잘 통과하지만 AC 전류에 대한 임피던스가 크고, 커패시터의 경우는 이와 반대이다. 필터의 차수는 C나 L과 같은 에너지 저장소자의 개수에 따라 달라지는 데, 일반적으로 차수가 높을수록 주파수 선택성이 좋다. 필터의 특성을 결정하는 차단 주파수(cutoff frequency)는 수동소자의 크기에 의해 결정된다.

- **수동형 1차 저역통과 필터(passive 1st order low pass filter)**

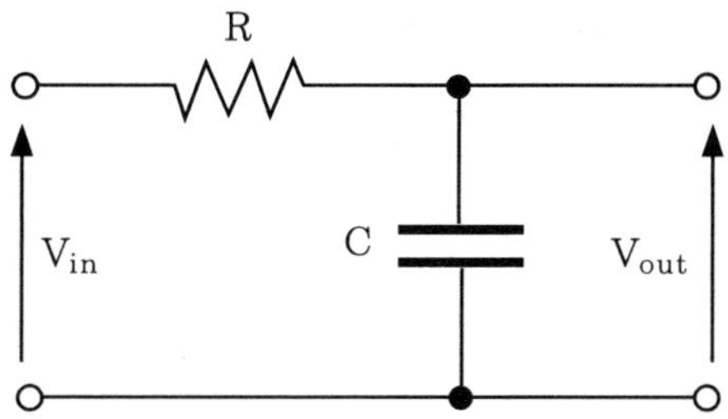

그림 5.53 수동형 1차 LPF

$$\frac{V_{out}}{V_{in}} = \frac{1/sC}{R+1/sC} = \frac{1}{1+sCR} = \frac{1}{1+j\omega RC} \tag{5.80}$$

$$G = |H(j\omega)| = \left|\frac{V_{out}(j\omega)}{V_{in}(j\omega)}\right| = \frac{1}{\sqrt{1+(\omega RC)^2}} \tag{5.81}$$

$$\phi = \measuredangle H(j\omega) = -\tan^{-1}(\omega RC) \tag{5.82}$$

$$f_c = \frac{1}{2\pi}\frac{1}{RC} \tag{5.83}$$

- **수동형 1차 고역통과 필터(passive 1st order high pass filter)**

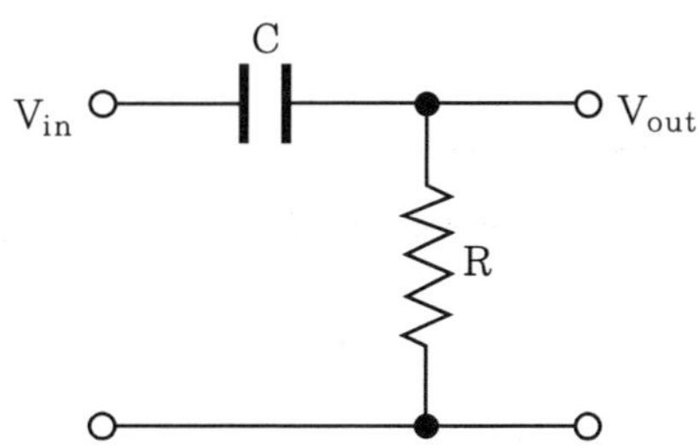

그림 5.54 수동형 1차 HPF

$$\frac{V_{out}}{V_{in}} = \frac{R}{R+1/sC} = \frac{sCR}{1+sCR} = \frac{j\omega RC}{1+j\omega RC} \tag{5.84}$$

$$G = |H(j\omega)| = \left| \frac{V_{out}(j\omega)}{V_{in}(j\omega)} \right| = \frac{\omega RC}{\sqrt{1+(\omega RC)^2}} \tag{5.85}$$

$$\phi = \measuredangle H(j\omega) = \frac{\pi}{2} - \tan^{-1}(\omega RC) \tag{5.86}$$

$$f_c = \frac{1}{2\pi}\frac{1}{RC} \tag{5.87}$$

- 수동형 π 필터

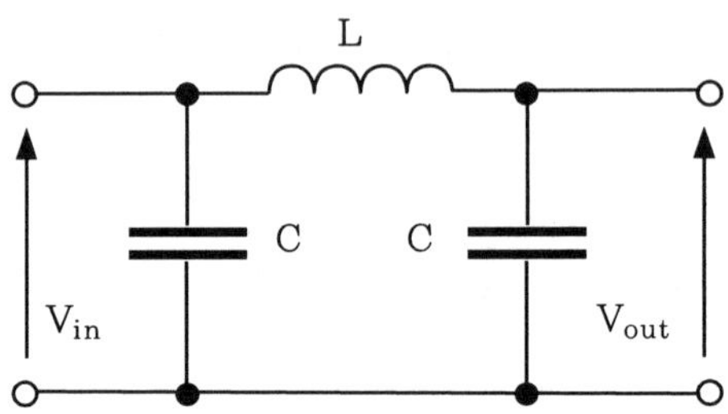

그림 5.55 수동형 저역 통과 π필터

- 수동형 T 필터

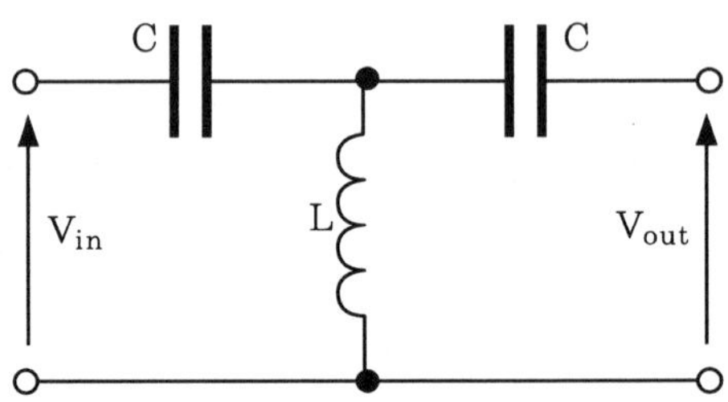

그림 5.56 수동형 고역 통과 T 필터

5.5.2 능동 필터

능동 필터는 수동소자 외에 능동 부품을 활용하기 때문에 외부 전원이 필요하다. 필터에 사용하는 능동소자는 주로 증폭기인데 OP-Amp를 주로 사용한다. 통상적으로 자주 사용하는 필터의 구성은 다음과 같다.

• **능동형 1차 저역통과 필터(active 1st order low pass filter)**

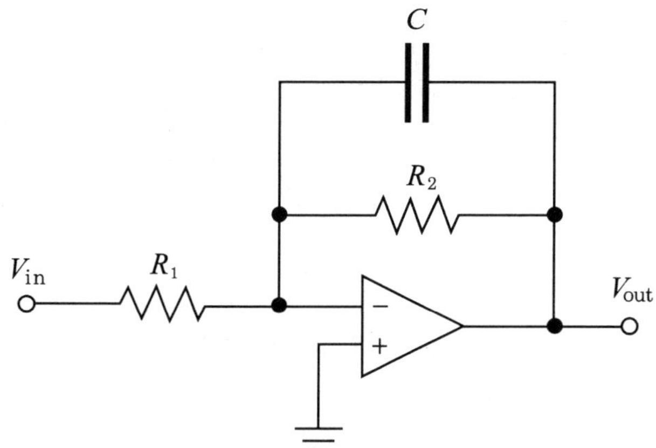

그림 5.57 능동형 1차 LPF

$$f_c = \frac{1}{2\pi}\frac{1}{R_2 C} \tag{5.88}$$

• **능동형 1차 고역통과 필터(active 1st order high pass filter)**

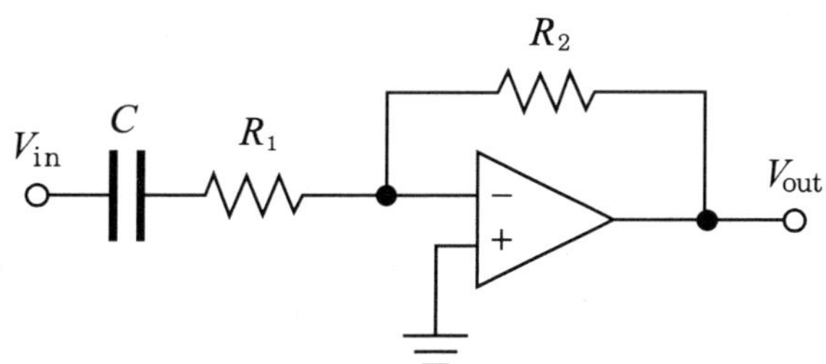

그림 5.58 능동형 1차 HPF

$$f_c = \frac{1}{2\pi}\frac{1}{R_1 C} \tag{5.89}$$

고차수의 능동 필터는 다양한 형태학적인 구성을 갖는 데, 2차 능동 필터 중에서 대표적인 구성이 Sallen-key 구조이다. 이 구성은 OP-Amp.의 비반전 증폭기 구성을 변형한 것으로 입력 임피던스가 크고 출력 임피던스가 낮은 것이 특징이다. 일반적인 Sallen-Key 필터 구성과 입출력특성은 다음과 같다.

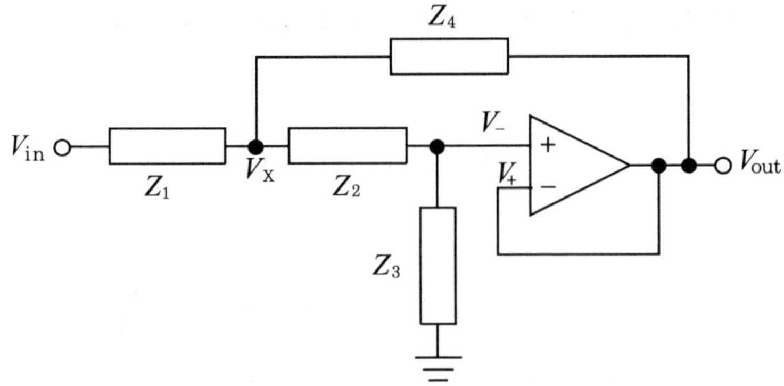

그림 5.59 Sallen-Key 필터 구성

$$V_+ = V_- = V_{out}$$

$$\frac{V_{in} - V_x}{Z_1} = \frac{V_x - V_{out}}{Z_2} + \frac{V_x - V_{out}}{Z_4} = (V_x - V_{out})\left(\frac{Z_2 + Z_4}{Z_2 Z_4}\right)$$

$$\frac{V_x - V_{out}}{Z_2} = \frac{V_{out}}{Z_3}$$

$$V_x = \left(1 + \frac{Z_2}{Z_3}\right) V_{out}$$

$$\frac{V_{in} - V_x}{Z_1} = \frac{V_{in} - \left(1 + \frac{Z_2}{Z_3}\right) V_{out}}{Z_1} = \left(\frac{Z_2}{Z_3} V_{out}\right) \frac{Z_2 + Z_4}{Z_2 Z_4} = \left(\frac{Z_2 + Z_4}{Z_3 Z_4}\right) V_{out}$$

$$V_{in} = \frac{Z_1 Z_2 + Z_1 Z_4 + Z_2 Z_4 + Z_3 Z_4}{Z_3 Z_4} \cdot V_{out}$$

$$\frac{V_{out}}{V_{in}} = \frac{Z_3 Z_4}{Z_1 Z_2 + Z_4 (Z_1 + Z_2 + Z_3)} \tag{5.90}$$

- **능동형 2차 저역통과 필터(active 2nd order low pass filter)**

OP-Amp.는 버퍼 역할을 하는데, 2차 Butterworth 필터를 구성하려면 저항과 커패시터를 조정하면 된다. 전달함수로부터 적절한 주파수범위와 Q를 결정할 수 있는데, 다음 회로의 경우 차단 주파수는 15.9 [kHz], Q는 0.5인 고역통과 필터이다.

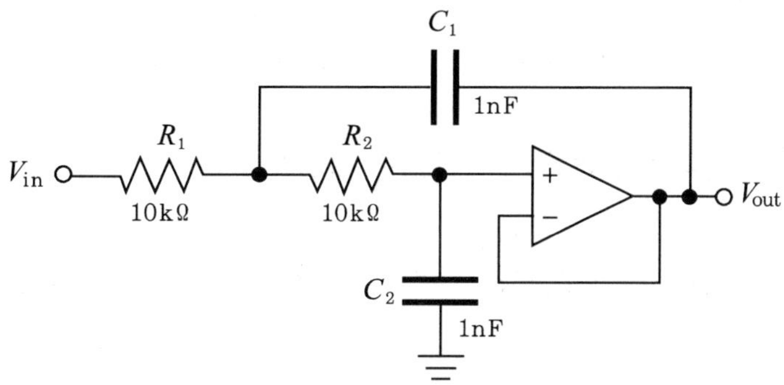

그림 5.60 2차 능동형 저역통과 필터 설계 예($R_1 = R_2 = R$)

$$\frac{V_{out}}{V_{in}} = \frac{\omega_c^2}{s^2 + 2\zeta\omega_c s + \omega_c^2} = \frac{1}{1 + C_2(R_1 + R_2)s + R_1 R_2 C_1 C_2 s^2} \quad (5.91)$$

$$f_c = \frac{1}{2\pi}\frac{1}{\sqrt{R_1 R_2 C_1 C_2}} \quad (5.92)$$

$$2\zeta = \frac{1}{Q} = \frac{\sqrt{R_1 R_2 C_1 C_2}}{C_1}\left(\frac{1}{R_1} + \frac{1}{R_2}\right) \Rightarrow Q = \frac{\sqrt{R_1 R_2 C_1 C_2}}{C_2(R_1 + R_2)} = \frac{1}{2}\sqrt{\frac{C_1}{C_2}} \quad (5.93)$$

- **능동형 2차 고역통과 필터(active 2nd order high pass filter)**

아래 회로의 경우 차단 주파수는 72 [Hz], Q는 0.5인 저역통과 필터이다.

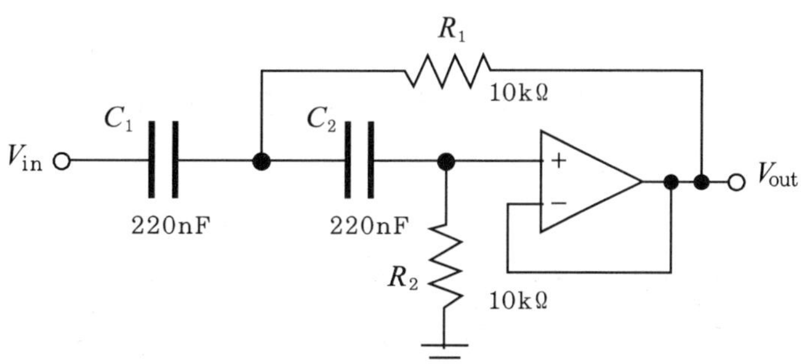

그림 5.61 2차 능동형 고역통과 필터 설계 예($C_1 = C_2 = C$)

$$\frac{V_{out}}{V_{in}} = \frac{s^2}{s^2 + 2\zeta\omega_c s + \omega_c^2} = \frac{R_1 R_2 C_1 C_2 s^2}{1 + R_1(C_1 + C_2)s + R_1 R_2 C_1 C_2 s^2} \tag{5.94}$$

$$f_c = \frac{1}{2\pi}\frac{1}{\sqrt{R_1 R_2 C_1 C_2}} = \frac{1}{2\pi C\sqrt{R_1 R_2}} \tag{5.95}$$

$$2\zeta = \frac{1}{Q} = \frac{R_1(C_1 + C_2)}{\sqrt{R_1 R_2 C_1 C_2}} \Rightarrow Q = \frac{\sqrt{R_1 R_2 C_1 C_2}}{R_1(C_1 + C_2)} = \frac{1}{2}\sqrt{\frac{R_2}{R_1}} \tag{5.96}$$

- **능동형 2차 대역통과 필터(active 2nd order band pass filter)**

아래 회로는 특정대역에서만 입력을 증폭하는 대역통과 필터 구조를 보인 것이다. 전술한 저역통과 필터나 고역통과 필터가 증폭비가 1인것과 달리 부궤환을 통해 전압 이득을 키운 것이 다른 점이다. 대역통과 필터는 중심 주파수와 Q로 정의되는데 입출력특성은 아래와 같다.

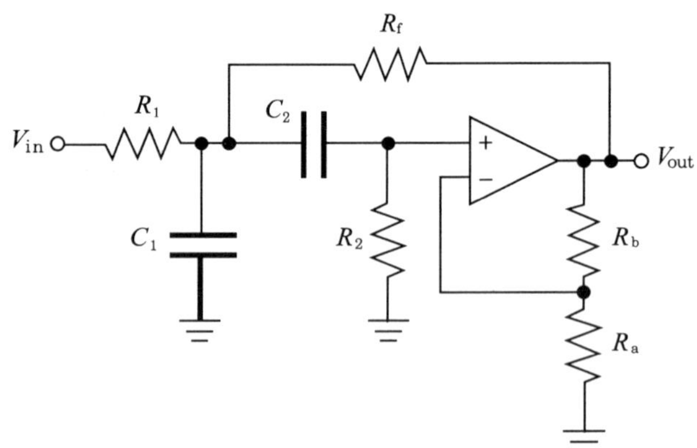

그림 5.62 2차 능동형 대역통과 필터 설계 예

$$\frac{V_{out}}{V_{in}} = \frac{s^2}{s^2 + 2\zeta\omega_c s + \omega_c^2} = \frac{\left(1 + \frac{R_b}{R_a}\right)}{s^2 + \left(\frac{1}{R_1 C_1} + \frac{1}{R_2 C_1} + \frac{1}{R_2 C_2} - \frac{R_b}{R_a R_f C_1}\right)s + \frac{R_1 + R_f}{R_1 R_f R_2 C_1 C_2}} \tag{5.97}$$

$$f_c = \frac{1}{2\pi}\sqrt{\frac{R_1 + R_f}{R_1 R_2 R_f C_1 C_2}} \tag{5.98}$$

$$G = 1 + \frac{R_b}{R_a} \Rightarrow A = \frac{G}{3 - G} \tag{5.99}$$

한편 지금까지 설명한 능동형 저역통과 필터, 고역통과 필터, 대역통과 필터를 하나의 소자에 집적한 것을 상태 변수형 필터(state variable filter), 혹은 능동형 만능 필터(universal active filter)라고 부른다. 주로 하나의 증폭단과 2개의 적분기로 구성되어 있다.

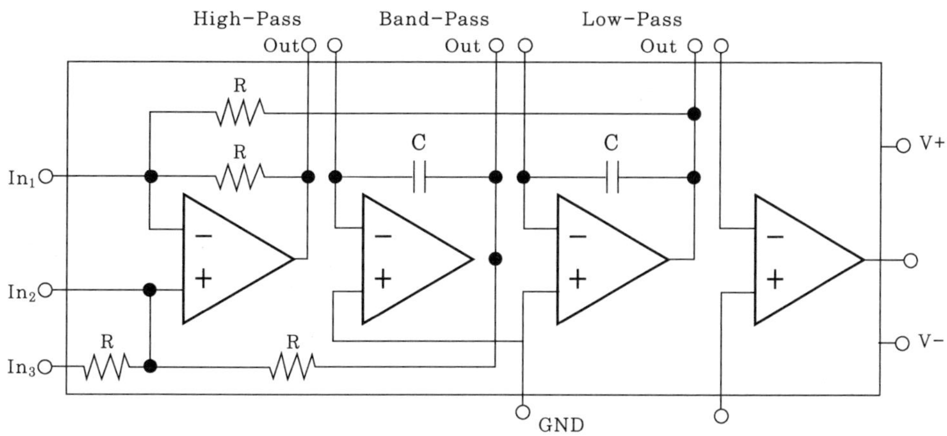

그림 5.63 상태변수형 필터

5.5.3 디지털 필터

지금까지 설명한 아날로그 필터 외에 디지털 필터도 많이 사용하는 데 이 경우는 정밀한 부품을 사용하지 않고도 쉽게 구현할 수 있다는 장점이 있다. 즉 하드웨어의 복잡성을 늘릴 필요없이 소프트웨어적으로 동작하므로 온도나 습도, 시간 등 환경적인 요인에 대해 변동 없이 안정적으로 동작할 수 있다.

디지털 필터는 크게 FIR(Finite Impulse Response) 필터와 IIR(Infinite Impulse Response) 필터로 구분된다. FIR 필터는 비재귀형(nonrecursive) 필터라고 불리며 단위 임펄스 입력에 대해 정상 상태에서 0으로 소멸하는 특성을 가지므로 제한된 주파수 특성을 갖는다. 또한 FIR 필터의 경우 현재와 과거의 입력에 의해서만 결정되는 특성을 갖는다. 한편 IIR 필터는 재귀형(recursive) 필터라고 불리며 단위 임펄스 입력에 대해 무한히 지속되는 특성을 가지며 주파수범위가 제한되지 않는다. IIR 필터는 현재 입력, 과거 입력 그리고 과거 출력으로 결정되며 버터워스(Butterworth), 엘립틱(Elliptic) 필터 등이 대표적인 예이다. IIR 필터는 FIR 필터에 비해 주파수 응답 측면에서는 우수하지만 위상특성이 비선형적이기 때문에 위상특성이 중요한 경우라면 FIR 필터를 사용하는 것이 유리하다.

제6장

아날로그 계측

6.1 저항형 센서

6.2 유도형 센서

6.3 용량형 센서

6.4 광학형 센서

06
아날로그 계측

Sensor, Measurements and Instrumentation Engineering

지금까지 다룬 센서와 계측회로에 관한 내용을 취합해서 실제적으로 센서 출력을 전기적으로 다루는 문제를 살펴본다.

6.1 저항형 센서

6.1.1 가변저항형

흔히 가변저항(potentiometer)으로 불리는 소자는 일종의 저항형 변위 센서로서 가변단에 선형 변위 혹은 각변위가 작용하도록 구성함으로서 물리적인 변위에 의해 저항치가 변하도록 구성되어 있다. 가변저항형 변위 센서의 등가회로는 아래와 같이 직렬저항에 의한 분배로 나타낼 수 있다. 여기서 x는 변위에 연결된 조정 단자에 의해 저항의 실효적인 길이 변화율을 나타낸다. 따라서 계측하고자 하는 저항의 크기는 변위에 따른 길이 변화율에 의해 달라지므로, 입력 전압 V_i에 의한 출력 전압 V_o는 다음과 같이 결정된다.

$$R_x = \rho \frac{xD}{A} \tag{6.1}$$

$$R_{1-x} = \rho \frac{(1-x)D}{A} \tag{6.2}$$

$$R_{total} = R_x + R_{1-x} = \rho \frac{D}{A} \tag{6.3}$$

$$V_o = \frac{R_x}{R_{total}} V_i = x V_i \tag{6.4}$$

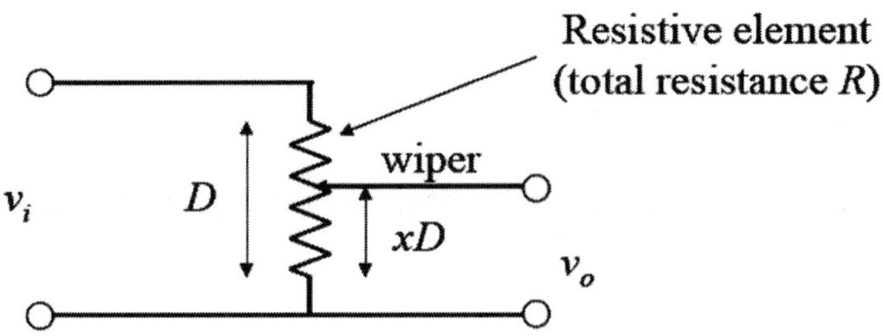

그림 6.1 저항형 센서의 등가회로

가변저항형 변위 센서에서 변위율 x에 비례하는 출력 전압을 얻기 위해선 입력 신호만 가하면 된다. 그러나 실제적으로는 출력단에 신호처리회로나 계측기 등을 연결하기 때문에 이에 의한 비선형성이 추가되는데 이 현상을 부하 효과(loading effect)라고 한다.

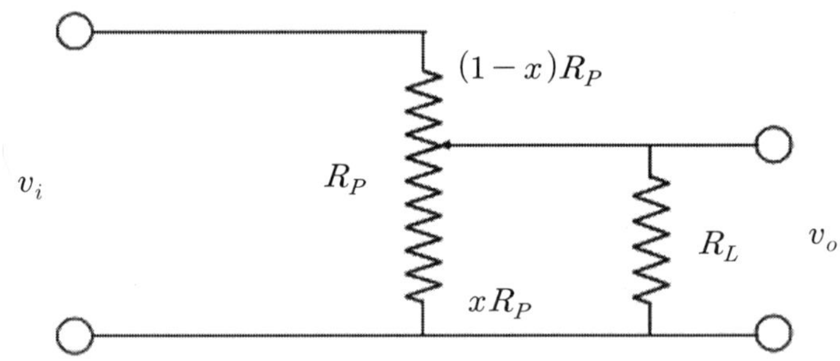

그림 6.2 저항형 전위차계의 부하 효과

이 경우 부하저항 R_L이 센서저항 R_P에 비해 월등히 크다면 출력은 이상적으로 다음과 같이 결정될 것이다.

$$R_L = \alpha R_P \quad \alpha \gg 1 \tag{6.5}$$

$$R_L \cong \infty \Rightarrow V_{out} = x\,V_{in} \tag{6.6}$$

그러나 실제적인 부하저항은 유한한 값이며 이에 의한 출력 오차가 발생한다. 이때의 출력 전압과 부하 효과에 의해 발생하는 절대 오차 및 상대 오차는 다음과 같이 정의할 수 있다.

$$V_{out}=V_{in}\frac{xR_P\|R_L}{(1-x)R_P+xR_P\|R_L}=V_{in}\frac{xR_P\|\alpha R_P}{(1-x)R_P+xR_P\|\alpha R_P}=V_{in}\frac{\frac{x\alpha R_P}{x+\alpha}}{(1-x)R_P+\frac{x\alpha R_P}{x+\alpha}}$$

$$=V_{in}\frac{x\alpha}{(1-x)(x+\alpha)+x\alpha}=V_{in}\frac{x\alpha}{\alpha+x(1-x)} \tag{6.7}$$

$$error_{absolute}=ideal\ value-measured\ value=x\,V_{in}-V_{out}=\frac{x^2(1-x)}{\alpha+x(1-x)}V_{in} \tag{6.8}$$

$$error_{relative}=\frac{ideal\ value-measured\ value}{ideal\ value}=\frac{error_{absolute}}{x\,V_{in}}=\frac{x(1-x)}{\alpha+x(1-x)} \tag{6.9}$$

위 식에서 살펴보면 상대 오차는 $x=0$일 때와 $x=1$일 때는 없지만 중간 영역에서는 최대치가 되는 점이 존재함을 알 수 있다. 최대 오차는 x에 대한 오차의 미분치가 0이 되는 점을 찾으면 구할 수 있다.

$$\frac{d}{dx}error_{relative}=\frac{d}{dx}\left(\frac{x(1-x)}{\alpha+x(1-x)}\right)=0$$

$$(\alpha+x(1-x))(1-2x)-x(1-x)(1-2x)=\alpha(1-2x)=0$$

$$error_{relative}|_{\max}=error_{relative}|_{x=0.5}=\frac{0.25}{\alpha+0.25}=\frac{1}{4\alpha+1} \tag{6.10}$$

즉 부하 효과에 의한 최대 상대 오차 발생 위치는 α에 무관하게 $x=0.5$일 때 대칭적으로 발생하는 것을 알 수 있다. 또한 상대 오차의 최대치는 α가 커질수록 즉 부하저항 R_L이 증가할수록 감소한다.

한편 비선형성은 전체 출력범위에 대한 절대 오차의 비율로 나타내므로 $0<x<1$인 구간 내에서 절대 오차가 최대가 되는 점을 찾으면 된다. 앞에서 구한 상대 오차와 같은 방법으로 구할 수도 있지만 대부분의 경우 α가 충분히 크기 때문에 다음과 같이 근사적으로 계산할 수 있다.

$$error_{absolute} = \frac{x^2(1-x)}{\alpha + x(1-x)} V_{in} \cong \frac{x^2(1-x)}{\alpha} V_{in} \tag{6.11}$$

$$\frac{d}{dx} error_{absolute} = \frac{d}{dx}\left(\frac{x^2(1-x)}{\alpha} V_{in}\right) = 0$$

$$2x - 3x^2 = x(2-3x) = 0$$

$$error_{absolute}|_{\max} = error_{absolute}|_{x=2/3} = \frac{V_{in}}{\alpha} \cdot \frac{4}{9} \cdot \frac{1}{3} \cong \frac{0.15}{\alpha} \cdot V_{in} \tag{6.12}$$

$$Nonlinearity[\%FS] = \frac{error_{absolute}|_{\max}}{FS} = \frac{error_{absolute}|_{x=2/3}}{V_{in}} = \frac{0.15}{\alpha} \tag{6.13}$$

즉 $\alpha = 10$일 때 비선형성은 약 1.5 %가 되므로 비선형성을 줄이기 위해선 부하저항이 커야 한다. 부하저항에 따라 상대 오차와 절대 오차의 변화를 변위율 x에 대해 그려보면 아래와 같다.

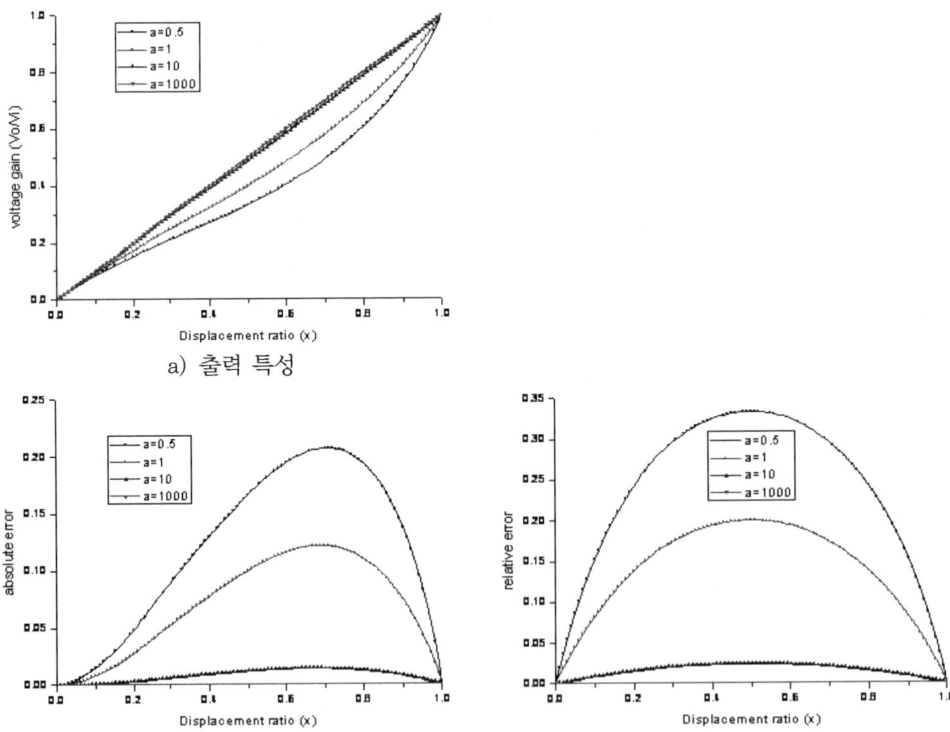

a) 출력 특성

b) 절대 오차

c) 상대 오차

그림 6.3 부하 효과에 의한 절대 오차와 상대 오차 발생량

이러한 비선형성을 보상하기 위한 방법으로 보상저항(compensation resistor) 을 연결하거나 종단저항(end resistor)을 사용하는 방식이 있다. 먼저 보상저항 방식은 부하저항(R_L)의 반대편에 이와 동일한 크기의 보상저항($R_C = R_L$)을 연결하는 것으로 부하저항에 의한 출력 전압이 감소하는 것을 어느 정도 상쇄시켜줄 수 있다. 이는 비선형성이 최대 절대 오차에 의해서 결정되므로 $x = 2/3$ 지점에서 발생하는 최대 절대 오차를 전체 영역에 걸쳐 분배하는 역할을 한다.

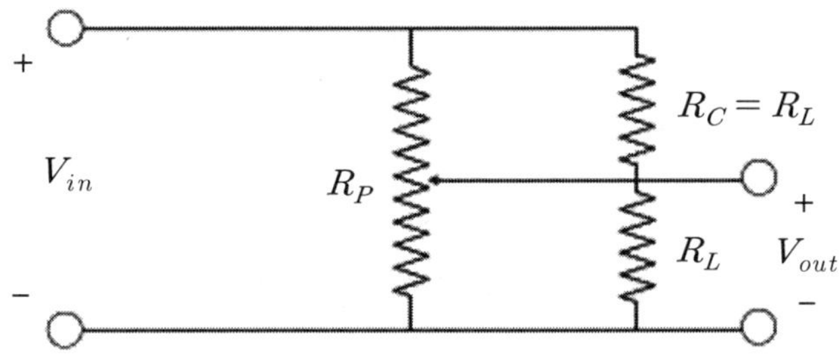

그림 6.4 비선형성 개선을 위한 보상저항

$$V_{out} = V_{in}\frac{xR_P \| R_L}{(1-x)R_P \| R_L + xR_P \| R_L} = V_{in}\frac{xR_P \| \alpha R_P}{(1-x)R_P \| \alpha R_P + xR_P \| \alpha R_P}$$

$$= V_{in}\frac{\frac{x}{x+\alpha}}{\frac{1-x}{1-x+\alpha}+\frac{x}{x+\alpha}} = V_{in}\frac{x(1-x+\alpha)}{(1-x)(x+\alpha)+x(1-x+\alpha)} = \frac{x^2-x-\alpha x}{2x^2-2x-\alpha}V_{in} \tag{6.14}$$

$$error_{absolute} = ideal\ value - measured\ value = x\,V_{in} - V_{out} = \frac{2x^3-3x^2+x}{2x^2-2x-\alpha}V_{in} \tag{6.15}$$

$$error_{relative} = \frac{ideal\ value - measured\ value}{ideal\ value} = \frac{error_{absolute}}{x\,V_{in}} = \frac{2x^2-3x+1}{2x^2-2x-\alpha} \tag{6.16}$$

다음 그림은 보상저항연결에 의해 최대 절대 오차가 줄어든 정도를 보인 것이다. 부하저항 크기와 무관하게 절대 오차가 0이 되는 입력 조건이 보상저항이 없을 때는 $x = 0, x = 1$일 때이지만 보상저항이 연결되면 $x = 0$, $x = 0.5$, $x = 1$으로 바뀌기 때문에 절대 오차의 분포가 달라진다. 결국 다음 그림처럼 부하저항이 작은 경우에도 절대 오차의 최대치는 소폭 감소하는 것을 알 수 있다.

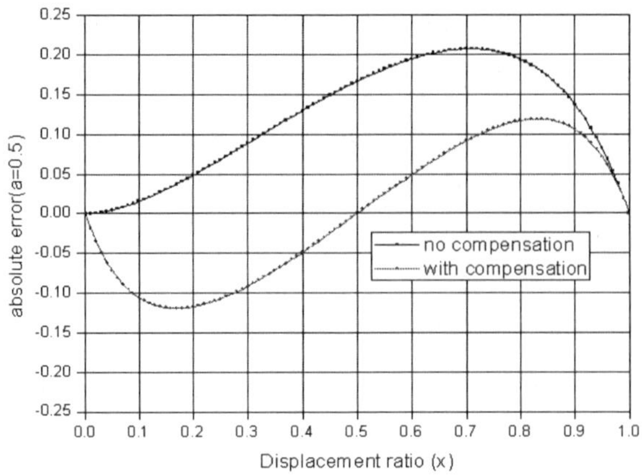

그림 6.5 보상저항에 의한 절대 오차 감소 효과

한편 비선형성 개선을 위한 또 다른 방법은 종단저항을 연결하는 것이다. 이는 저항의 사용범위를 제한함으로서 오차를 감소시키는 역할을 하는데, 이렇게 하면 입력범위도 동시에 줄어 전위차계의 실효적인 분해능도 함께 감소한다. 또한 출력 전압의 크기도 함께 줄어들게 되므로 후단에서 증폭을 해야 한다. 종단저항에 의한 보상방법은 상대적으로 정밀도에 비해 선형성이 중요한 분야에 주로 사용한다.

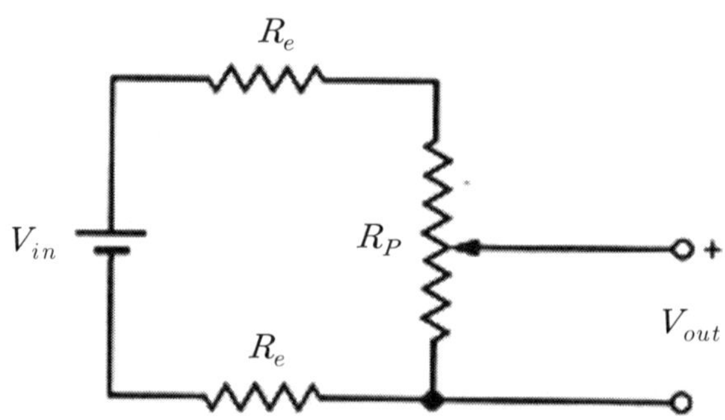

그림 6.6 비선형성 개선을 위한 종단저항

$$V_{out} = V_{in}\frac{xR_P\|R_L}{2R_e + (1-x)R_P + xR_P\|R_L} \tag{6.17}$$

6.1.2 전위차계

가변저항형 센서에서 저항 변화가 극히 작은 경우를 살펴보자. 이때는 입력 물리량에 의한 저항 변화가 매우 작기 때문에 신호 조정 회로의 역할이 매우 중요하다. 여기서 R_S는 전체 센서저항의 크기, R_o는 입력 변화가 없을 때의 초기 저항치, ΔR은 저항 변화량을 나타내고, x는 저항변화율로 매우 작은 값이기 때문에 통상 ppm 단위로 표시한다.

$$R_S = R_o + \Delta R = R_o(1+x) \tag{6.18}$$

전위차계형 저항 센서는 구조적으로 가변 저항형과 유사하게 등가회로로 표현할 수 있으며, 출력 신호는 입력 전압을 분배하는 방식으로 형성된다. 센서 출력 전압은 다음과 같이 구할 수 있다.

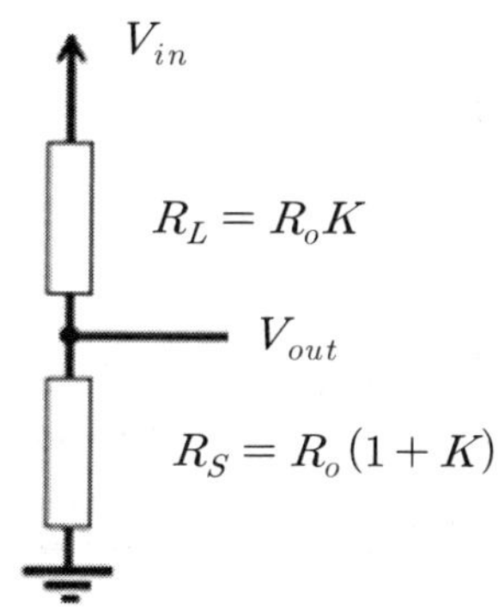

그림 6.7 전위차계형 센서

전압 분배회로를 구성하는 부하저항 R_L에 따라 출력 전압의 크기가 달라지기 때문에 $R_L = kR_o$로 놓고 출력 전압(V_{out})과 감도(S)를 구해 보면 다음과 같다.

$$V_{out} = V_{in}\frac{R_S}{R_S+R_L} = \frac{R_o(1+x)}{R_o(1+x)+kR_o}V_{in} = \frac{1+x}{1+x+k}V_{in} \tag{6.19}$$

$$S = \frac{d}{dx}V_{out} = \frac{d}{dx}\left(\frac{1+x}{1+x+k}V_{in}\right) = \frac{(1+x+k)-(1+x)}{(1+x+k)^2}V_{in} = \frac{k}{(1+x+k)^2}V_{in} \tag{6.20}$$

감도가 최대가 되는 R_L을 구하기 위해 감도를 k에 대해 미분한 결과가 0이 되는 점을 찾아보면 다음과 같다.

$$\frac{dS}{dk} = \frac{d}{dk}\left(\frac{k}{(1+x+k)^2}V_{in}\right) = 0$$

$$\Rightarrow \frac{(1+x+k)^2 - 2k(1+x+k)}{(1+x+k)^4} = \frac{(1+x+k)(1+x-k)}{(1+x+k)^4} = \frac{1+x-k}{(1+x+k)^3} = 0$$

$$\Rightarrow k = 1 + x \cong 1$$

$$S|_{\max} = S|_{k \cong 1} = \frac{1}{(2+x)^2}V_{in} \cong \frac{1}{4}V_{in} \tag{6.21}$$

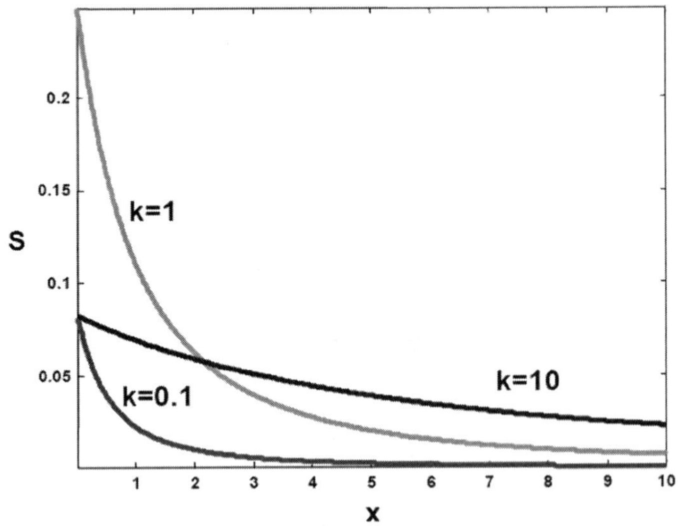

그림 6.8 부하저항 크기에 따른 감도의 변화

결국 부하저항과 센서 초기저항이 같을 때 감도가 최대가 되는 것을 알 수 있다. 최대 감도 조건에서 출력 전압은 아래와 같이 결정된다.

$$V_{out} = V_o + \Delta V_o = \frac{1+x}{1+x+k}V_{in} = \frac{1+x}{2+x}V_{in} = \frac{1}{2}\frac{1+x}{1+x/2}V_{in} = \frac{1}{2}(1+x)\left(1-\frac{x}{2}\right)V_{in}$$

$$\cong \frac{1}{2}\left(1+\frac{x}{2}\right)V_{in} = \frac{1}{2}V_{in} + \frac{x}{4}V_{in}\frac{V_{in}}{4}x \tag{6.22}$$

즉 출력 전압은 입력의 중간을 기점으로 변형량 x에 비례하는 형식으로 동작한다. 다음 그래프에서 볼 수 있듯이 전위차계 방식 자체는 비선형적이지만 변형량이 작은 입력 범위에 대해선 선형적인 특성을 보인다.

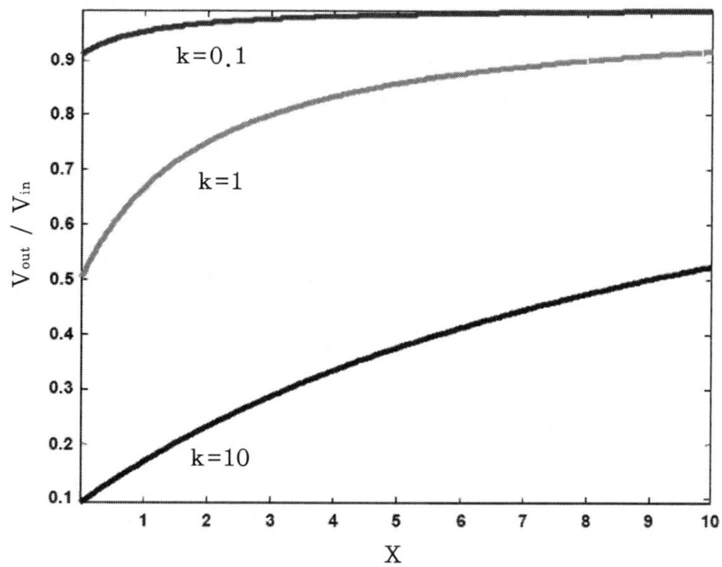

그림 6.9 부하저항 크기에 따른 출력 전압의 변화

6.1.3 스트레인 게이지

스트레인 게이지도 전위차계형 센서의 일종으로 전술한 저항분배기 형식으로 검출한다. 스트레인 게이지의 감도는 극히 낮기 때문에 미세한 저항 변화를 검출하기 위해 일반적인 전압 분배회로 대신 때문에 저항성 휘트스톤 브리지(Wheatstone bridge)회로를 주로 사용한다. 휘트스톤 브리지는 아래와 같이 4개의 저항을 배치하여 사용하는데 목적에 따라 평형형과 불평형형으로 나눈다.

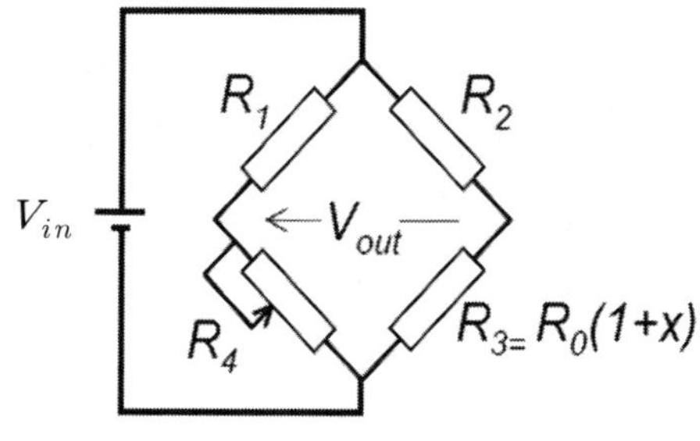

그림 6.10 휘트스톤 브리지 회로

먼저 평형 브리지 회로의 경우 미지의 저항을 계산할 때 주로 사용하는 방식이다. 예를 들어 R_3만 모르는 상태에서 R_4를 조정하여 출력 전압이 0이 되었다면 4개의 저항 사이에는 일정한 관계가 성립하므로 이를 파악할 수 있다. 이는 입력 전압 V_{in}에 무관하게 작동하므로 전원 변동이 있더라도 안정적인 동작을 보장할 수 있다.

$$V_{out} = V_3 - V_4 = \left(\frac{R_3}{R_2+R_3} - \frac{R_4}{R_1+R_4}\right)V_{in} = 0$$

$$\Rightarrow R_1R_3 = R_2R_4$$

$$\Rightarrow R_3 = \frac{R_2}{R_1}R_4 \qquad (6.23)$$

한편 불평형 브리지는 센서 출력을 검출할 때 주로 사용하는 방식이다. 이 경우에도 기본적으로 평형 조건 부근에서 작동하다가 센서저항의 변화가 발생하면 미세한 출력 전압의 차이를 증폭해서 검출한다. 평형 조건 부근에서 작동하려면 4개의 저항 사이에 일정한 비율이 존재해야 하므로 다음 관계가 성립한다.

$$R_S = R_o + \Delta R = R_o(1+x)$$

$$V_{out} \cong 0$$

$$\Rightarrow \frac{R_1}{R_4} \cong \frac{R_2}{R_3} = \frac{R_2}{R_o(1+x)} \cong \frac{R_2}{R_o} = k \qquad (6.24)$$

여기서 저항 변화율 x에 의한 출력 전압과 감도는 다음과 같다.

$$V_{out} = \left(\frac{R_3}{R_2+R_3} - \frac{R_4}{R_1+R_4}\right)V_{in} = \left(\frac{(1+x)R_o}{kR_o+(1+x)R_o} - \frac{R_4}{kR_4+R_4}\right)V_{in}$$

$$= \left(\frac{1+x}{1+x+k} - \frac{1}{1+k}\right)V_{in} = \frac{kx}{(1+x+k)(1+k)}V_{in} \qquad (6.25)$$

$$S = \frac{d}{dx}V_{out} = V_{in}\frac{(1+x+k)k - kx}{(1+x+k)^2(1+k)}$$

$$= \frac{(1+k)k}{(1+x+k)^2(1+k)}V_{in} = \frac{k}{(1+x+k)^2}V_{in} \qquad (6.26)$$

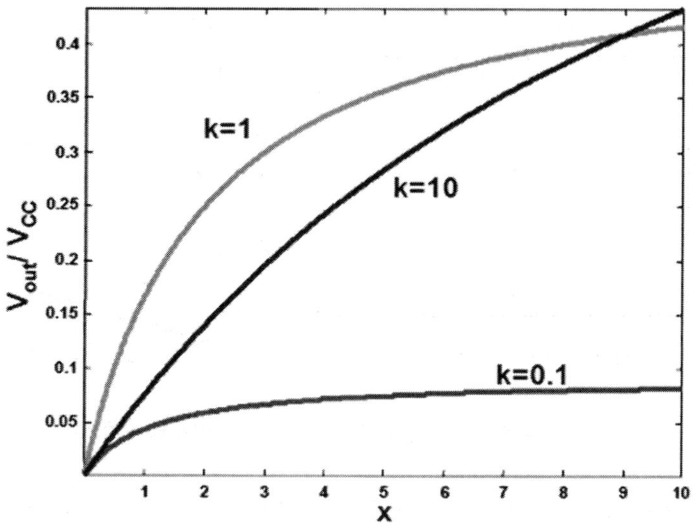

그림 6.11 저항 크기 비에 따른 출력 전압 및 감도의 변화

결국 이러한 구성에서 센서의 출력 감도는 전위차계의 경우와 동일함을 알 수 있다. 따라서 감도 S가 최대가 되는 조건도 동일하게 $k=1$일 때이다.

$$\frac{dS}{dk}=\frac{d}{dk}\left(\frac{k}{(1+x+k)^2}V_{in}\right)=0$$

$$\Rightarrow \frac{(1+x+k)^2-2k(1+x+k)}{(1+x+k)^4}=\frac{(1+x+k)(1+x-k)}{(1+x+k)^4}=\frac{1+x-k}{(1+x+k)^3}=0$$

$$\Rightarrow k=1+x\cong 1$$

$$S|_{\max}=S|_{k\cong 1}=\frac{1}{(2+x)^2}V_{in}\cong\frac{1}{4}V_{in} \tag{6.27}$$

그렇다면 휘트스톤 브리지 방식이 일반적인 전위차계형과 다른 점은 무엇인가? 앞에서 출력 전압을 살펴보면 전압분배기에 비해 오프셋(offset)이 없음을 알 수 있다. 결국 휘트스톤 브리지는 동일한 감도로 오프셋만 제거할 수 있는 장점이 있는데 이는 특히 센서 출력이 매우 작을 때 유용한 특성이다. 즉 작은 출력을 증폭하게 되면 오프셋도 함께 증폭되기 때문에 출력이 쉽게 포화되는 반면 휘트스톤 브리지는 출력 자체가 0을 기준으로 변하기 때문에 상대적으로 큰 증폭이 가능하다. 다음은 이 두가지 경우에 대해 저항 변화율이 작은 범위에서 입력 전원에 대한 출력 전압의 변화 경향을 보인 것이다.

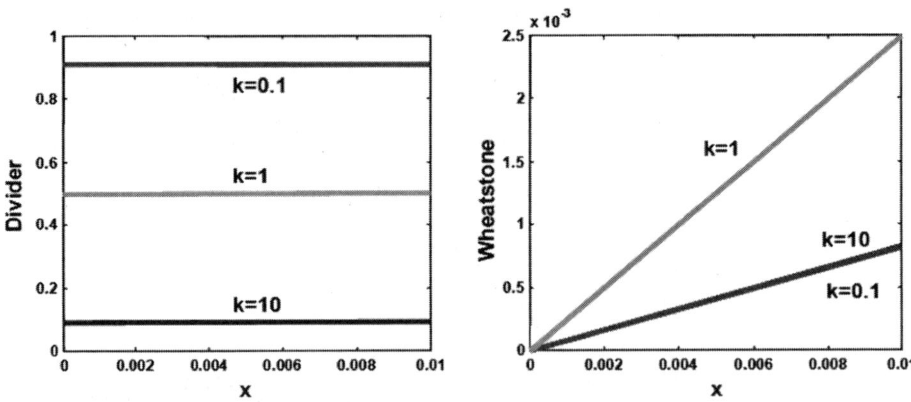

그림 6.12 전압분배기와 휘트스톤 브리지의 출력특성 비교

저항 자체는 온도에 따라 특성이 달라지지만 저항성 분배기의 경우 저항 분압비에 의해 출력이 결정되므로 온도에 의한 저항 변화가 크지 않다. 이를 위해선 동일한 물성을 갖는 저항으로 구성해야 하는데 휘트스톤 브리지 구성에서도 온도특성을 안정화하기 위해선 센서용 저항과 고정저항을 동일한 물성으로 구성하는 것이 중요하다. 예를 들어 인장력에 의한 저항 변화를 검출하는 센서 시스템을 구성한다고 할 때 아래와 같이 브리지의 한쪽에 동일한 재질로 구성하면 이런 조건을 충족할 수 있다. 이때 온도 변화에 의한 저항 변화율을 y라고 한다면 각각의 저항 변화가 있더라도 전체 출력에서 이 영향은 상쇄된다.

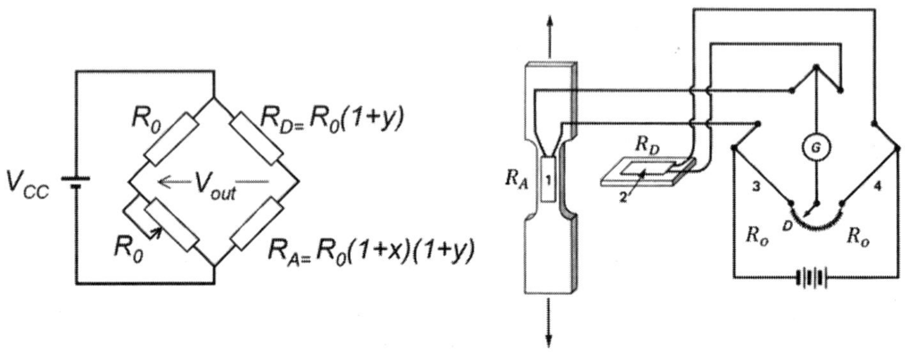

그림 6.13 휘트스톤 브리지에서의 온도 보상 구성

$$V_{out}=\left(\frac{R_A}{R_D+R_A}-\frac{R_o}{2R_o}\right)V_{in}=\left(\frac{(1+x)(1+y)R_o}{(1+y)R_o+(1+x)(1+y)R_o}-\frac{1}{2}\right)V_{in}$$

$$=\left(\frac{1+x}{2+x}-\frac{1}{2}\right)V_{in}=\frac{x}{2(x+2)}V_{in}\cong\frac{x}{4(1+x/2)}V_{in}=\frac{x}{4}\left(1-\frac{x}{2}\right)V_{in}\cong\frac{V_{in}}{4}\cdot x \tag{6.28}$$

$$x=\frac{\Delta R}{R}=GF\cdot\epsilon \tag{6.29}$$

$$V_{out}=\frac{1}{4}\frac{\Delta R}{R_o}V_{in}=\frac{1}{4}GF\cdot\epsilon\cdot V_{in} \tag{6.30}$$

한편 앞에서 설명한 구조는 휘트스톤 브리지의 4개 소자 중 하나만 센서 요소로 사용한 것으로 쿼터 브리지(quarter bridge)라고 부른다. 이에 비해 센서요소 2개를 동시에 활용하는 방식을 하프 브리지(half bridge)라고 한다. 이 방식은 동일한 특성을 갖는 스트레인 게이지 2개를 브리지의 출력단에 대칭적으로 연결하면 된다. 일반적으로 스트레인 게이지는 배치 방향에 따라 감도가 달라지므로 고정형은 동작 축에 직교하게 부착하면 온도 보상 효과를 동시에 얻을 수 있다.

$$V_{out}=\left(\frac{R_A}{R_D+R_A}-\frac{R_D}{R_D+R_A}\right)V_{in}=\frac{R_A-R_D}{R_D+R_A}V_{in}=\frac{(1+x)(1+y)R_o-(1+y)R_o}{(1+y)R_o+(1+x)(1+y)R_o}V_{in}$$

$$=\frac{x}{2+x}V_{in}=\frac{x}{2(1+x/2)}V_{in}\cong\frac{x}{2}\left(1-\frac{x}{2}\right)V_{in}\cong\frac{V_{in}}{2}\cdot x=\frac{V_{in}}{2}\cdot\frac{\Delta R}{R_o}$$

$$=\frac{V_{in}}{2}GF\cdot\epsilon \tag{6.31}$$

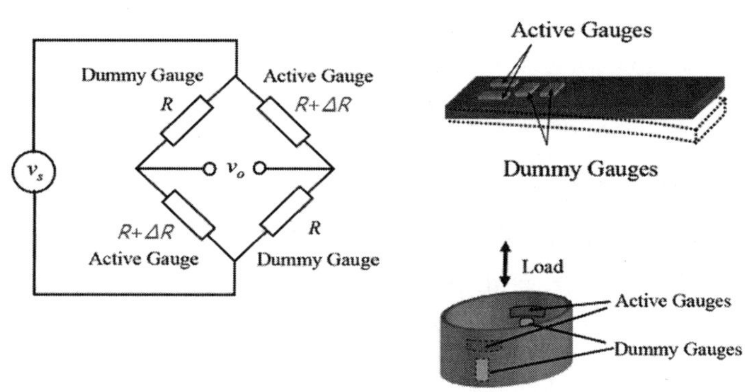

그림 6.14 하프 브리지 구성

한편 스트레인 게이지는 응력의 방향에 따라 출력의 극성이 달라지므로 동일 입력에 대해 저항이 증가하거나 혹은 감소하는 센서저항을 한번에 구현할 수 있다. 이 경우 증가하는 저항을 R_{A+}, 감소하는 저항을 R_{A-}라고 한다면 4개의 센서저항을 휘트스톤 브리지에 연결할 수 있다. 이 구성을 풀 브리지(full bridge)라 하는데 아래에서 알 수 있듯이 가장 감도가 높은 방식이다.

$$
\begin{aligned}
V_{out} &= \left(\frac{R_{A+}}{R_{A+} + R_{A-}} - \frac{R_{A-}}{R_{A+} + R_{A-}} \right) V_{in} \\
&= \frac{R_{A+} - R_{A-}}{R_{A+} + R_{A-}} V_{in} = \frac{(1+x)R_o - (1-x)R_o}{(1+x)R_o + (1-x)R_o} V_{in} \\
&= V_{in} \cdot x = V_{in} \cdot \frac{\Delta R}{R_o} = V_{in} \cdot GF \cdot \epsilon
\end{aligned}
\tag{6.32}
$$

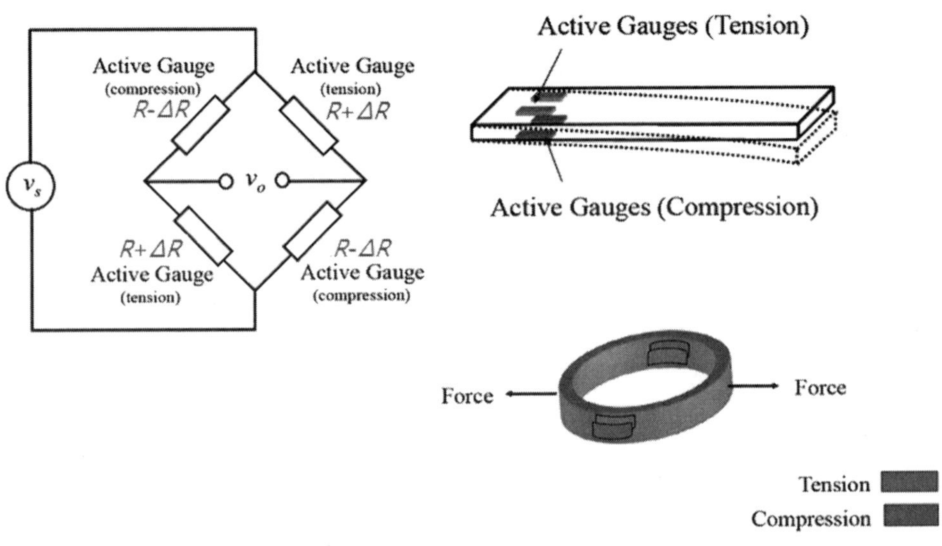

그림 6.15 풀 브리지 구성

풀 브리지 회로가 가장 감도가 높지만 통상 스트레인의 크기가 작고 게이지 상수도 낮은 값이기 때문에 출력 전압이 미약하다. 따라서 후단에서 증폭을 해야 하는데 증폭기를 연결한다는 것은 휘트스톤 브리지에 추가적인 부하가 연결되는 것이므로 부하 효과를 고려할 필요가 있다. 이를 위해 휘트스톤 브리지에 부하저항이 연결된 것을 테브난 등가회로로 나타내면 다음과 같다.

$$V_{TH} = V_{out} = V_{in}\left(\frac{R_3}{R_1+R_3} - \frac{R_4}{R_2+R_4}\right) \tag{6.33}$$

$$R_{TH} = R_1 \| R_3 + R_2 \| R_4 = \frac{R_1 R_3}{R_1+R_3} + \frac{R_1 R_3}{R_1+R_3} \tag{6.34}$$

$$V_L = \frac{R_L}{R_{TH}+R_L} V_{TH} \tag{6.35}$$

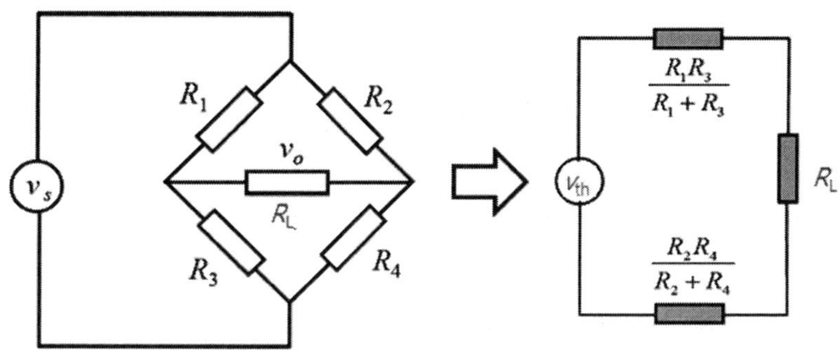

그림 6.16 휘트스톤 브리지의 부하 효과를 고려한 테브난 등가회로

풀 브리지 구성일 경우 출력을 증폭하기 위해 아래와 같이 OP-Amp 차동 증폭단을 연결하면 출력 신호만 효과적으로 증폭할 수 있다

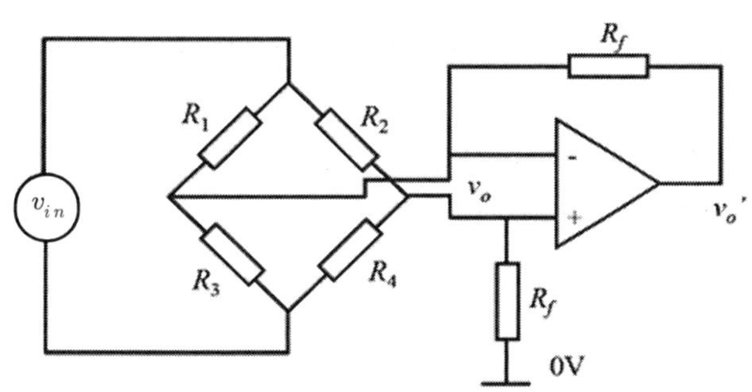

그림 6.17 풀 브리지 증폭회로

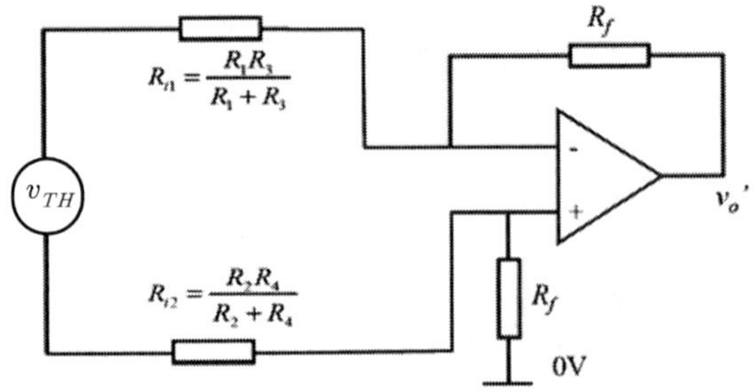

그림 6.18 풀 브리지 증폭회로의 등가회로

$$V_{TH} = V_{out} = V_{in}\left(\frac{R_3}{R_1 + R_3} - \frac{R_4}{R_2 + R_4}\right) = V_{in} \cdot GF \cdot \epsilon \quad (6.36)$$

$$R_{TH} = \frac{R_1 R_3}{R_1 + R_3} + \frac{R_1 R_3}{R_1 + R_3} = R_o(1 + x)(1 - x) \cong R_o \quad (6.37)$$

$$R_{i1} = R_{i2} = \frac{1}{2} R_{TH} = \frac{1}{2} R_o \quad (6.38)$$

$$V_{amp} = -\frac{R_f}{R_{i1}} V_{TH} = -\frac{R_f}{R_{i1}} V_{in} \cdot x = -\frac{2R_f}{R_o} V_{in} \cdot x = -\frac{2R_f}{R_o} V_{in} \cdot GF \cdot \epsilon \quad (6.39)$$

6.1.4 정전류원 방식

한편 RTD(Resistance Temperature Detector)나 서미스터(thermistor)와 같은 저항형 온도 센서의 경우 주로 정전류원을 이용하여 저항 변화를 측정한다. 정전류원을 이용하면 저항형 온도 센서 자체의 발열을 전류 크기로 제어할 수 있기 때문에 오차를 최소화할 수 있다. 정전류원은 트랜지스터나 OP-Amp 같은 능동소자를 이용하면 쉽게 구현이 가능하다.

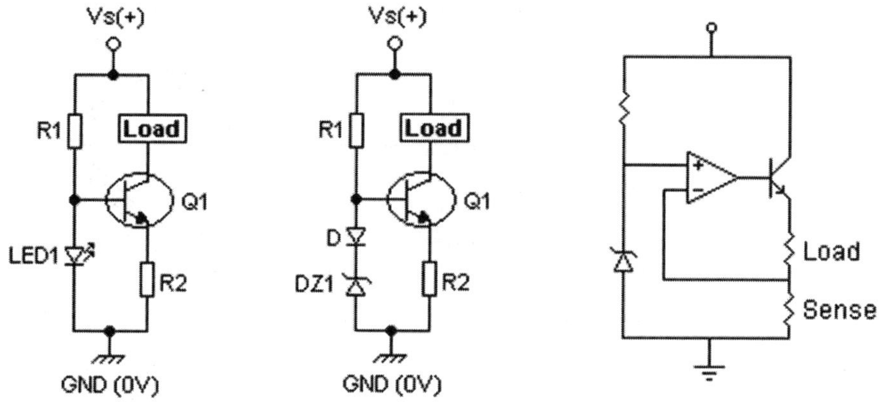

그림 6.19 정전류원 구성

저항형 온도 센서의 경우 측정 위치까지 결선이 길 경우 배선의 저항이 1 ~ 2 [Ω]이 될 수 있다. 그런데 온도 센서의 감도가 서미스터의 경우 100 [Ω/℃], RTD의 경우 0.4 [Ω/℃] 정도의 수준이므로 배선저항의 영향을 무시할 수 없다.이 경우 배선저항이 오차로 작용하게 되므로 이를 최소화하기 위해선 4단자 결선을 이용하는 것이 유리하다.

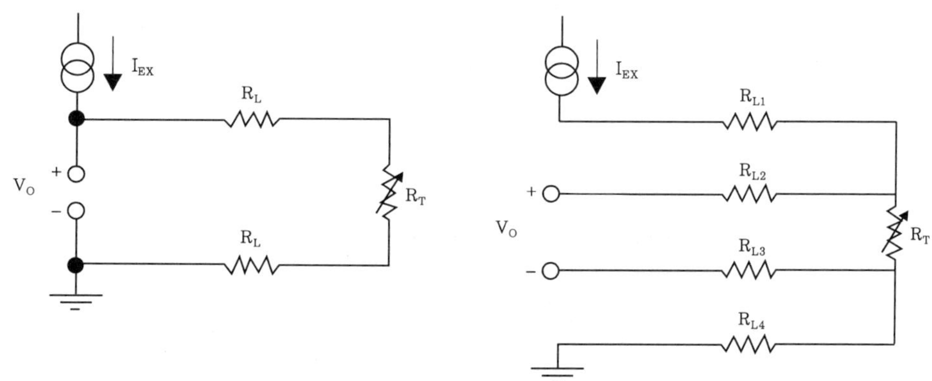

그림 6.20 저항형 센서의 정전류원 결선 방식

한편 이 원리는 전압분배 방식에도 적용할 수 있다. 즉 다음과 같이 RTD를 2개의 긴 배선으로 쿼터 브리지에 연결하는 경우 배선저항이 측정 오차에 직접 반영되는 반면, 배선을 하나 추가하면 오차를 상쇄시킬 수 있다.

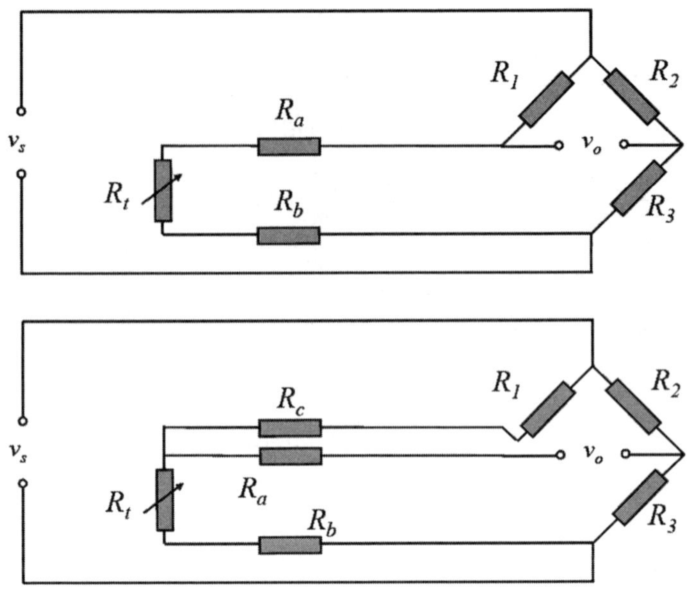

그림 6.21 저항형 센서의 2단자 배선과 3단자 배선 구조

그러나 이는 배선의 저항이 완벽히 동일할 경우이고 만일 그렇지 않다면 여전히 오차가 발생한다. 이를 해결하기 위해선 아래와 같이 4단자 배선을 사용하는 것이 좋다.

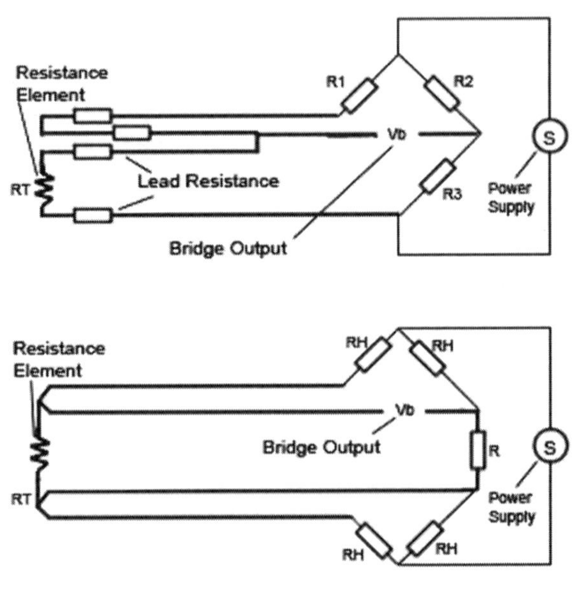

그림 6.22 저항형 센서의 4단자 배선 구조

6.2 유도형 센서

유도형 센서는 주로 선형 변위 혹은 각변위 검출에 사용하며 가변저항형 변위계와 달리 전자기 유도(electromagnetic induction) 방식을 사용한다. 대표적으로 LVDT(Linear Variable Differential Transforemer)와 리졸버(Resolver)를 들 수 있다.

6.2.1 LVDT

유도형 변위 센서는 강자성 물질이 2개의 코일 사이에서 움직일 수 있도록 구성한 센서이다. 결국 자성체의 변위에 따라 2개 코일의 자기저항이 달라지므로 인덕턴스의 변화로부터 변위를 검출할 수 있다.

기본적인 유도형 변위 센서는 LDT(Linear Displacement Transducer)를 들 수 있으며 센서 출력은 교류 입력을 가한 상태에서 유도 전압의 차이를 측정하면 된다. 즉 아래 브리지회로에서 보인 바와 같이 변위와 연결된 자성체가 정중앙에 있다면 두 코일의 인덕턴스가 동일하기 때문에 평형상태에 놓이게 되고 이때의 출력 전압은 0이 될 것이다. 반대로 변위가 발생하면 인덕턴스의 차이에 의해 평형이 깨지게 되고 인덕턴스에 비례하는 전압이 형성된다.

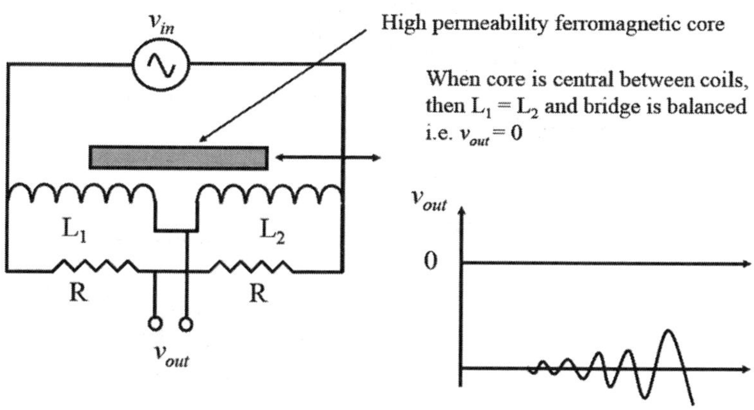

그림 6.23 LDT 브리지회로

LVDT는 LDT를 변형한 것으로 하나의 1차 코일과 2차 코일 2개로 구성되어 있다. 동작은 강자성체가 움직일 때 이들 사이에 발생하는 상호 인덕턴스(mutual inductance)의 변화를 검출하는 원리이다. LVDT 신호를 검출하기 위해 1차 코일에 일정한 진폭의 정현 신호를 인가하면 2개의 2차 코일에 유도되는 전압의 크기가 강자성체의 위치에 따라 달라진다.

아래는 LVDT 검출회로를 보인 것으로 2개의 2차 코일의 전압 차이를 사용한다. 만일 자성체 위치가 정중앙이면 2차 코일에 유기되는 전압 진폭이 동일할 것이므로 전압차이가 없지만, 중앙에서 벗어나면 2차 코일 중 하나는 전압이 증가하고 나머지는 감소하게 된다. 이 출력 전압의 차이를 차동 증폭하면 출력 신호의 진폭이 변위에 비례하게 된다.

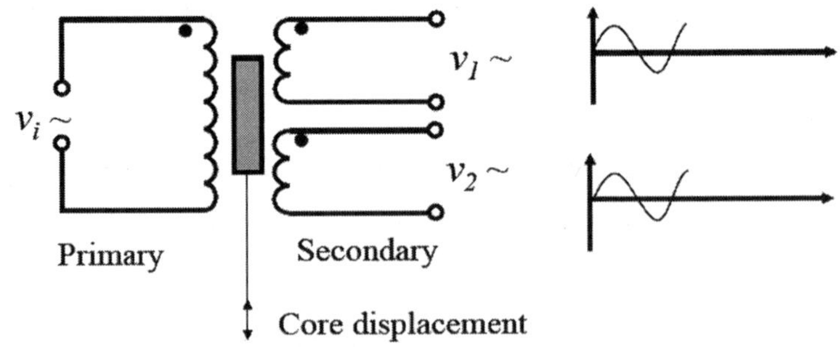

그림 6.24 LVDT 출력 검출 원리

2차 코일의 유도 전압 차이를 검출하기 위해 일반적으로 OP-Amp 차동 증폭기를 주로 사용한다. 그런데 변압기(transformer) 원리를 이용하여 2차 권선의 방향을 반대로 작용하게 하면 차동 증폭기 없이도 차동 출력을 얻을 수 있다.

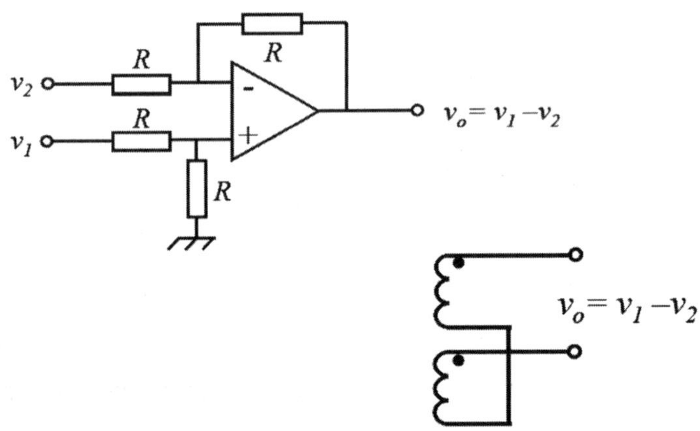

그림 6.25 LVDT용 차동 출력 검출회로

LDVT의 차동 출력 전압의 진폭은 변위가 증가하면 함께 증가하는 데, 변위의 방향에 따라 출력 교류 신호의 위상이 달라진다. 따라서 변위의 방향을 동시에 검출하기 위해선 입력 교류 신호를 이용하여 차동 출력을 복조(demodulation)해야 한다. 복조처리하고 나면 출력은 변위에 비례하는 DC 신호가 된다.

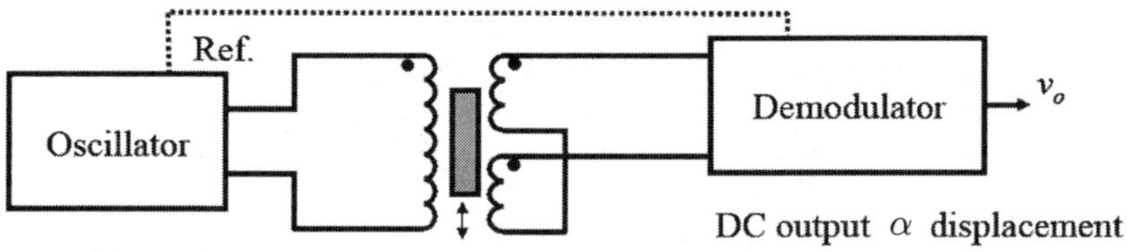

그림 6.26 복조부가 포함된 LVDT 시스템

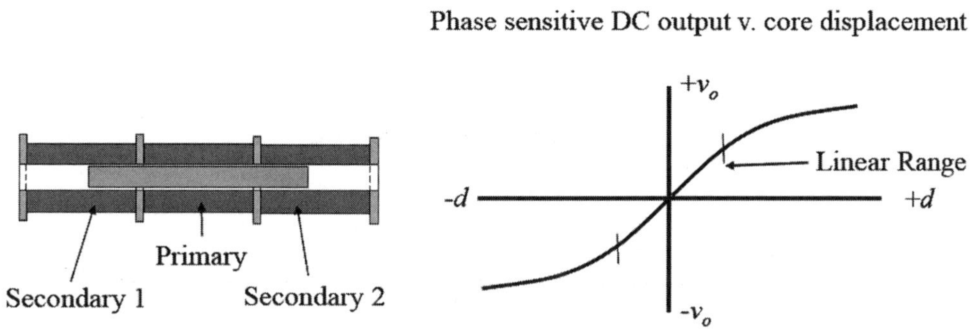

그림 6.27 LVDT의 최종 입출력특성

LVDT의 차동 출력 신호로부터 복조를 하는 방법은 크게 정류(rectification) 방식, 전파복조(full wave demodulation) 방식 그리고 위상 동기 검출(Phase Sensitive Detection, PSD) 방식으로 구분할 수 있다. 이 중에서 정류 방식은 변위에 비례하는 DC 출력을 생성하지만 변위 방향을 알 수 없기 때문에 일반적으로는 잘 사용하지 않는다. 그러나 단방향 변위만 발생하는 경우처럼 특수한 경우에는 간단히 구현할 수 있다.

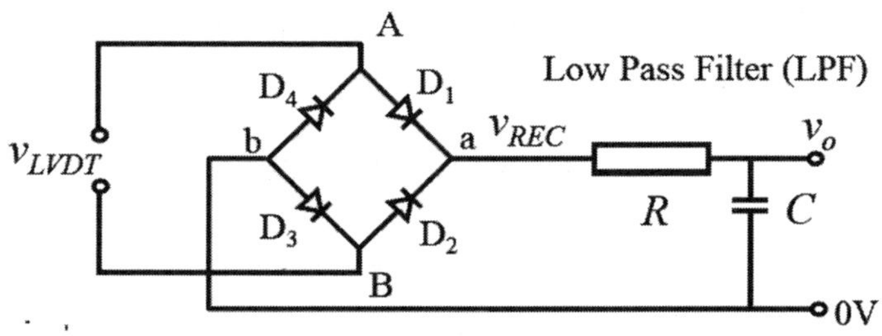

그림 6.28 브리지 정류기를 이용한 복조회로

정류형 복조회로의 문제점을 해결하기 위해 브리지 정류기 2개를 구분해서 사용한 것이 전파복조회로이다. 즉 2개의 2차 코일 출력을 각각 정류한 출력의 차이로부터 DC 출력을 생성하는 것이므로 변위의 크기와 방향을 동시에 검출할 수 있다.

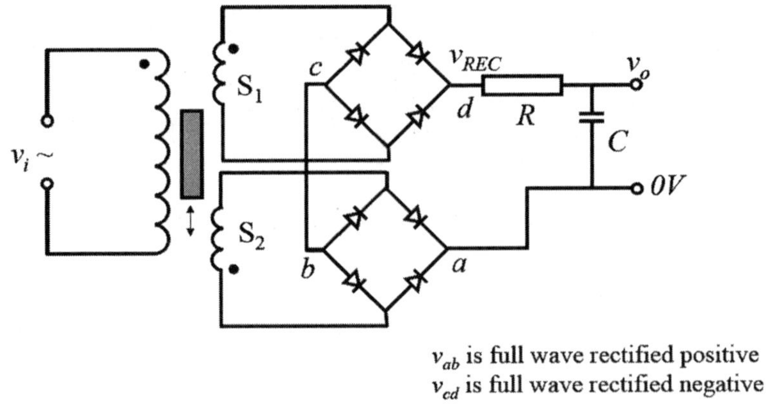

그림 6.29 전파 복조회로

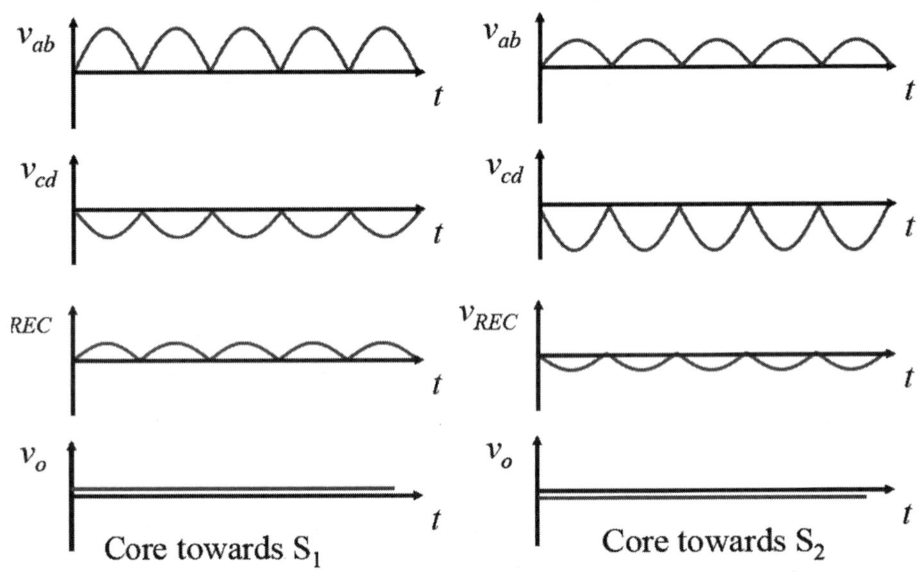

그림 6.30 전파 복조회로 출력

한편 위상 동기 검출(phase sensitive detection) 방식은 흔히 록-인 검출(lock-in detection)이라고도 부르는 데 곱셈기와 저역통과 필터로 구성하며 계측에서 흔히 사용하는 방법이다. 이 경우 2개의 정현 신호를 곱하고 저역통과 필터를 통과시키면 최종 출력은 위상에 비례하는 결과가 얻어진다.

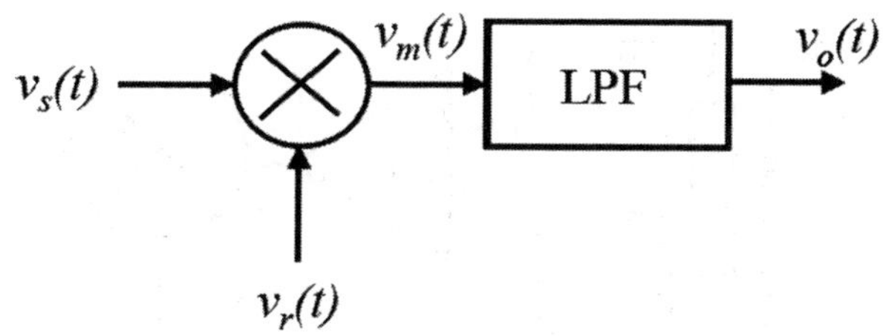

그림 6.31 PSD 개념

$$v_s(t) = A_s \cos(\omega_s t + \phi_s) \tag{6.40}$$

$$v_r(t) = A_r \cos(\omega_r t + \phi_r) \tag{6.41}$$

$$\begin{aligned} v_m(t) &= v_r(t) \cdot v_s(t) \\ &= \frac{1}{2} A_r A_s \{\cos[(\omega_r + \omega_s)t + (\phi_r + \phi_s)] + \cos[(\omega_r - \omega_s)t + (\phi_r - \phi_s)]\} \end{aligned} \tag{6.42}$$

$$\begin{aligned} v_o(t) &= \frac{1}{2} A_r A_s |H_{LPF}(\omega_r - \omega_s)| \cos[(\omega_r - \omega_s)t + (\phi_r - \phi_s)] \\ &= \frac{1}{2} A_r A_s |H_{LPF}(\Delta\omega)| \cos(\Delta\omega t + \Delta\phi) \end{aligned} \tag{6.43}$$

만일 두 정현 신호의 주파수가 같다면 최종 출력은 DC 전압이 된다. 입력 신호 $v_r(t)$의 진폭 A_r이 일정하면 출력 신호는 센서 출력의 진폭에 비례하고 두 신호의 위상차에 따라 달라진다.

$$\omega_r = \omega_s \Rightarrow \Delta\omega = 0 \tag{6.44}$$

$$V_o(t) = \frac{1}{2} A_r A_s |H_{LPF}(0)| \cos(\Delta\phi) \tag{6.45}$$

$$V_o(t) \propto A_s \cdot \cos(\phi_r - \phi_s) \tag{6.46}$$

PSD 방식의 복조를 이용하는 LVDT 신호처리부 구성은 아래와 같다. LVDT 자체의 차동 신호를 증폭해서 복조하는데 최종 출력은 앞에서 설명한 바와 같이 LVDT 차동 신호 진폭 A_s에 비례하고, 변위 방향에 따라 차동 신호의 위상차가 0 또는 180°이므로 최종 복조 출력의 부호는 (+) 또는 (-)로 달라진다.

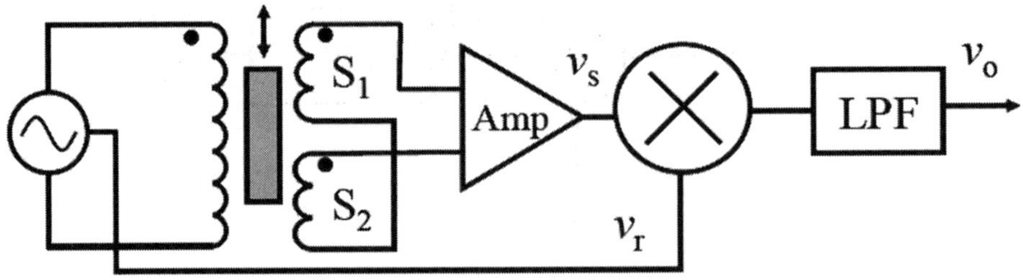

그림 6.32 PSD 복조 방식의 LVDT 신호처리부 구성

한편 PSD에서 복조를 위해 곱하는 기준 신호 $v_r(t)$를 구형파로 구현할 수도 있다. 구형파 기준 신호는 퓨리에 급수로 전개하면 고차 정현파의 합으로 표현할 수 있으므로 곱셈기 출력은 아래와 같이 결정된다.

$$v_s(t) = A_s \cos(\omega_s t + \phi_s) \tag{6.47}$$

$$v_r(t) = A_r \frac{4}{\pi}\left[\cos(\omega_r t + \phi_r) - \frac{1}{3}cos(3\omega_r t + \phi_r) + \frac{1}{5}cos(5\omega_r t + \phi_r) - \cdots\right] \tag{6.48}$$

$$\begin{aligned} v_m(t) &= v_r(t) \cdot v_s(t) \\ &= \frac{4}{\pi} A_r A_s \cos(\omega_s t + \phi_s)\left[\cos(\omega_r t + \phi_r) - \frac{1}{3}cos(3\omega_r t + \phi_r) + \frac{1}{5}cos(5\omega_r t + \phi_r) - \cdots\right] \\ &= \frac{2}{\pi} A_r A_s \sum_{n=0}^{\infty} \frac{1}{2n+1}(-1)^n \left[\cos(((2n+1)\omega_r + \omega_s)t) + \cos(((2n+1)\omega_r - \omega_s)t)\right] \end{aligned} \tag{6.49}$$

이 신호는 저역통과 필터를 거치면 기본 신호 성분 외에 고주파 잡음이 추가되는 형태가 된다. 그러나 고주파 성분의 크기는 1, 1/3, 1/5, 1/7··· 비율로 감소하기 때문에 잡음 성분이 크게 늘어나는 것은 아니다. 이를 확인하기 위해 고조파 잡음이 없는 경우와 생기는 경우를 비교하면 약 23 [%] 정도 증가함을 알 수 있다.

$$\begin{aligned} NB_{total} &= NB_{fundamental}\left[1 + \left(\frac{1}{3}\right)^2 + \left(\frac{1}{5}\right)^2 + \left(\frac{1}{7}\right)^2 + \cdots\right] \\ &= NB_{fundamental} \sum_{n=0}^{\infty} \frac{1}{(2n+1)^2} = NB_{fundamental} \cdot \frac{\pi^2}{8} \\ &= 1.23 \cdot NB_{fundamental} \end{aligned} \tag{6.50}$$

이처럼 신호 대 잡음비 측면에서 약간의 손해는 보지만 구형파 신호를 이용하여 복조할 수 있다면 복잡한 곱셈기 대신 아날로그 스위칭 방식으로 PSD를 구현할 수 있다.

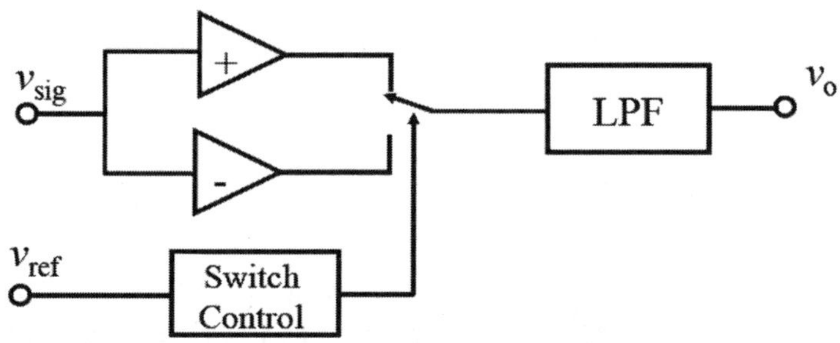

그림 6.33 아날로그 스위칭 방식의 PSD

6.2.2 리졸버(Resolver)

회전체의 각도를 검출하는 센서로 많이 사용하는 로터리 엔코더(rotary encoder)가 디지털 센서라면 리졸버는 동일한 목적의 아날로그 센서라고 볼 수 있다. 리졸버는 LVDT 처럼 전자기 유도 원리를 이용하는 데 다만 변압기의 형상이 회전형이라는 차이가 있다. 리졸버 구조는 회전 모터와 유사한데 회전자(rotor)에 1차 코일이 감겨 있고 고정자(stator)에 2개의 감지 코일이 서로 직교하도록 배치되어 있다. 회전자 구동용 코일에 일정한 정현 전압 신호가 가해지면 고정자 코일에 유도되는 전압은 회전자 각도의 사인(sine)값에 비례하게 된다. 2개의 고정자 코일은 서로 90° 위상차가 나도록 형성되어 있으므로 유도 전압은 다음과 같이 결정된다.

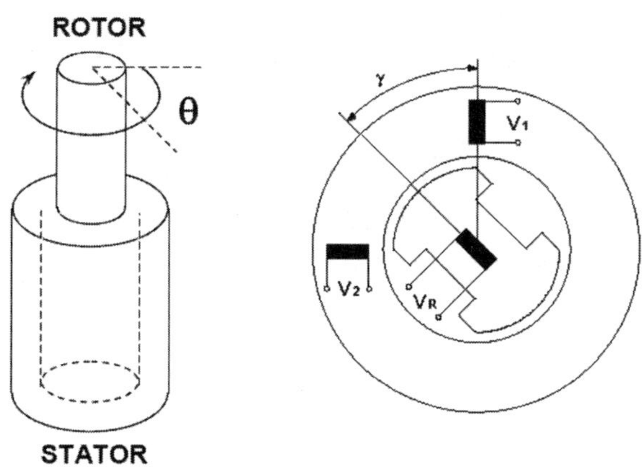

그림 6.34 리졸버 개념도

$$v_r(t) = V\sin\omega t \tag{6.51}$$

$$v_1(t) = v_r(t) \cdot \sin\theta = V\sin\omega t \cdot \sin\theta \tag{6.52}$$

$$v_2(t) = v_r(t) \cdot \sin\left(\theta + \frac{\pi}{2}\right) = V\sin\omega t \cdot \cos\theta \tag{6.53}$$

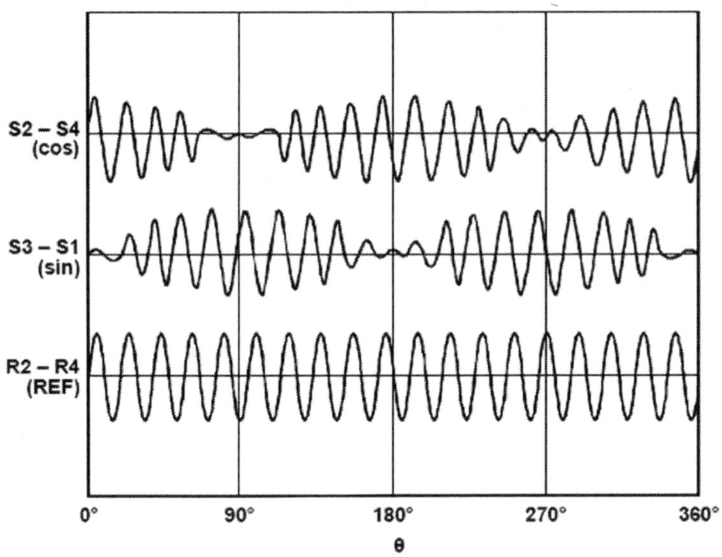

그림 6.35 리졸버 출력 신호

아래는 리졸버 출력 신호로부터 회전각 θ를 검출하는 회로 구성을 보인 것으로 RDC (Resolver to Digital Converter)라고 부른다. RDC의 최종 출력인 디지털 각도 신호 ϕ가 실제 회전각 θ과 같아지도록 카운터가 작동한다. 즉 추정각 ϕ의 사인값과 코사인값을 리졸버의 출력 $v_1(t)$, $v_2(t)$에 각각 곱해서 차이를 검출하면 이 차이는 각도 오차 $\theta - \phi$에 비례하게 된다. 이 오차가 최소가 되도록 카운터를 제어하면 RDC를 통해 θ를 검출하는 원리이다. 따라서 RDC를 이용하면 아날로그 출력 전압으로 회전 속도를 그리고 누적 카운터로는 디지털 회전각도를 검출할 수 있다.

$$v_1(t)\cos\phi = V\sin\omega t \sin\theta \cos\phi \tag{6.54}$$

$$v_2(t)\sin\phi = V\sin\omega t \cos\theta \sin\phi \tag{6.55}$$

$$\begin{aligned} Error &= v_1(t)\cos\phi - v_2(t)\sin\phi = V\sin\omega t(\sin\theta\cos\phi - \cos\theta\sin\phi) \\ &= V\sin\omega t[\sin(\theta - \phi)] \cong V\sin\omega t \cdot (\theta - \phi) \end{aligned} \tag{6.56}$$

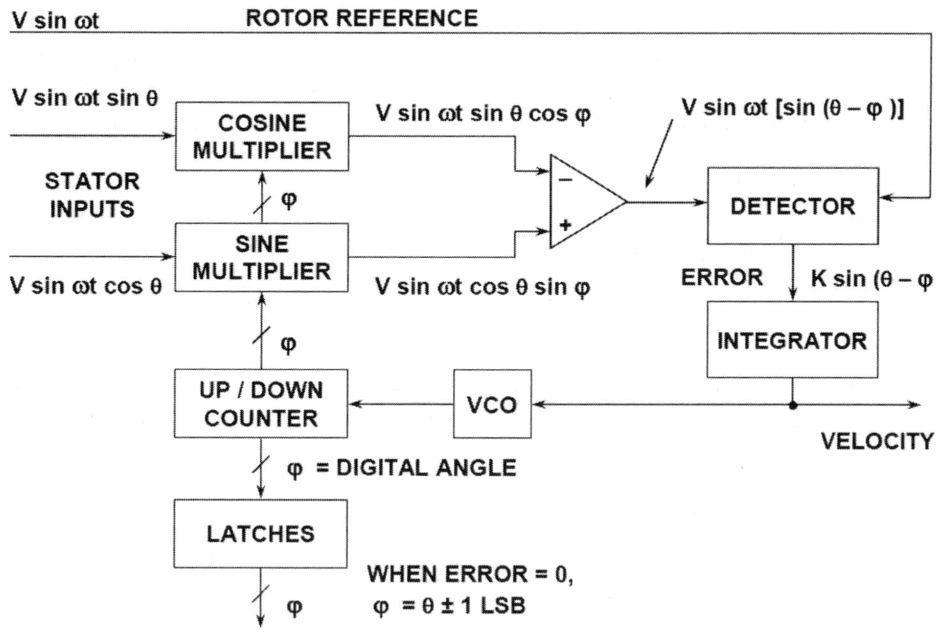

그림 6.36 RDC 구성

6.3 용량형 센서

용량형 센서는 물리적 입력에 대해 커패시턴스 변화를 일으키는 센서를 통칭한다. 4장에서 살펴본 바와 같이 용량형 센서는 2개의 도체판 사이에 유전체가 형성된 구조로 이루어진다. 따라서 가장 간단한 형태는 유전체의 물성이 바뀌는 것을 이용하는 습도 센서나 온도 센서를 들 수 있다. 또한 유전체의 물성이 바뀌지 않더라도 두 도체판 중 하나가 움직이면 도체판 간극이 달라지거나 혹은 도체판 사이의 대향면적이 달라지므로 변위에 대한 센서로도 사용할 수 있다.

$$C_{gap} = C_{gap,o} + \Delta C_{gap} = \epsilon_o \frac{A}{d+\Delta d} = \epsilon_o \frac{A}{d}\left(\frac{1}{1+\frac{\Delta d}{d}}\right) = C_{gap,o}\left(\frac{1}{1+\frac{\Delta d}{d}}\right) \quad (6.57)$$

$$C_{area} = C_{area,o} + \Delta C_{area} = \epsilon_o \frac{W(L-\Delta L)}{d} = \epsilon_o \frac{A}{d}\left(1-\frac{\Delta L}{L}\right) = C_{area,o}\left(1-\frac{\Delta L}{L}\right) \quad (6.58)$$

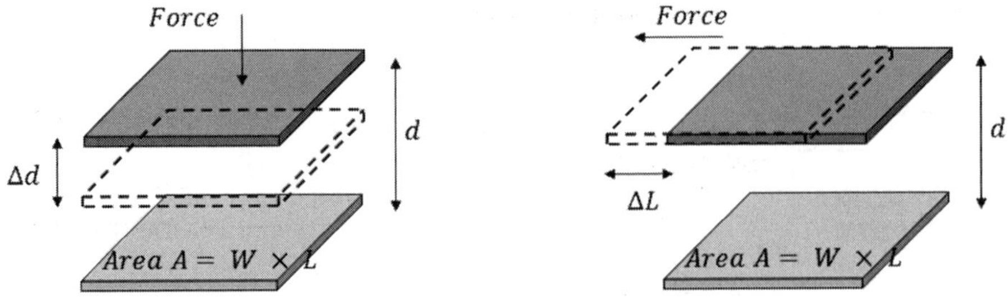

그림 6.37 변위형 용량 센서 개념도

면적 변화형과 달리 간극 변화형은 커패시턴스가 간극에 반비례하므로 비선형성을 포함하고 있다. 그러나 만일 간극에 비해 변위를 아주 작은 범위 이내로 제한한다면 근사적으로 선형적인 특성을 얻을 수 있다.

$$C_{gap} = C_{gap,o} + \Delta C_{gap} = C_{gap,o}\left(\frac{1}{1+\frac{\Delta d}{d}}\right) \cong C_{gap,o}\left(1-\frac{\Delta d}{d}\right) \tag{6.59}$$

$$\frac{\Delta C_{gap}}{\Delta d} = -\frac{C_{gap,o}}{d} = -\epsilon_o \frac{A}{d^2} \tag{6.60}$$

$$C_{area} = C_{area,o} + \Delta C_{area} = C_{area,o}\left(1-\frac{\Delta L}{L}\right) \tag{6.61}$$

$$\frac{\Delta C_{area}}{\Delta L} = -\frac{C_{area,o}}{L} = -\epsilon_o \frac{W}{d} \tag{6.62}$$

이처럼 선형적인 특성을 얻으려면 미소한 변위에 대해서만 사용할 수 있기 때문에 커패시턴스 변화량도 매우 작다. 게다가 출력 임피던스도 크기 때문에 용량형 센서에서 출력 전압으로 신호를 추출하는 과정에 많은 주의가 필요하다. 용량형 센서의 출력은 아날로그 전압으로 계측하는 방법 외에 주파수 변화나 펄스폭 변화 형태로 사용하기도 하는데 기본적으로는 C-V 변환회로(C-V converter)가 필요하다.

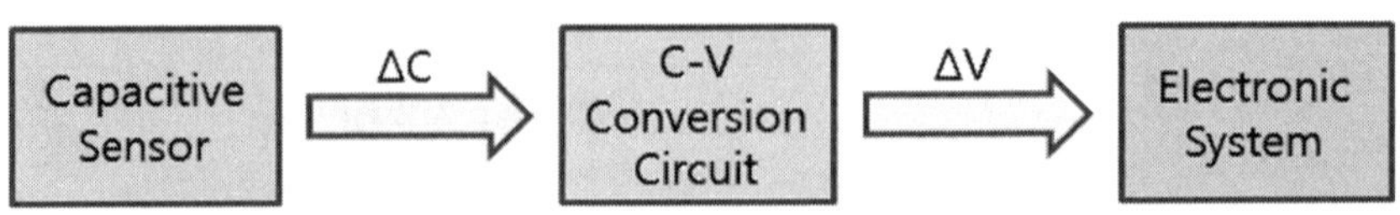

그림 6.38 용량형 센서 인터페이스 구조

C-V 변환회로는 여러 가지 방식이 있는데 대표적인 것이 교류 전류 검출 방식, 교류 전압분배 방식, 전하증폭기 등을 들 수 있다. 교류 전류 검출 방식은 용량형 센서에 작은 직렬 저항을 연결하고 양단에 일정 진폭의 교류 전압을 인가한다. 커패시턴스 변화에 따라 용량형 센서의 임피던스(impedance)가 바뀌므로 이에 의한 전류 진폭 변화를 검출하는 방식이다.

$$C_s = C_o + \Delta C$$

$$I_C(\omega) = \frac{V_i(\omega)}{Z_C} = j\omega C_s V_i(\omega)$$

$$V_{out}(\omega) = j\omega C_s V_i(\omega) r = j\omega(C_o + \Delta C) V_i(\omega) r = V_o + \Delta V_{out} \tag{6.63}$$

$$\Delta V_{out}(\omega) = j\omega V_i(\omega) r \cdot \Delta C \tag{6.64}$$

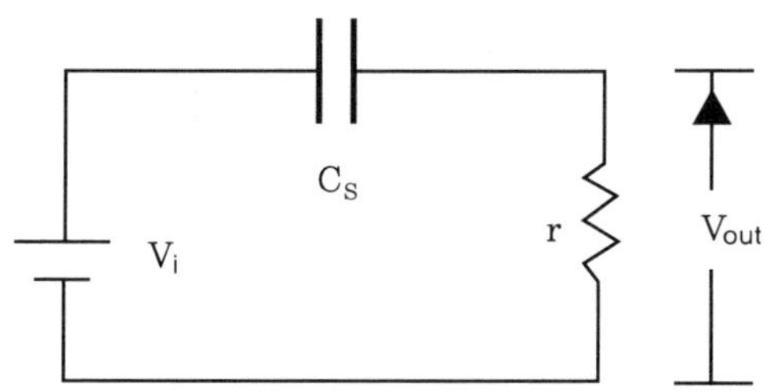

그림 6.39 교류 전류 검출형 C-V 변환회로

교류 전압 분배 방식에서는 용량형 센서에 커패시터를 직렬로 연결하고 양단에 일정 진폭의 교류 전압을 인가한다. 센서 커패시턴스가 변하면 두 커패시터의 임피던스 비율이 바뀌므로 분배 전압이 달라지는 양을 검출한다.

$$C_s = C_o + \Delta C$$

$$V_{out}(\omega) \equiv V_o + \Delta V_{out} = V_i(\omega)\frac{Z_{C_2}}{Z_{C_s} + Z_{C_2}} = V_i(\omega)\frac{C_s}{C_s + C_2} = V_i(\omega)\frac{C_o + \Delta C}{C_o + \Delta C + C_2}$$

$$= V_i(\omega)\frac{C_o + \Delta C}{C_o + C_2}\left(\frac{1}{1 + \frac{\Delta C}{C_o + C_2}}\right) \cong V_{i(\omega)}\frac{C_o + \Delta C}{C_o + C_2}\left(1 - \frac{\Delta C}{C_o + C_2}\right) \tag{6.65}$$

$$\Delta V_{out}(\omega) = V_i(\omega)\left[\frac{\Delta C}{C_o + C_2} - \left(\frac{\Delta C}{C_o + C_2}\right)^2\right] \tag{6.66}$$

$$= V_i(\omega)\frac{\Delta C}{C_o + C_2}\left(1 - \frac{\Delta C}{C_o + C_2}\right) \cong \frac{V_i(\omega)}{C_o + C_2}\cdot \Delta C$$

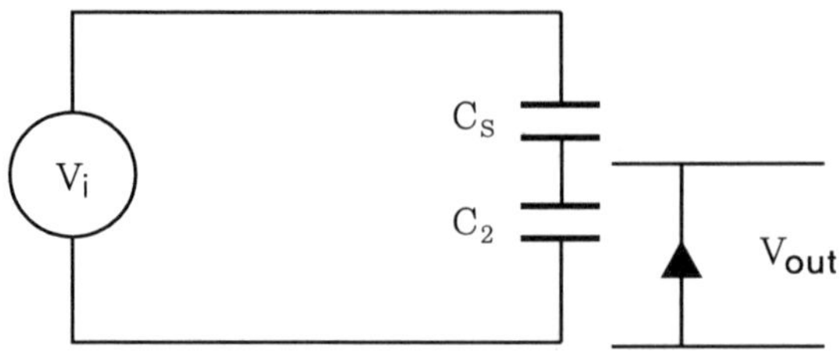

그림 6.40 교류 전압 분배형 C-V 변환회로

전하 증폭기(charge amplifier)는 OP-Amp 반전 증폭기를 이용한 구성으로 입력 교류 전압에 비례하는 변조 출력을 생성한다. 즉 미세한 커패시턴스 변화량에 비례하는 출력 전압 변동을 얻을 수 있으므로 복조처리하면 커패시턴스 변화량을 알 수 있다.

$$V_{out}(\omega) = -V_i(\omega)\frac{Z_{C_f}}{Z_{C_s}} = -V_i(\omega)\frac{C_s}{C_f} = -V_i(\omega)\frac{C_o + \Delta C}{C_f} = V_o + \Delta V_{out} \tag{6.67}$$

$$\Delta V_{out}(\omega) = -\frac{V_i(\omega)}{C_f}\cdot \Delta C \tag{6.68}$$

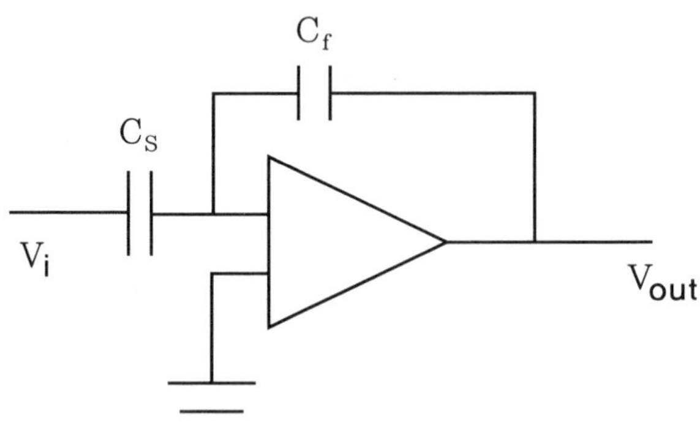

그림 6.41 전하 증폭기형 C-V 변환회로

전하 증폭기 방식은 일정한 기준 커패시터와 연동하여 전하 비교회로 형태로 변환할 수 있다. 이는 스위칭 방식의 커패시터 동작과 동일하므로 집적회로로 쉽게 구현할 수 있다.

$$V_{out}(\omega) = V(\omega)\frac{C_x - C_o}{C_f} = V(\omega)\frac{C_{xo} + \Delta C - C_o}{C_f} = V_o + \Delta V_{out} \tag{6.69}$$

$$\Delta V_{out}(\omega) = -\frac{V(\omega)}{C_f} \cdot \Delta C \tag{6.70}$$

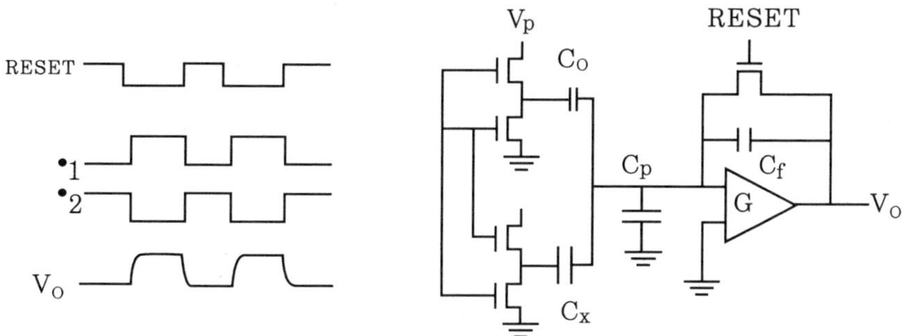

그림 6.42 전하 비교형 C-V 변환회로

전하 증폭기 방식에서 OP-Amp가 포화(saturation)되는 현상을 막기 위해 보통은 궤환 커패시터(C_f)에 병렬 저항(R_f)을 연결해서 사용한다. 한편 용량형 센서를 OP-Amp 적분회로의 궤환 커패시터로 사용하면 비선형성을 완화할 수 있다. 이는 근접 센서(proximity sensor) 신호처리에 주로 사용하는 방식이다.

$$v_{out}(t) = v_c(t) = -\frac{1}{R_i C_s}\int v_i(t)dt = -\frac{1}{R_i}\left(\frac{d + \Delta d}{\epsilon_o A}\right)\int v_i(t)dt = v_o + \Delta v \tag{6.71}$$

$$\Delta v = \left(\frac{1}{\epsilon_o A R_i}\int v_i(t)dt\right)\Delta d \tag{6.72}$$

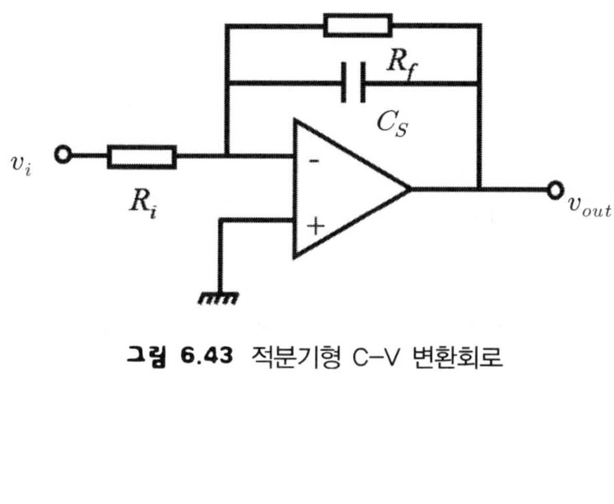

그림 6.43 적분기형 C-V 변환회로

한편 교류 전압 분배형 C-V 변환회로에서 고정 커패시턴스(C_{ref})를 센서 커패시터의 초기 커패시턴스(C_o)와 동일하다면 출력 신호의 오프셋은 입력 전압의 절반이 될 것이다. 이는 실제 용량형 센서를 제작할 때 흔히 사용하는 방식이다. 예를 들어 다음 그림처럼 동일한 초기 간극(g_o)과 대향 면적(A)을 갖는 2개의 커패시터를 만들고 이 중 하나만 외부 입력에 따라 간극이 달라지게 만들면 된다. 이 경우 출력 전압은 아래와 같이 결정된다.

$$v_{out}(t) \equiv v_o + \Delta v_{out} = v_{in}(t) \cdot \frac{C(x)}{C_{ref} + C(x)} = v_{in}(t) \cdot \frac{\frac{\epsilon_o A}{g_o + x}}{\frac{\epsilon_o A}{g_o} + \frac{\epsilon_o A}{g_o + x}} = v_{in}(t) \cdot \frac{\frac{1}{g_o + x}}{\frac{1}{g_o} + \frac{1}{g_o + x}}$$

$$= v_{in}(t) \cdot \frac{g_o}{2g_o + x} = \frac{v_{in}(t)}{2} \cdot \frac{1}{1 + \frac{x}{2g_o}} \cong \frac{v_{in}(t)}{2} \cdot \left(1 - \frac{x}{2g_o}\right) = \frac{v_{in}(t)}{2} - \frac{v_{in}(t)}{4g_o} \cdot x \quad (6.73)$$

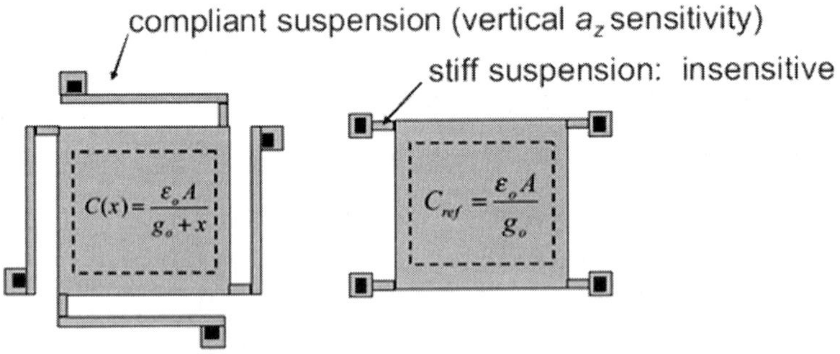

그림 6.44 초기 커패시터가 동일한 용량형 센서 예

만일 동일한 센서 구조에서 입력 전압의 위상을 반전해서 양쪽 전극으로 나누어 가한다면 출력의 오프셋은 상쇄될 것이다. 이는 입력 전압에 대해 중첩의 원리를 적용하면 쉽게 증명할 수 있다.

$$v_{in+}(t) = V\cos\omega t = -v_{in-}(t)$$

$$v_{out}(t) = v_{in+}(t) \cdot \frac{C(x)}{C(x) + C_{ref}} + v_{in-}(t) \cdot \frac{C_{ref}}{C(x) + C_{ref}} = v_{in+}(t) \cdot \frac{C(x) - C_{ref}}{C(x) + C_{ref}}$$

$$= v_{in+}(t) \cdot \frac{-x}{2g_o + x} \cong -v_{in+}(t) \cdot \frac{x}{2g_o}\left(1 - \frac{x}{2g_o}\right) \cong -\frac{v_{in+}(t)}{2g_o} \cdot x \quad (6.74)$$

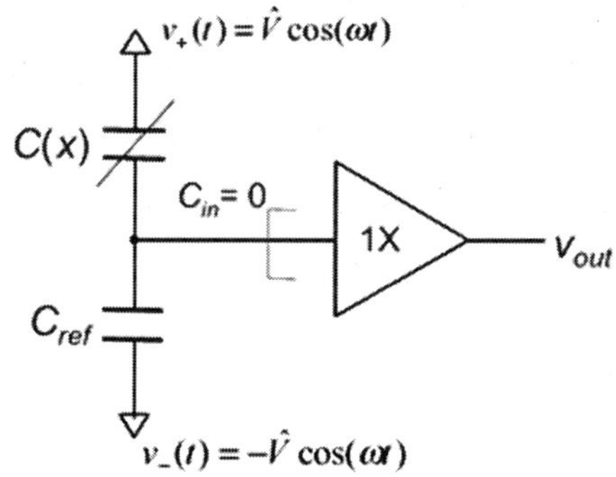

그림 6.45 차동 입력 교류 전압 분배형 C-V 변환회로

4장에서 설명한 차동형 용량 센서에 차동 교류 입력을 적용한다면 오프셋이 없는 상태에서 출력 감도만 2배로 증가하게 될 것이다. 통상적인 차동 용량 센서는 차동 입력 교류전압에 의한 분배 방식을 사용한다.

$$v_{in+}(t) = V\cos\omega t = -v_{in-}(t)$$

$$v_{out}(t) = v_{in+}(t)\cdot\frac{C_+(x)}{C_+(x)+C_-(x)} + v_{in-}(t)\cdot\frac{C_-(x)}{C_+(x)+C_-(x)} = v_{in+}(t)\cdot\frac{C_+(x)-C_-(x)}{C_+(x)+C_-(x)}$$

$$= v_{in+}(t)\cdot\frac{C_+(x)-C_-(x)}{C_+(x)+C_-(x)} = -\frac{v_{in+}(t)}{g_o}\cdot x \tag{6.75}$$

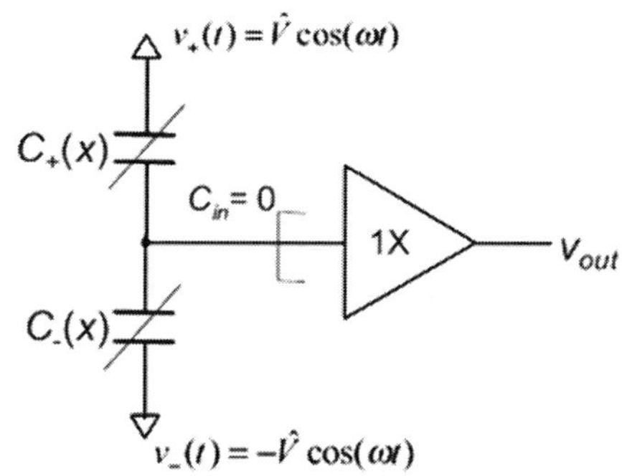

그림 6.46 차동형 용량 센서의 차동 입력 교류 전압 분배형 C-V 변환회로

이처럼 간극 변화형 차동 용량 센서에 차동 교류 입력을 가하면 출력 전압은 변위에 직접 비례하고 이때 센서의 출력 감도는 입력 전압의 크기에 비례하며 또한 초기 간극에 반비례한다. 그러나 저항형 센서와 마찬가지로 출력단에 부하 효과가 발생할 수 있기 때문에 입력 임피던스가 매우 높은 버퍼를 연결해서 사용한다. 이 원리는 면적 변화형 차동 용량 센서에서도 동일하게 적용된다.

$$v_{in+}(t) = V\cos\omega t = -v_{in-}(t)$$

$$C_+(x) = \epsilon_o \frac{w}{d}\left(\frac{l}{2} - x\right) \quad (6.76)$$

$$C_-(x) = \epsilon_o \frac{w}{d}\left(\frac{l}{2} + x\right) \quad (6.77)$$

$$v_{out}(t) = v_{in+}(t)\cdot\frac{C_+(x)}{C_+(x)+C_-(x)} + v_{in-}(t)\cdot\frac{C_-(x)}{C_+(x)+C_-(x)}$$

$$= v_{in+}(t)\cdot\frac{C_+(x)-C_-(x)}{C_+(x)+C_-(x)} = -2\frac{v_{in+}(t)}{l}\cdot x \quad (6.78)$$

차동 입력 전압을 이용한 교류 전압 분배형 C-V 변환회로의 원리는 변압기와 브리지 회로를 이용하여 간단히 구현할 수 있다. 아래에 보인 바와 같이 변압기는 입력 교류 신호를 브리지회로와 전기적으로 분리할 수 있기 때문에 정확히 반대 극성의 입력을 차동 커패시터 양단에 가하게 된다. 이때 센서 출력 전압은 다음과 같이 결정된다.

$$C_1 = C_o + \Delta C$$

$$C_2 = C_o - \Delta C$$

$$v_{out}(t) = \frac{v_s}{2}\cdot\frac{C_1}{C_1+C_2} - \frac{v_s}{2}\cdot\frac{C_2}{C_1+C_2} = \frac{v_s}{2}\cdot\frac{C_1-C_2}{C_1+C_2} = \frac{v_s}{2}\cdot\frac{\Delta C}{C_o} \quad (6.79)$$

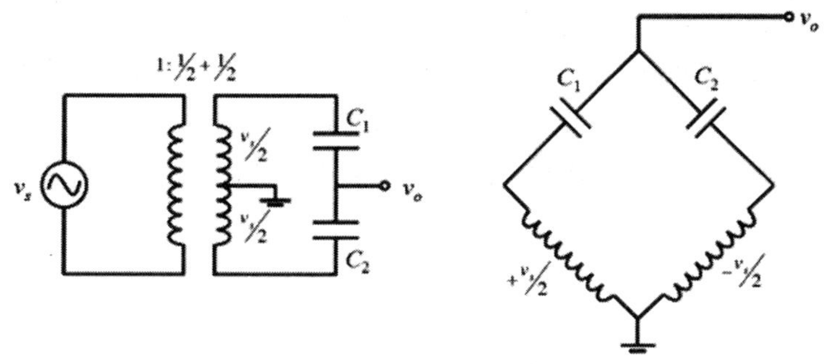

그림 6.47 브리지회로 방식의 C-V 변환회로

한편 출력 신호를 증폭하기 위해 이 회로의 테브난 등가회로를 구해 보자. 테브난 등가 전압은 개방회로의 전압이므로 앞에서 계산한 출력 전압과 동일하다. 등가 임피던스는 입력 전원을 제거한 상태에서 구하는 것이므로 센서 커패시터가 2개 병렬로 연결된 것과 동일하다. 따라서 브리지회로의 출력단에 OP-Amp를 이용한 전하 증폭기를 연결했을 때 최종 출력은 다음과 같다.

$$C_1 = C_o + \Delta C$$

$$C_2 = C_o - \Delta C$$

$$v_{TH} = \frac{v_s}{2} \cdot \frac{\Delta C}{C_o} \tag{6.80}$$

$$C_{TH} = C_1 \| C_2 = C_1 + C_2 = 2C_o \tag{6.81}$$

$$v_o = -\frac{C_{TH}}{C_f} \cdot v_{TH} = -\frac{2C_o}{C_f} \cdot \frac{v_s}{2} \cdot \frac{\Delta C}{C_o} = -\frac{v_s}{C_f} \cdot \Delta C \tag{6.82}$$

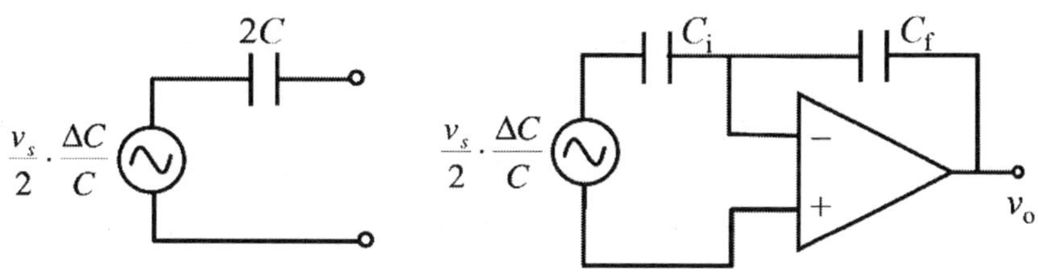

Thevenin 등가회로 　　　　　Charge amplifier interface

그림 6.48 브리지회로 출력 증폭회로

전하 증폭기로 충분한 증폭비를 얻기 위해선 궤환 커패시터 C_f의 크기를 줄여야 한다. 이 경우 실제적으로는 궤환 커패시터의 포화를 막기 위해서 병렬저항을 연결함으로서 OP-Amp의 바이어스 전류가 흐를 수 있도록 보장해야 한다. 이렇게 되면 전하 증폭기 출력은 주파수에 따라 달라지지만 입력 신호의 주파수가 높다면 동일한 특성을 얻을 수 있다.

$$\omega \gg \frac{1}{R_f C_f} \tag{6.83}$$

$$\left|\frac{v_o}{v_i}\right| = \frac{\omega C_i R_f}{\sqrt{1+\omega^2 C_f^2 R_f^2}} \cong \frac{C_i}{C_f} \tag{6.84}$$

한편 교류 전압 분배회로 방식의 C-V 변환회로는 고주파 입력 신호로 커패시터 변화를 변조한 형태의 출력이므로 복조 과정을 거쳐야 한다. 이는 유도형 변위 센서인 LVDT와 동일하게 동기 검파회로로 복조처리를 하면 된다. 증폭단과 복조부를 모두 고려한 전체 용량형 센서 시스템의 구성은 다음과 같다.

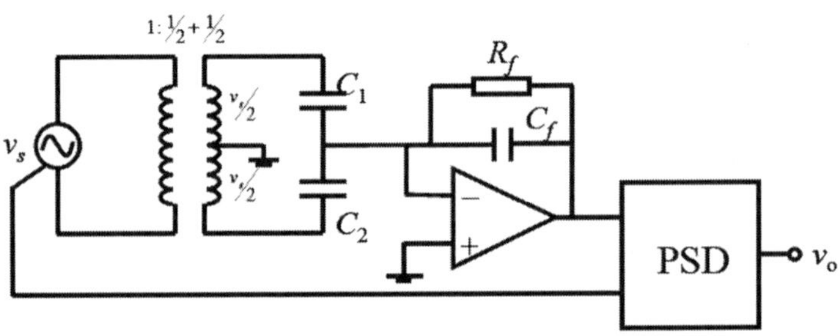

그림 6.49 브리지 회로와 전하증폭기 동기 검파기로 구성한 용량형 센서 시스템

변압기를 사용하지 않고도 유사 브리지(pseudo bridge)회로로 동일한 효과를 얻을 수 있다. 특히 차동 용량형이 아닐 경우 다음과 같이 구성하면 선형적인 출력 전압을 얻을 수 있다. 여기서 브리지의 한쪽 Z_3와 Z_4는 저항을 사용하고 나머지 단에 용량형 센서를 연결하면 된다. 이때 센서의 선형성을 감안하여 유전체 변화나 면적 변화형일 경우 입력단 Z_1에 연결하고, 간극 변화형일 경우 궤환 커패시터로 Z_2에 연결한다. 유사 브리지회로의 최종 출력 전압은 다음과 같다.

$$v_o = \frac{Z_4}{Z_3+Z_4}v_s + \left(\frac{Z_4}{Z_3+Z_4}v_s - v_s\right)\frac{Z_2}{Z_1} = v_s\left[\frac{Z_4}{Z_3+Z_4} + \left(\frac{Z_4}{Z_3+Z_4} - 1\right)\frac{Z_2}{Z_1}\right]$$

$$= v_s\left(\frac{Z_4}{Z_3+Z_4} - \frac{Z_3}{Z_3+Z_4}\cdot\frac{Z_2}{Z_1}\right) = \frac{v_s}{Z_3+Z_4}\left(Z_4 - Z_3\cdot\frac{Z_2}{Z_1}\right) = v_s\left(\frac{1-\dfrac{Z_2Z_3}{Z_1Z_4}}{1+\dfrac{Z_3}{Z_4}}\right) \tag{6.85}$$

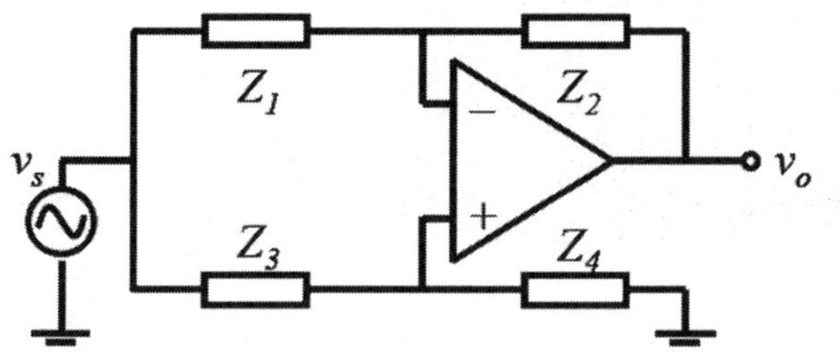

그림 6.50 유사 브리지회로

차동형 센서인 경우는 차동 브리지회로를 구성하면 된다. 이 경우는 Z_2과 Z_3 를 차동 커패시터와 연결하면 되는 데 특히 용량성 잡음에 강한 회로로 동작한다.

$$v_o = v_s\left(1+\frac{Z_2}{Z_1}\right) - v_s\left(1+\frac{Z_3}{Z_4}\right) = v_s\left(\frac{Z_2}{Z_1} - \frac{Z_3}{Z_4}\right) \tag{6.86}$$

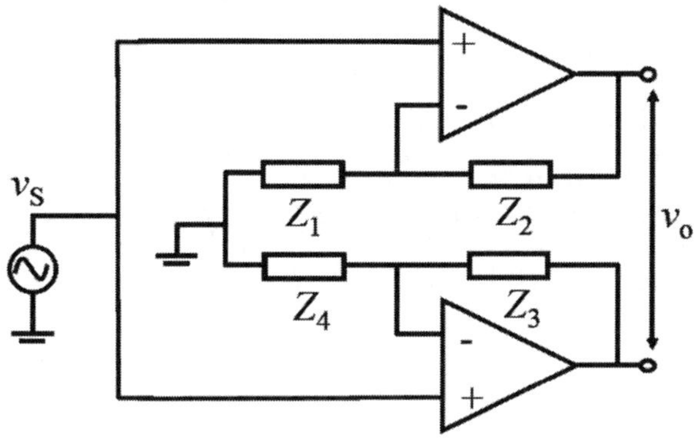

그림 6.51 차동 브리지회로

대표적인 차동 용량형 센서인 가속도 센서의 경우 주변회로를 집적해서 제작할 수 있기 때문에 변위를 직접 측정하는 대신 정전력을 가해서 평형을 유지하는 방법을 사용한다. 이를 힘평형(force rebalancing) 방식이라고 하는데 교류 전압을 분배하고 이를 복조하는 나머지 구성은 부분은 여타 센서 신호처리와 동일하다.

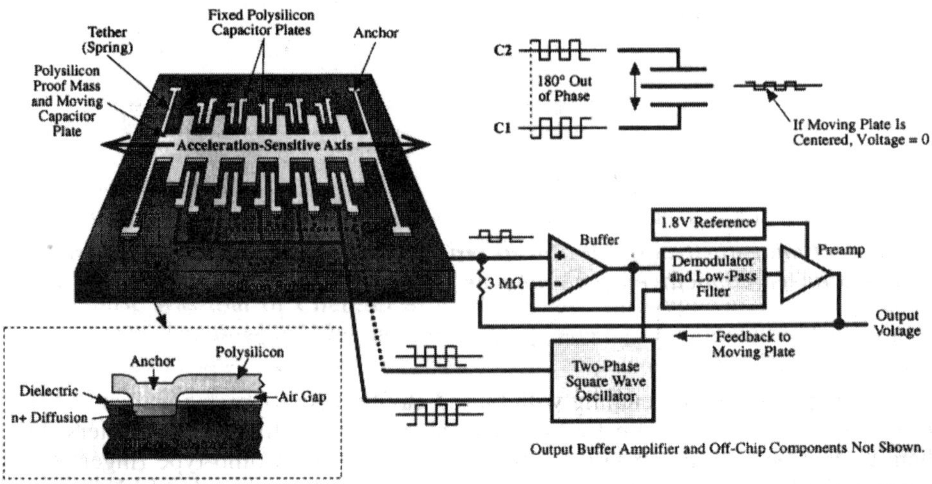

그림 6.52 힘 평형 방식의 용량형 가속도 센서 신호처리부 구성 예

6.4 광학형 센서

인코더에서 펄스열(pulse train)을 얻기 위해선 광 다이오드로의 전류 출력을 아날로그 전압으로 변경한 다음 비교기를 통과시키면 된다. 이때 전류를 전압으로 변환하는 것은 5장에서 살펴본 전류-전압 증폭기로 구현할 수 있다. 그런데 광 출력의 경우 일반적인 비교기를 통과시키면 출력이 절환하는 순간에 글리치(glitch)가 발생할 수 있어서 후단에서 오차가 생기는 문제가 있다. 그러므로 양 궤환(positive feedback)을 이용하는 슈미트 트리거를 사용하는 편이 깨끗한 펄스열을 얻는 측면에서 유리하다.

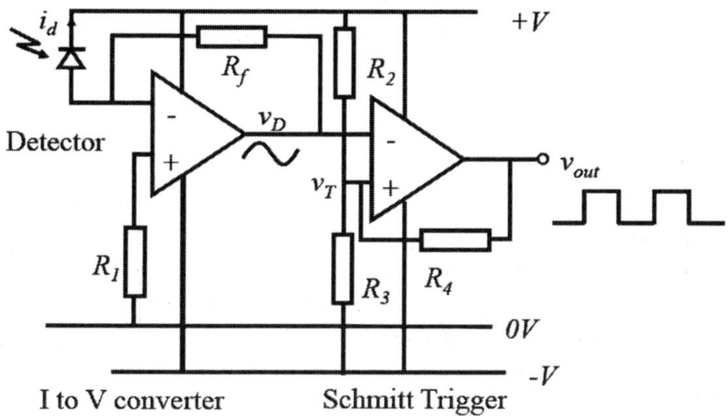

그림 6.53 인코더용 광 검출회로

최종 펄스열 신호는 카운터와 위상 비교기를 거쳐서 위치와 방향정보를 생성한다. 방향은 2개의 광 출력의 위상을 비교하면 되는데 간단히 카운터 전단에 D-플립플롭(flip-flop)을 구성하면 방향에 따라 카운터를 증가시키거나 감소시킬 수 있다. 아래 구성에서 D-플립플롭의 출력은 PGT(Positive Going Transition)형이므로 이 순간에 B가 high인 경우에만 플립플롭 출력이 high가 된다. 따라서 회전 방향에 따라 다른 논리 출력이 얻어지는 것이다.

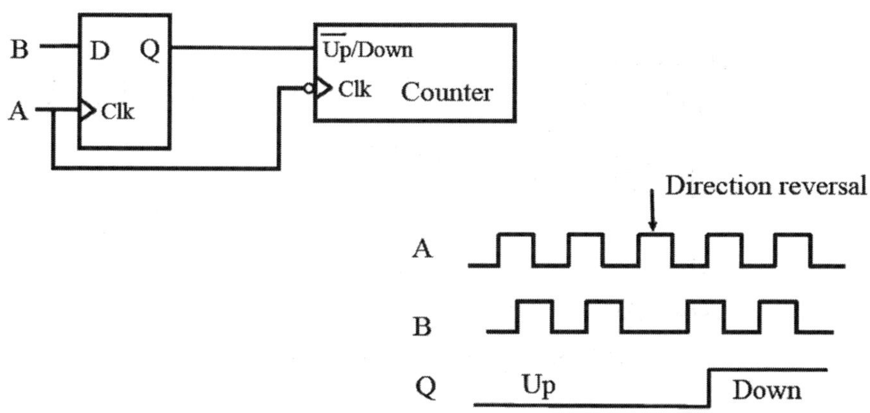

그림 6.54 회전형 인코더의 방향 검출

현재 사용되는 대부분의 인코더는 분해능 향상을 위하여 내삽(interpolation) 기술을 이용하고 있다. 이것은 광학 인코더의 원리상 회절(deflection) 등의 이유로 신호 검출에 한계가 있기 때문에 광 검출을 위한 슬릿(slit)을 무한정 작게 만들 수 없기 때문이다.

통상적인 슬릿의 최소 폭은 8 [μm] 정도이다. 따라서 아래와 같이 펄스열 A와 B의 에지(edge)를 검출하는 내삽회로를 많이 이용하는데 이렇게 하면 분해능을 4배 증가시키는 효과가 있다.

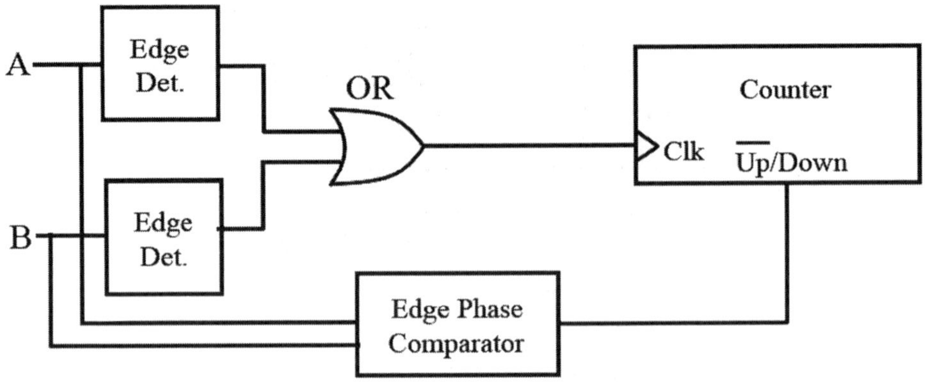

그림 6.55 인코더의 내삽 신호처리

한편 원래의 펄스열에서 에지를 검출하는 것은 여러 가지 방법이 가능한데, 아래와 같이 간단한 R-C 충전회로와 XNOR(Exclusive Nor)회로을 이용해도 된다. 이 경우는 입력 펄스열의 상태가 바뀌는 잠시 동안만 XNOR에 동일한 입력이 가해지고 이외의 시간에는 서로 다른 논리 입력이 작용하게 된다.

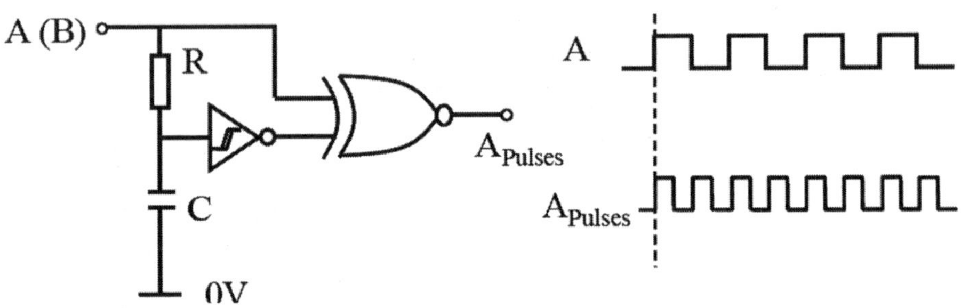

그림 6.56 광학 인코더의 펄스 에지 검출회로

에지 검출 신호를 R-S 플립플롭을 통과시키면 원래의 펄스열의 2배 주파수 신호가 만들어진다. 이 신호를 원래의 펄스 출력과 조합해서 사용하면 인코더의 동작 방향도 함께 알 수 있다.

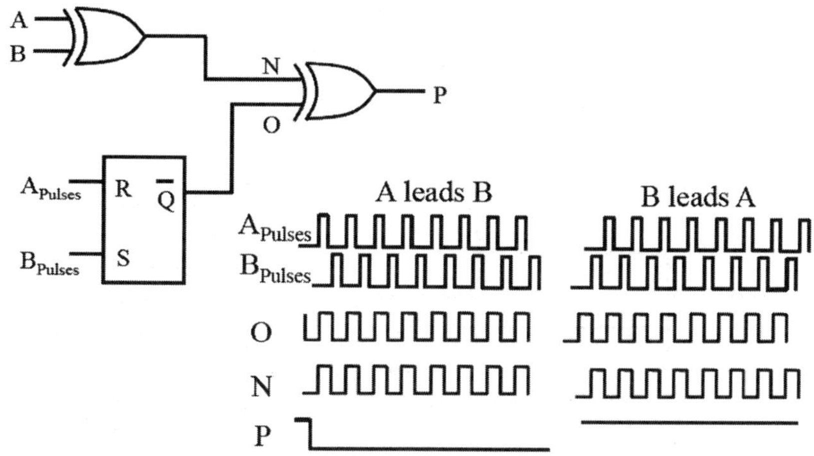

그림 6.57 에지 검출 신호를 이용한 위치와 방향 검출

분해능을 더 높이기 위해선 다른 내삽 방식이 필요하다. 예를 들어 회절에 의한 광 출력이 에지 부근에서 연속적으로 달라지는 점을 이용하면 광출력의 크기로부터 위치를 이산화할 수 있다. 이때 주로 저항분할(resistor ladder) 방식을 많이 사용하는 데 신호의 크기에 따라 일종의 A-D 변환을 하는 것과 유사한 개념이다. 이 경우에도 출력을 디지털 논리 신호로 변환하는 것은 출력의 안정성을 위해 슈미트 트리거를 주로 이용한다.

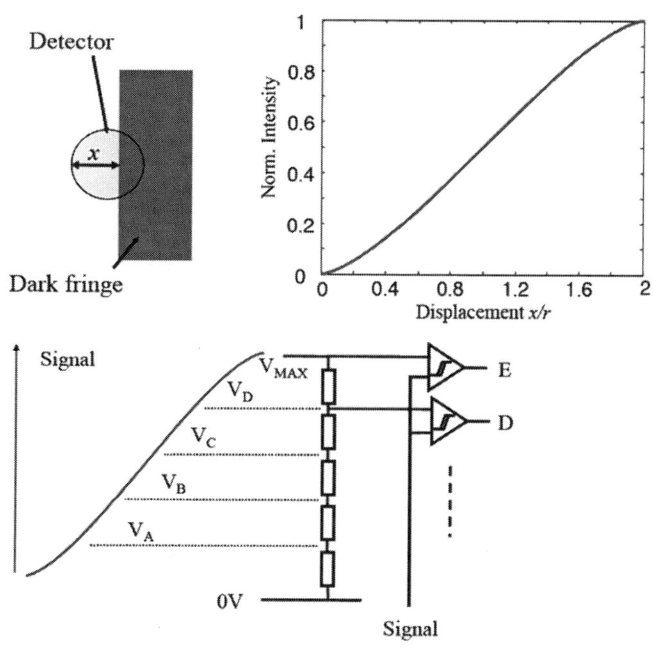

그림 6.58 저항분할법에 의한 내삽회로

앞에 보인 것은 저항분할법에 의해 5분할 펄스를 얻는 방법을 예로 든 것이다. 이렇게 분할된 펄스열을 다시 에지 검출회로를 통과시켜서 카운터로 계수하므로 분해능이 대폭 높아지는 효과가 생긴다.

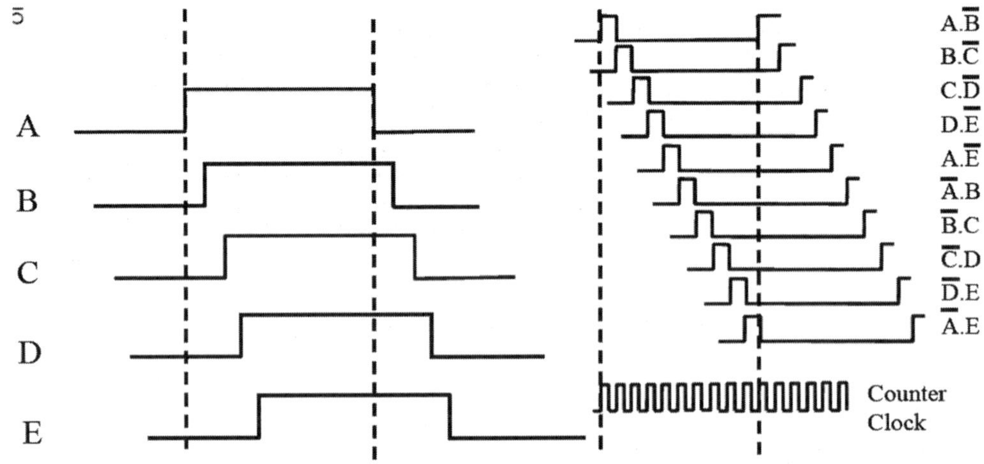

그림 6.59 저항분할에 의한 내삽 출력처리

제7장

디지털 계측

7.1 데이터 수집

7.2 샘플링과 양자화

7.3 D/A 변환

7.4 A/D 변환

7.5 가상 계측기

7.6 센서 계측

07
디지털 계측

Sensor, Measurements and Instrumentation Engineering

실 세계에서 사용하는 신호는 대부분 아날로그 형태이다. 신호를 수학적인 함수로 표현할 때 독립변수에 대해 연속이고 미분 가능한 형태를 아날로그 신호라고 부르는 반면 디지털 신호는 불연속적이며 이산적인 신호를 의미한다. 센서 계측에서 대부분의 피측정량(measurand)은 아날로그 형태이므로 과거에는 계측 신호를 아날로그 신호처리 과정을 거치고 최종 출력을 손으로 기록하는 것이 일반적인 일이었다. 그러나 현대의 마이크로 컴퓨터(micro computer), 마이크로 컨트롤러(micro controller), 단일 기판 컴퓨터(single board computer) 등 디지털 기술이 발전함에 따라 계측 시스템에도 디지털 기술이 광범위하게 사용되고 있다.

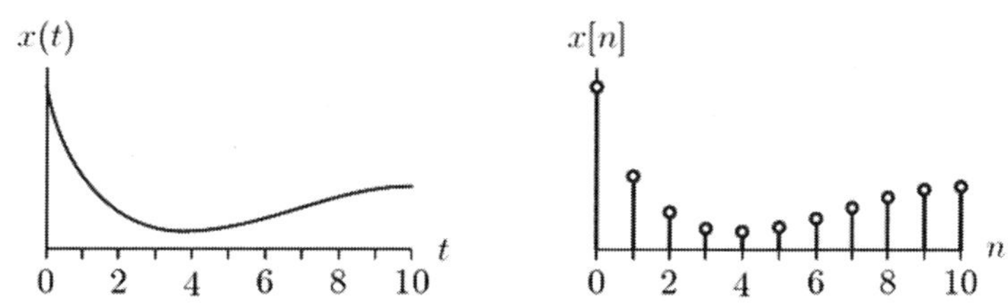

그림 7.1 아날로그와 디지털 신호

디지털 계측은 방대한 측정 데이터를 저장하고 처리 및 분석하는 일련의 과정을 쉽게 수행할 수 있기 때문에 그 중요성이 갈수록 높아지고 있다. 디지털 계측이 주류를 이루게 된 이유는 크게 3가지를 들 수 있다.

- 집적회로의 발전에 의해 디지털 계측기의 저가 대량 생산이 가능하게 되었다.
- 데이터의 기록, 저장, 표시가 간단하다.
- 디지털 계측은 본질적으로 잡음에 둔감하다.

그러나 아날로그 신호를 이산 신호로 변환하는 과정에서 양자화 오차가 발생하고 극히 높은 동작 주파수의 신호는 디지털처리가 어렵기 때문에 일부 영역에서는 아날로그 계측이 여전히 사용되고 있다.

7.1 데이터 수집

디지털 계측은 계측 신호의 독립변수인 시간뿐 아니라 종속변수인 신호의 크기도 이산화시켜야만 디지털 방식으로 신호처리를 할 수 있다. 즉 디지털 신호는 시간 축에서 이산화(discrete time)될 뿐 아니라 측정치도 이산화(discrete valued)가 되어야 한다는 의미이다. 이 과정을 표본화(sampling)와 양자화(quantization)라고 부르는데 디지털 계측을 위한 데이터 수집(Data Acquisition, DAQ) 단계에서 이루어진다.

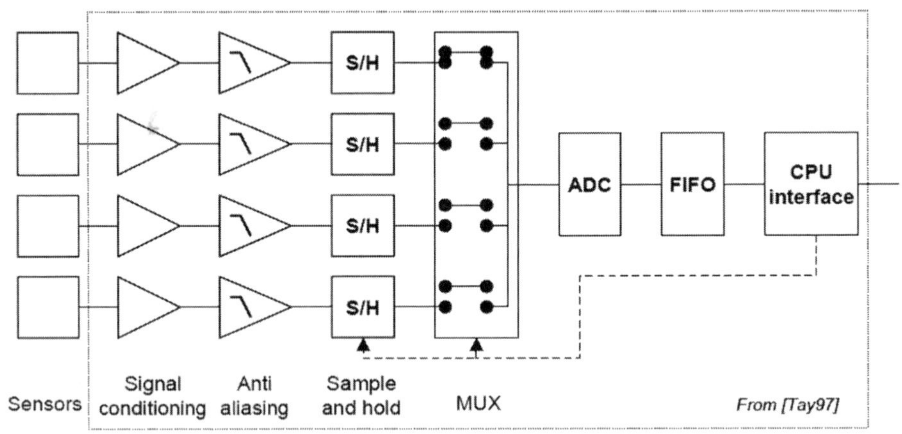

그림 7.2 센서 데이터 수집 장치 개념도

DAQ에서 센서 신호를 디지털 신호로 변환하기 전에 초단에서 센서 출력 전압을 증폭하거나 필터링하는 등의 신호처리가 필요하다. 이를 위해 5장에서 학습한 차동 증폭기(differential amplifier)를 거친 다음 필터링하는 것이 일반적이다. 차동 증폭단의 두 입력 신호를 V_1, V_2라고 한다면 이는 공통 신호 성분과 차동 신호 성분의 합으로 표시할 수 있다. 이상적일 경우 모든 센서 출력 전압은 차동 증폭기를 통해 두 단자의 전위차만 증폭하므로 공통 신호 성분의 영향은 상쇄된다. 일반적으로 전자기 결합 등에 의해 외부에서 유입된 잡음은 입력 단자에 공통적으로 작용하므로 공통 성분 잡음(common mode noise)이라고 부르는 데, 이는 차동 증폭단에서 효과적으로 제거될 수 있다.

$$V_1 = V_{CM} + \frac{V_D}{2}, \quad V_2 = V_{CM} - \frac{V_D}{2} \tag{7.1}$$

$$V_{CM} = \frac{V_1 + V_2}{2}, \quad V_D = V_1 - V_2 \tag{7.2}$$

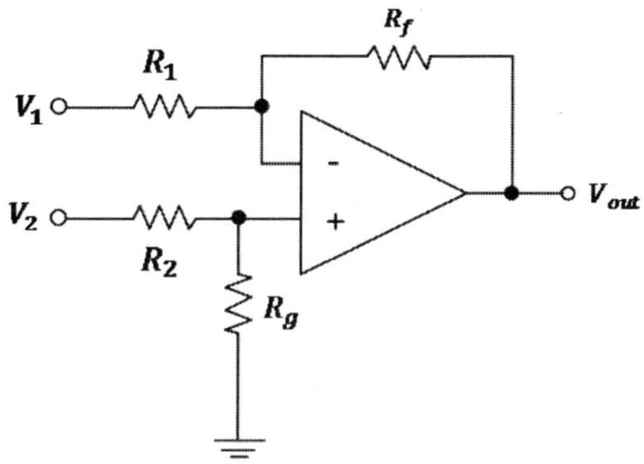

그림 7.3 차동증폭기에서의 CMRR

그러나 실제로는 차동 증폭기에 사용하는 저항비가 정확히 같지 않기 때문에 두 입력 신호에 대한 증폭비가 미세하게 다르고 이에 의해 공통 성분의 잡음이 여전히 존재하게 된다. 차동 증폭단에서 동상 잡음의 제거와 차동 신호의 증폭 정도를 동상 성분 제거비(Common Mode Rejection Ratio, CMRR)로 나타낼 수 있다.

$$\begin{aligned} V_o &= G_2 V_2 - G_1 V_1 = G_2\left(V_{CM} - \frac{V_D}{2}\right) - G_1\left(V_{CM} + \frac{V_D}{2}\right) \\ &= -V_D\left(\frac{G_2 + G_1}{2}\right) + V_{CM}(G_2 - G_1) = -V_D G_D + V_{CM} G_{CM} \\ &\cong -V_D G_D = -G_D(V_1 - V_2) \end{aligned} \tag{7.3}$$

$$CMRR(dB) = 20\log\left(\frac{differential\ gain}{common\ \text{mode}\ gain}\right) = 20\log\left(\frac{G_D}{G_{CM}}\right) = 20\log\left[\frac{G_2 + G_1}{2(G_2 - G_1)}\right] \tag{7.4}$$

CMRR은 주파수에 따라 달라지며 입력 신호의 주파수가 높아질수록 나빠지는 것이 일반적이다. 또한 차동 증폭기는 입력 임피던스가 낮아서 내부저항이 큰 신호원의 경우 사용하기 어렵다. 이러한 이유로 작은 센서 신호를 다루는 분야에서는 계측 증폭기(instrumentation amplifier)를 많이 사용한다. 이 경우는 저항비율에 약간의 차이가 있더라도 전단 증폭단에서 동상 신호에 대한 증폭비를 1로 유지한 상태로 차동 신호의 증폭비만 크게 높일 수 있기 때문에 CMRR이 좋아진다.

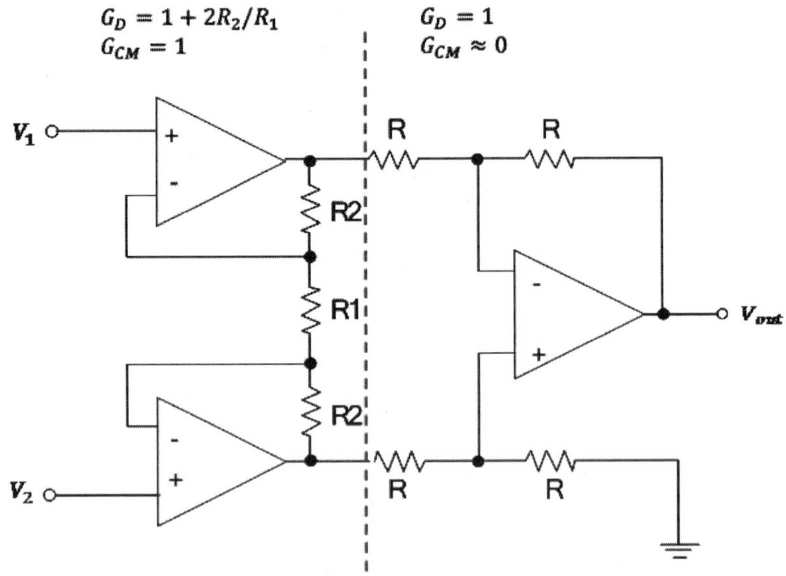

그림 7.4 계기 증폭기에서의 CMRR 개선 효과

한편 차동 증폭을 위해 센서 출력을 연결하는 문제를 생각해 보기로 하자. 우선 전압을 측정한다는 것은 두 지점 간의 전위차를 계측하는 것이므로 기준 전위에 대한 정의가 필요하다. 세탁기나 산업용 장치와 같은 대형 전기 기기의 경우 기준 전위로 대지 접지(earth ground)를 사용하지만 통상적인 신호원의 경우 어느 한쪽 단자를 기준 전위(signal ground)로 취하고 이를 시스템의 가장 낮은 전위인 시스템 그라운드(system ground)에 연결하면 된다. 센서 출력을 전압원이라고 본다면 신호원의 기준 전위는 통상 접지와 연결되겠지만 열전쌍처럼 분리된 경우도 존재한다.

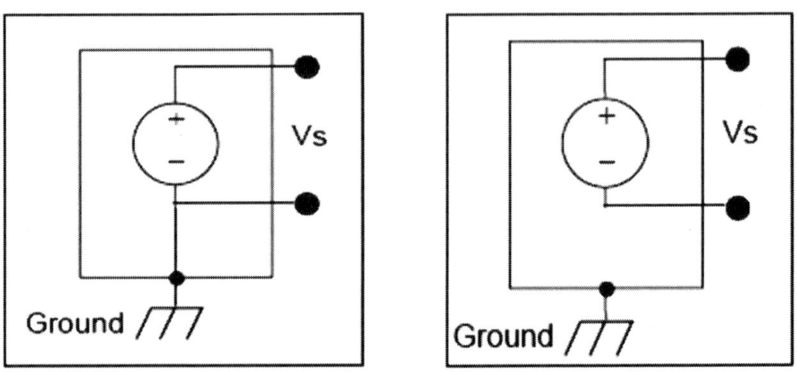

그림 7.5 센서 출력 신호원의 형태

센서 출력을 차동 증폭하기 위해선 각 센서마다 연결된 2개의 선을 차동 증폭기의 입력에 연결해야 한다. 이때 각 센서마다 전용 차동 증폭기를 연결할 수도 있지만 아날로그 스위치로 구성된 멀티플렉서(multiplexer)를 이용하여 하나의 차동 증폭기에 각 센서의 출력단을 연결하는 것도 가능하다. 이때 센서의 기준 전위를 차동 증폭기의 그라운드 기준 전위와 연결하면 되는데 이렇게 하면 연결할 센서가 많을 경우 결선부와 아날로그 스위치 접점이 2배로 증가하는 문제가 있다.

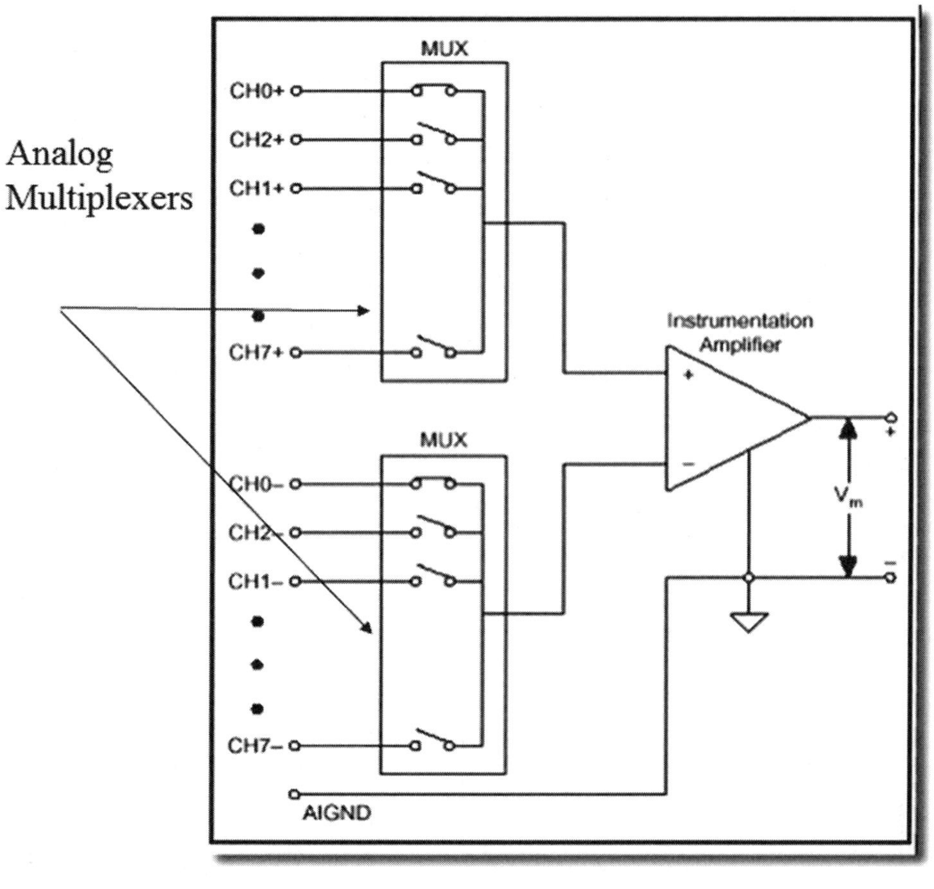

그림 7.6 멀티플렉싱 방식의 차동 센서 결선

통상적인 방법은 모든 센서 출력단의 기준 전위를 A/D 변환기의 그라운드와 공유해서 사용한다. 이렇게 하면 모든 측정은 하나의 계측계의 기준 전위에 대해 이루어지므로 결선을 절반으로 줄일 수 있다. 만일 센서 출력 신호의 주파수가 매우 높을 경우는 동축선(coaxial cable)을 사용하여 선간결합에 의한 잡음을 억제하면 된다.

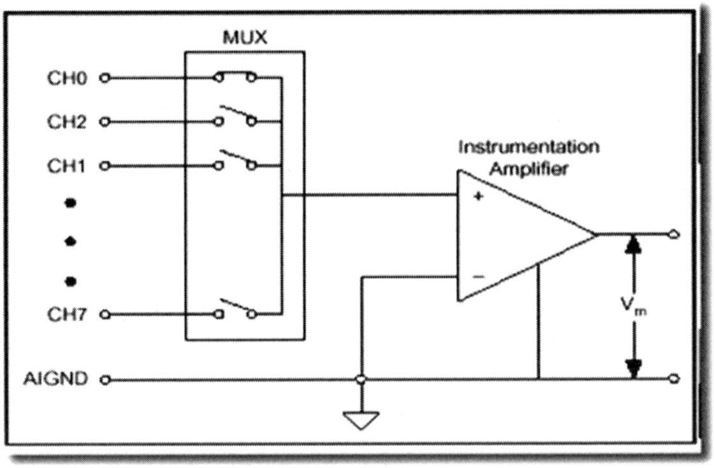

그림 7.7 멀티플렉싱 방식의 차동 센서 결선

한편 센서 출력을 차동 증폭하는 것도 출력 신호원의 형태에 따라 구성이 약간 달라진다. 즉 센서 기준 전위가 접지와 분리된 경우는 추가적으로 저항을 통해 전위를 고정시키는 것이 좋다. 이렇게 해야 하는 이유는 통상 차동 증폭기의 입력 단자가 트랜지스터(transistor)로 구성되기 때문에 0.6~0.7 [V]의 전위를 형성하고 있는데, 열전쌍이나 압전 센서 등의 출력이 이보다 월등히 작은 신호라서 입력 바이어스에 의한 전류가 잡음으로 작용하기 때문이다. 이를 완화하는 방법이 저항을 통해 입력 바이어스에 의한 전류가 센서로 흘러들어 가는 양을 줄이는 것이다.

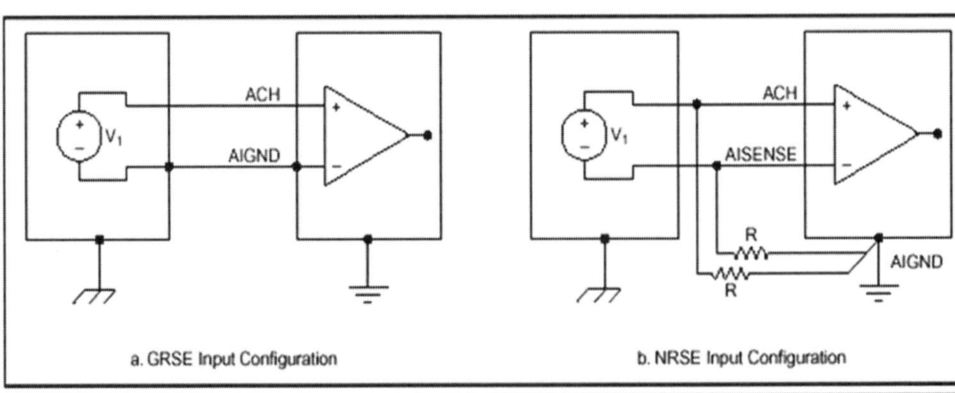

그림 7.8 센서 출력 신호원 형태에 따른 차동 증폭단 구성

또 한 가지 고려해야 할 사항은 그라운드 루프(ground loop)이다. 이는 센서와 DAQ의 기준 전위가 미세하게 다를 경우로 그라운드 간의 전위차에 의해 전류가 흐르게 되고 이에 의한 전자 유도(electromagnetic coupling) 잡음이 더해질 수 있다. 따라서 이 경우는 서로 다른 기준 전위를 아예 분리하는 편이 유리하다.

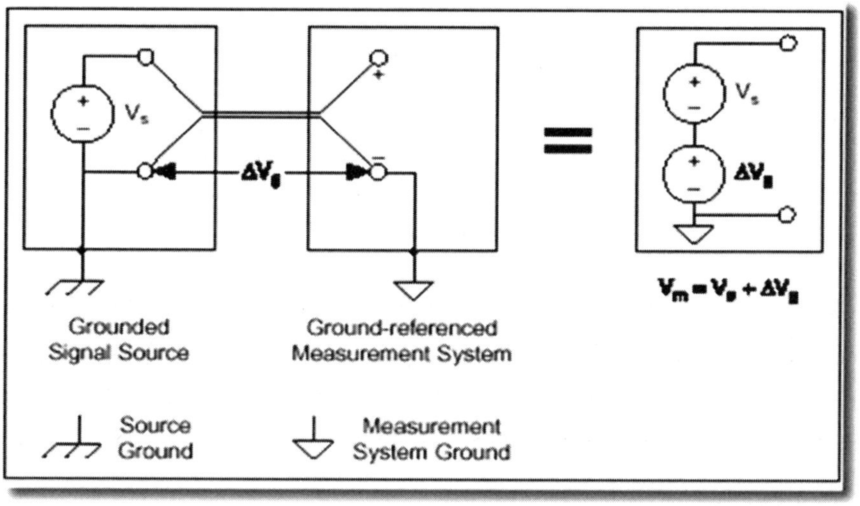

그림 7.9 그라운드 루프

7.2 샘플링과 양자화

DAQ 과정에서 일어나는 샘플링과 양자화는 각각 시간에 대해 그리고 신호의 크기에 대해 근사화하는 과정이다. 즉 이 과정을 통해 만들어진 이산화 신호는 원래의 아날로그 신호와 달리 연속적이지 않지만 적절한 과정을 거치면 원래의 신호로 복구가 가능하다. 따라서 신호의 정확한 표현을 얻기 위해 얼마나 자주 샘플링하는 것이 좋은가가 중요한 문제이다. 물론 가능한 빠른 속도로 샘플링하면 좋겠지만 이는 특별히 제작된 고속의 하드웨어 장치가 필요하다는 것과, 이 과정에서 생성되는 방대한 양의 데이터 배열을 저장하기 위한 저장 장치의 용량이 커져야 하기 때문에 효율적이지 못하다. 따라서 신호의 주요 정보를 잃지 않는 범위에서 주어진 문제에 적합한 최소의 샘플링속도를 선택하는 것이 중요하다.

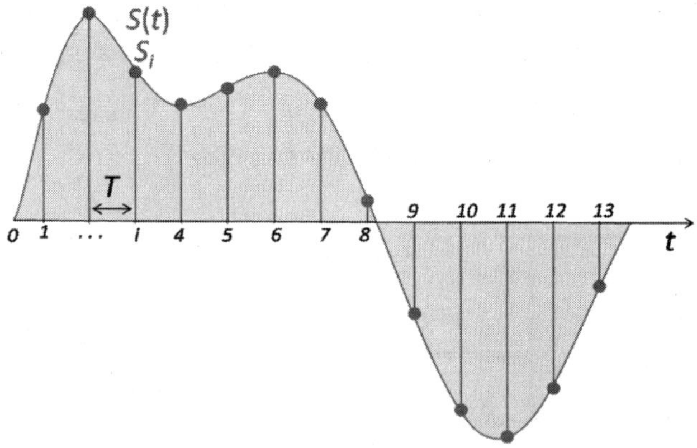

그림 7.10 샘플링

샘플링 속도와 관련한 이론으로 나이퀴스트-샤논 샘플링 정리(Nyquist-Saannon sampling theorem)에 의하면 신호에 포함된 모든 주파수 성분을 복원하기 위해선 신호에 있는 최대 주파수 성분의 최소 두 배 이상의 속도로 샘플링해야 한다는 것이다. 즉 아날로그 신호를 충실히 표현하려면 디지털 표본은 다음의 주파수(f_s)로 수집되어야 한다.

$$sampling\,rate : f_s > 2f_{\max} \tag{7.5}$$

$$sampling\,time : \Delta t = \frac{1}{f_s} \tag{7.6}$$

즉 샘플링하려는 신호의 주파수 보다 적어도 두 배 이상 속도로 샘플링해야 하며 이때의 최소 수집 주파수를 나이퀴스트 주파수(Nyquist frequency)라고 한다. 만약에 나이퀴스트 주파수보다 느린 속도로 샘플링하게 되면 원치 않는 신호가 섞이는 에일리어싱(aliasing) 현상이 발생한다. 아래에 예를 든 것처럼 원 신호 9주기 동안 10회 샘플링했다면 원 신호의 주파수(0.9 [Hz])에 비해 1.11배 빠른 1 [Hz]로 샘플링한 것이고 이를 복원하면 원 신호 보다 느린 0.1 [Hz]의 신호가 얻어진다.

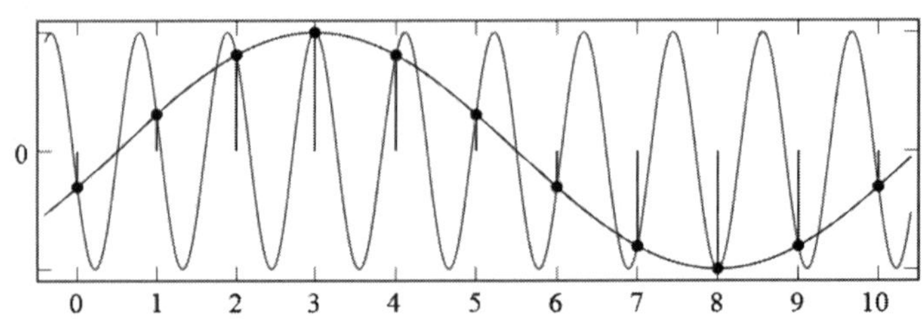

그림 7.11 에일리어싱(aliasing) 현상

에일리어싱의 대표적인 예가 영화나 TV에서 고속 주행하는 차량의 바퀴가 반대 방향으로 돌아가는 것처럼 보이는 현상이다. 이는 초당 60 프레임 속도로 샘플링해서 보여주는 영상이 고속으로 회전하는 바퀴속도에 비해 충분히 빠르지 않기 때문이다. 이처럼 샘플링속도가 느리면 오차를 유발하는 가상의 정보를 만들어내기 때문에 통상적으로는 나이퀴스트 주파수의 2~5배 정도로 샘플링하는 것이 적절하다.

많은 경우 센서 출력은 진폭변조(Amplitude Modulation, AM) 형태가 되는데 이를 DAQ하는 과정을 생각해보자. 예를 들어 광학이나 음향학에서 발생하는 맥놀이 현상은 주파수가 유사한 2개의 신호가 더해질 때 주로 생기는 현상이다. 아래의 신호에서 주파수 $a=1$ [Hz], $b=0.9$ [Hz]라면 진폭 변조된 신호의 주파수는 두 주파수의 평균인 0.95 [Hz]가 된다.

$$F(t) = \sin(at) + \sin(bt) = 2\cos\left(\frac{a-b}{2}t\right) \cdot \sin\left(\frac{a+b}{2}t\right) \tag{7.7}$$

이를 $\Delta t = 0.01$ [s]와 $\Delta t = 0.75$ [s] 간격으로 샘플링한 출력을 비교하면 에일리어싱에 의한 영향이 드러난다. 즉 100 [Hz] 샘플링에서는 변조 출력이 관측되지만 1.33 [Hz] 샘플링의 경우 원래 파형과 전혀 다른 결과가 얻어지며 대략 0.4 [Hz] 성분이 주로 관측된다.

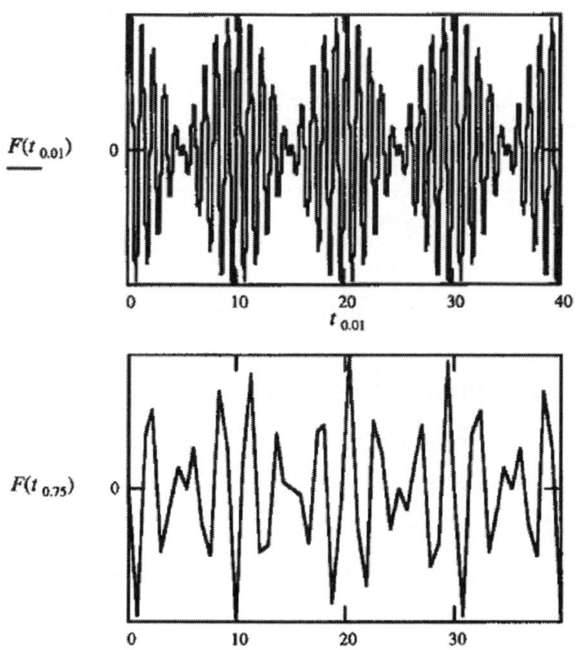

그림 7.12 에일리어싱에 의한 진폭변조 신호의 왜곡

에일리어싱 효과는 주파수 스펙트럼의 관계를 살펴보면 쉽게 이해할 수 있다. 아래 그림에 보인 바와 같이 25, 70, 160, 510 [Hz] 성분이 섞여있는 신호를 100 [Hz]로 샘플링하면 70, 160, 510 [Hz] 성분에 대해선 샘플링이 충분히 빠르지 않다. 결국 이에 의해 30, 40, 10 [Hz]의 에일리어싱 신호가 발생하게 된다. 에일리어싱 현상은 변조(modulation) 이론으로 설명할 수 있으며, 신호원의 주파수(f_o)와 샘플링 주파수(f_s)에 대해 생성되는 에일리어싱 신호의 주파수(f_{alias})는 다음과 같다.

$$f_{alias} = \min|kf_s - f_o|, \ where \ k = integer \tag{7.8}$$

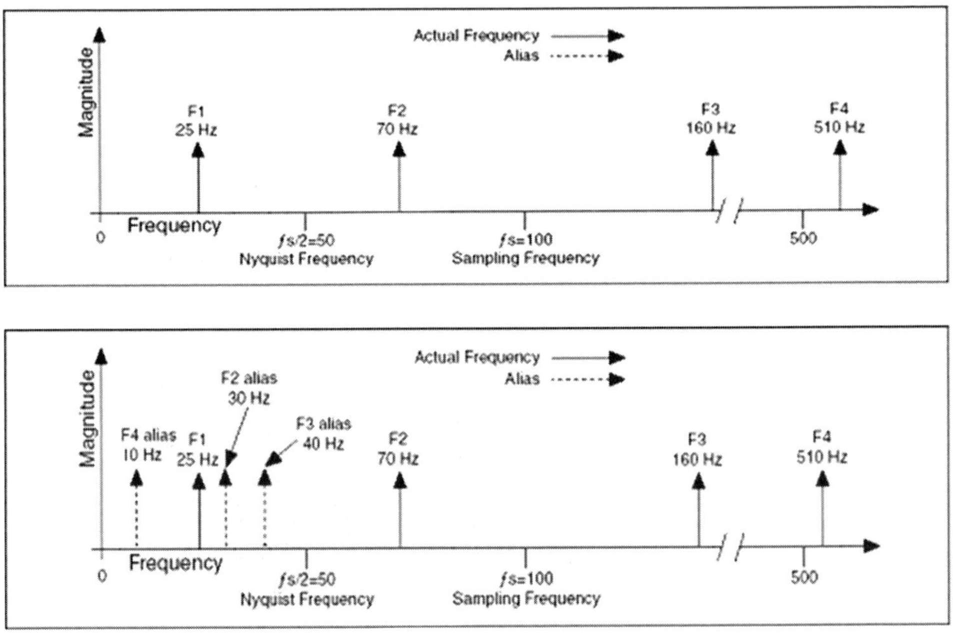

그림 7.13 에일리어싱 현상의 주파수 스펙트럼 표현

나이퀴스트 이론에 의하면 샘플링 주파수에 비해 원 신호의 최대 주파수 성분이 낮을수록 샘플링에 유리함을 알 수 있다. 즉 샘플링 과정에서 발생하는 에일리어싱에 의한 저주파 잡음은 일단 발생하고 나면 제거하는 것이 어렵다는 것이다. 앞에서 설명한 에일리어싱 신호의 주파수 스펙트럼을 보면 알 수 있듯이 샘플링 주파수 보다 높은 주파수 성분에 의해서 낮은 주파수 대역에 에일리어싱이 발생하므로 원래의 저역 신호와 구분해 내는 것이 불가능한 것이다.

따라서 샘플링하기 전에 저역통과 필터로 고주파 신호를 충분히 제거하는 것이 중요하다. 이러한 목적으로 사용하는 것이 안티-에일리어싱 필터(anti-aliasing filter)이다. 안티-에일리어싱 필터가 가져야 할 특성은 대역 차단(cut-off)이 급격히 이루어져야 하고 통과 대역에서 증폭비가 일정한 것이 좋다. 이러한 용도로 사용할 수 있는 대표적인 필터로 베셀(Bessel) 필터를 들 수 있다. 베셀 필터는 주파수에 따라 위상 지연이 비례하기 때문에 필터링에 의한 신호의 왜곡이 없으므로 가장 적절하다. 반면 버터워스(Butterworth) 필터는 통과 대역에서 증폭비는 일정하지만 위상 지연이 급격히 커지고 체비체프(Chebychev) 필터는 대역 차단특성은 매우 좋지만 통과 대역에서 리플(ripple)이 크다는 단점이 있다.

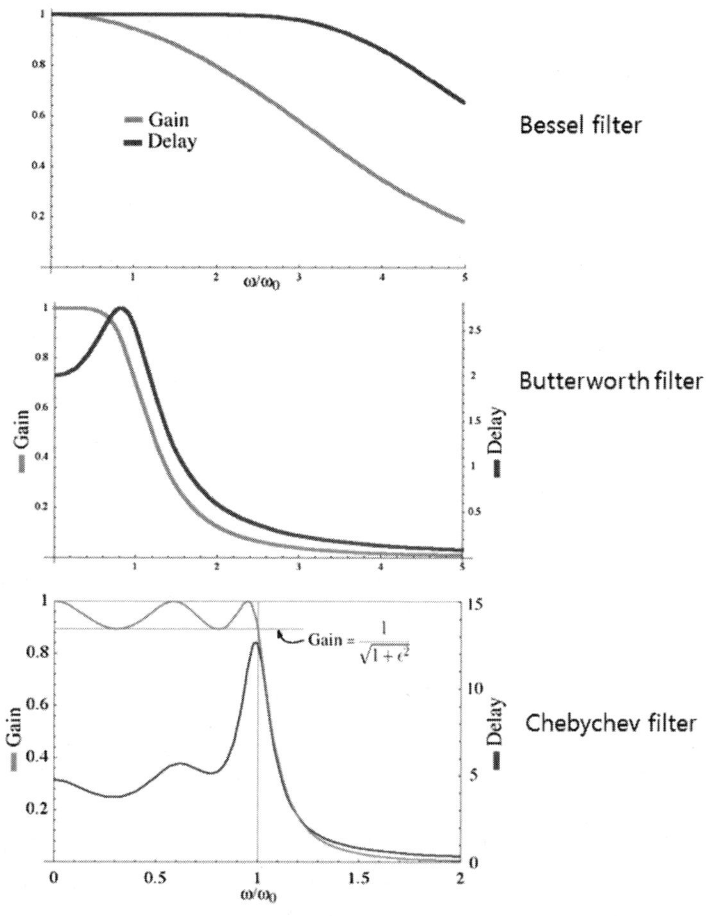

그림 7.14 저역통과 필터 종류에 따른 전달함수

안티-에일리어싱 필터로 샘플링 전단에서 저역통과 필터링하는 대신 매우 높은 주파수로 샘플링하고 이를 후단에서 디지털 필터링하는 것도 한 가지 방법이다. 이를 오버-샘플링(over sampling) 기법이라고 하는데 이 방법은 몇 가지 장점을 갖고 있다. 먼저 대역 차단특성 등을 만족하기 어려운 아날로그 필터 설계에 비해 고차의 디지털 필터는

구현이 간단하다. 특히 높은 주파수로 샘플링된 디지털 신호를 필터링하고 다시 다운 샘플링(down sampling) 하는 것은 적은 비용으로 소프트웨어적으로 이루어진다. 또한 오버 샘플링을 하면 실효적으로 A/D 혹은 D/A 변환기의 비트수를 늘리는 효과가 있다. 예를 들어 20 bit A/D 변환기로 원래의 샘플링 주파수 보다 256배 높은 주파수로 변환한 다음 256개의 데이터를 연속 평균해서 처리하면 24 bit A/D 변환의 효과를 얻을 수 있다. 오버샘플링은 잡음 측면에서서 N개의 샘플을 평균처리하는 것이므로 잡음의 분산, 즉 잡음의 파워가 $1/N$으로 감소되므로 신호 대 잡음비(signal to noise ratio)가 개선되는 것이다. 이때 n 비트의 증가분 효과를 얻기 위해 필요한 오버 샘플링 데이터의 수 N_{os}은 다음과 같이 결정된다.

$$N_{os} = 2^{2n} \tag{7.9}$$

샘플링을 통해 시간적으로 이산화된 아날로그 신호는 아날로그/디지털 변환 (Analog to Digital Conversion, ADC)을 통해 디지털 형태로 변하게 된다. 이 과정은 개념적으로 양자화(quantization)와 부호화(coding) 두 단계를 거치는 것이다. 먼저 양자화는 연속적인 아날로그 입력을 이산화한 출력으로 근사화하는 과정이며, 부호화는 이산화된 각 출력 수준에 대해 고유한 디지털 부호를 부여하는 단계이다. 아래 그림처럼 n 비트로 변환했다면 출력을 2^n 단계로 근사화하는 것이다.

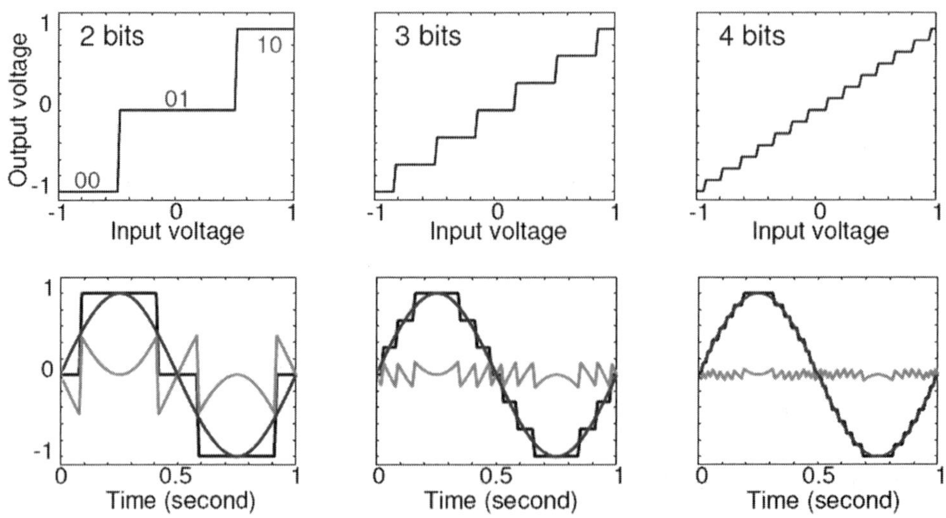

그림 7.15 양자화 오차

아날로그 양자화 과정에서 발생하는 양자화 크기는 A/D 변환기의 전체 입력범위를 가능한 출력 상태의 수로 나눈 값과 같다. 이는 데이터 수집 과정에서 처리할 수 있는 분해능에 해당하며 대부분의 상용 A/D 변환기는 10-, 12- bit 변환기가 주종을 이룬다.

이처럼 양자화하는 과정은 해당 구간 내 대표 값으로 근사화 하는 과정이므로 오차를 동반하게 된다. 이산 데이터로 표현하는 비트 수가 증가하면 양자화 오차도 줄게 되므로 양자화 오차는 입력 신호의 크기와 비트 수에 따라 달라진다. 양자화하는 과정에서 발생하는 오차의 정도를 신호 대 양자화 잡음 파워 비(Signal-to-Quantization Power Ratio, SQNR)로 표시하는데, 선형 양자화(linear quantization)인 경우는 아래와 같다.

$$v(t) = \left(\frac{V_{fs}}{2}\right)\sin\omega t = A sin\omega t$$

$$Quantization\ step:\ q = V_{fs}/(2^B - 1) \approx V_{fs}/2^B = 2A/2^B \tag{7.10}$$

$$Quantization\ error:\ \sigma_e^2 = \int_{-q/2}^{q/2} e^2 P(e) de = \frac{1}{q}\int_{-q/2}^{q/2} e^2 de = \frac{q^2}{12} \tag{7.11}$$

$$SQNR = 10\log\left(\frac{A^2/2}{q^2/12}\right) = 10\log\left[\frac{(q2^B/2)^2/2}{q^2/12}\right] = 10\ \log\left(\frac{3 \cdot 2^{2B}}{2}\right) = 6.02B + 1.76\,dB \tag{7.12}$$

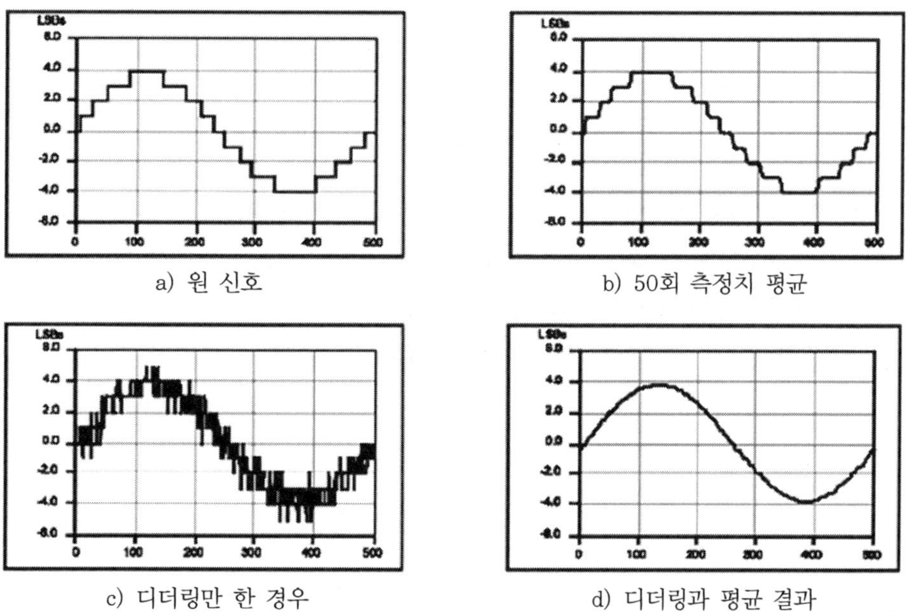

a) 원 신호

b) 50회 측정치 평균

c) 디더링만 한 경우

d) 디더링과 평균 결과

그림 7.16 디더링 효과

한편 양자화 오차에 의한 A/D 변환 품질의 저하는 디더링(dithering)을 통해 개선할 수 있다. 디더링이란 A/D 변환하기 전에 양자화 잡음 크기의 무작위성 잡음(random noise)을 의도적으로 추가하고 이를 고속으로 A/D 변환한 다음 디지털 필터로 평활화하는 방법이다.

7.3 D/A 변환

컴퓨터나 디지털 시스템에서 외부 아날로그회로와 연결하기 위해서는 디지털을 아날로그로 바꾸는 D/A 변환이 필요하다. D/A 변환의 한 방법은 펄스폭 변조(Pulse Width Modulation, PWM) 방식이다. 이는 주로 모터제어와 같이 부하를 직접 구동할 때 많이 사용하는 방법으로 디지털 출력의 평균치가 부하에 작용하게 된다. 즉 이 경우는 디지털 출력라인과 저역통과 필터만 있으면 구현할 수 있다. 가장 간단한 형태의 PWM 방식에서 디지털 라인은 일정한 주파수의 펄스열(pulse train)을 생성하는데 이때의 듀티비(duty ratio)가 생성하고자 하는 아날로그 전압에 비례하는 형식이다.

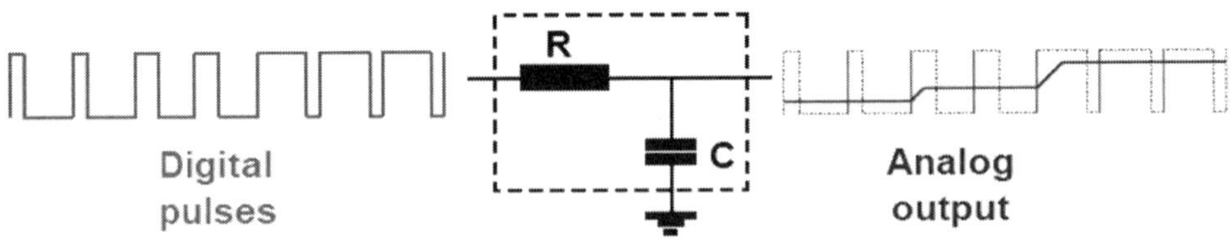

그림 7.17 PWM 방식 D/A 변환 개념

PWM 펄스열을 생성하는 가장 간단한 방법은 톱니파형과 비교하여 출력의 on-off를 결정하는 방식이며 이 외에도 델타변조(delta modulation, Δ modulation) 방식과 시그마-델타변조(sigma-delta modulation Σ-Δ modulation) 방식 등이 있다. PWM은 펄스 밀도변조(Pulse Density Modulation, PDM)의 특수한 경우라고 볼 수 있다.

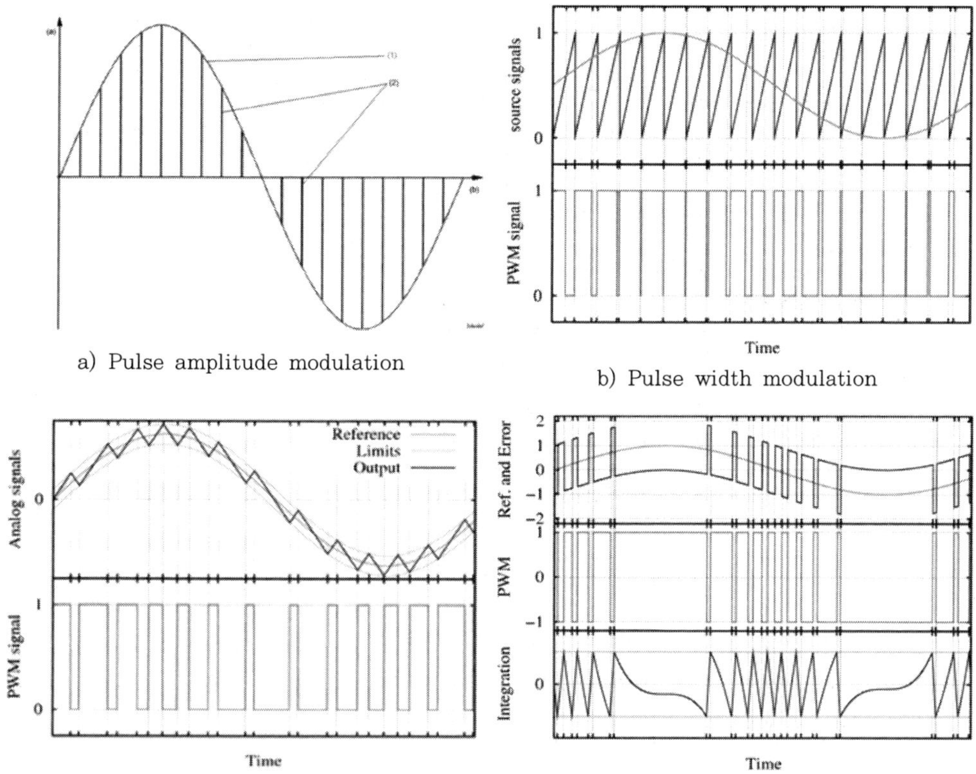

a) Pulse amplitude modulation
b) Pulse width modulation
c) delta modulation
d) sigma delta modulation

그림 7.18 PWM 방식 A/D 변환 비교

실제로 많이 사용하는 D/A 변환기의 구성은 OP-Amp 기반의 가산 증폭기에 기초한 방식이다. 여기서 저항은 2진수의 지수 형태 크기로 배치되어 스위치 동작에 따라 가중치가 다른 전류가 흘러 들어가는 방식이다. 즉 가장 작은 저항을 통해 MSB에 해당하는 전류를 공급하게 되는데, 비트 수가 많을수록 고정도의 저항이 필요하기 때문에 실제적인 구현은 어려운 방식이다.

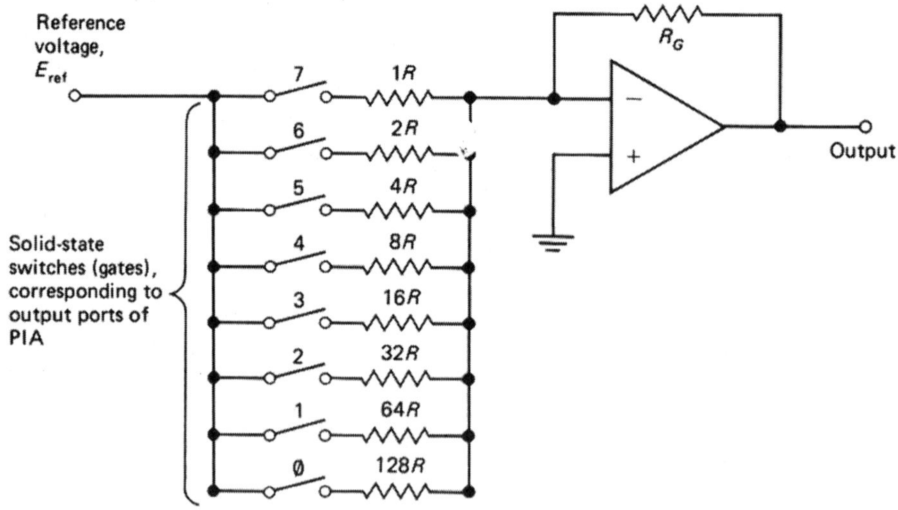

그림 7.19 2진 가산기형 D/A 변환기

또 다른 방식으로 R-2R형 D/A 변환기를 들 수 있다. N 비트의 D/A 변환기에는 $2N$개의 저항, OP-Amp 그리고 N개의 스위치로 구성된다. 이 경우는 N개의 스위치가 각 비트 데이터에 따라 V_{ref} 혹은 GND에 연결된다. 즉 V_{ref}에 연결된 경우 해당하는 전류가 반전 증폭기에 흘러들어 가는데 R-2R 저항 배치에 의해 각 단 별로 이진 가중치를 갖는 전류가 형성된다. 따라서 이 경우는 저항의 개수는 많지만 각 저항 자체가 높은 정밀도를 요하는 것이 아니므로 상대적으로 구현이 간단하다.

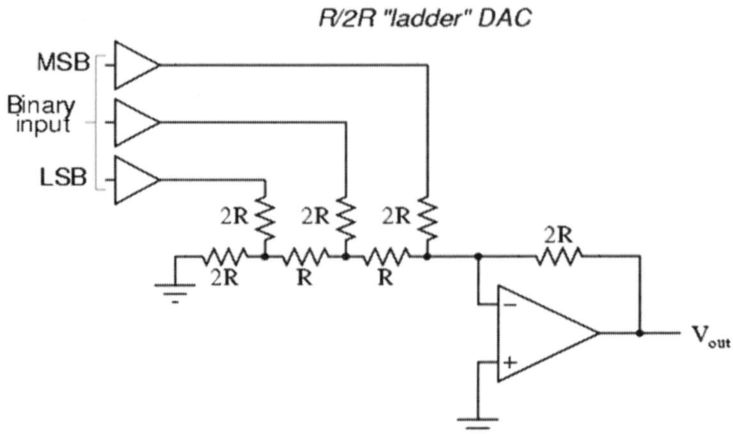

그림 7.20 R-2R형 D/A 변환기

7.4 A/D 변환

디지털 계측을 위해선 우선 아날로그 신호를 디지털로 변환하는 과정이 필요하다. 이는 통상 버퍼 증폭기와 저역통과 필터를 거친 신호를 A/D(Analog to Digital) 변환하는 것이 일반적이다. 아날로그 디지털 변환기의 표시 방식은 아래와 같다.

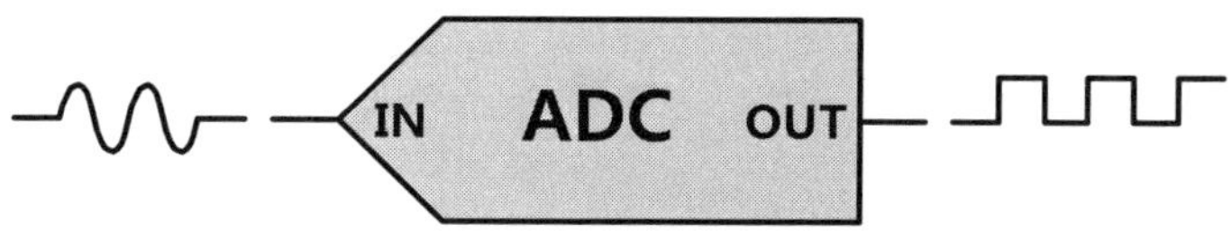

그림 7.21 A/D 변환기 기호

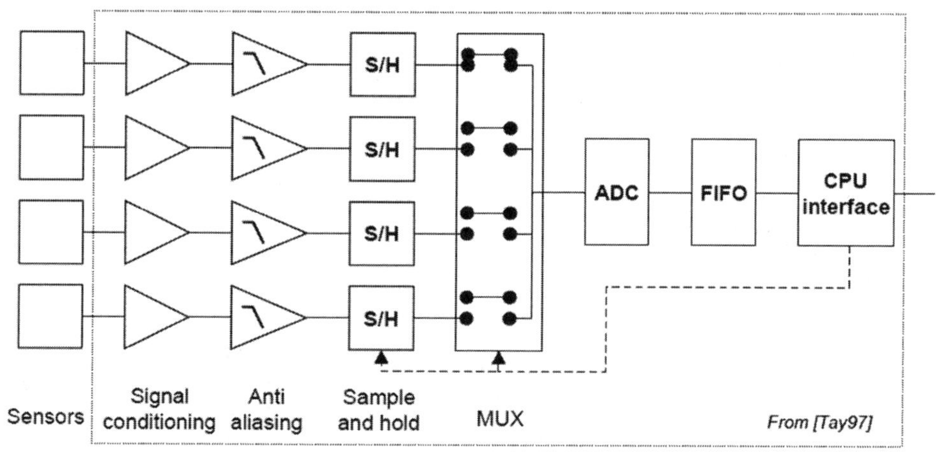

그림 7.22 센서 데이터 수집 장치 개념도

A/D 변환은 시간상에서 이산화된 신호를 디지털로 변환하는 것이므로 변환하는 동안에 신호가 일정하게 유지되어야 한다. 이 기능을 수행하는 것이 샘플 앤드 홀더(sample and holder)로 A/D 변환의 전 단계에서 이루어진다. 이 과정은 출력이 입력을 추종하는 트랙 모드(track mode)와 샘플링해서 A/D 변환을 마칠 때까지 출력을 유지하는 홀드 모드(hold mode)의 2개의 동작 모드로 나누어서 진행된다.

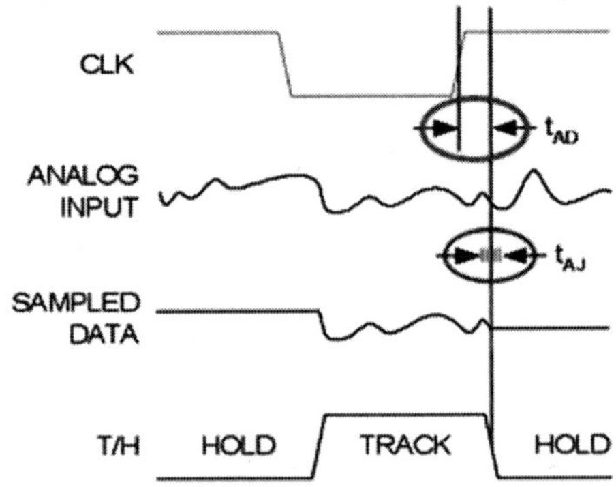

그림 7.23 샘플 앤드 홀더 동작

샘플 앤드 홀드회로는 통상 신호 버퍼와 아날로그 스위치 그리고 신호 저장용 커패시터로 구성된다. 버퍼는 입출력 임피던스 면에서 이상적인 신호 전달기능을 할 수 있으며 통상 OP-Amp로 구성할 수 있다. 먼저 샘플 모드에서 아날로그 스위치가 연결되어 커패시터를 충전하는 데 이때 버퍼의 출력 임피던스가 매우 작기 때문에 신호의 전달 과정에서 손실은 발생하지 않는다. 이후 홀드 모드에서 아날로그 스위치가 끊어지고 커패시터에 저당된 전압이 출력 버퍼로 연결되는 데 버퍼의 입력 임피던스가 무한대에 가깝기 때문에 충전된 전압의 손실을 최소화할 수 있다.

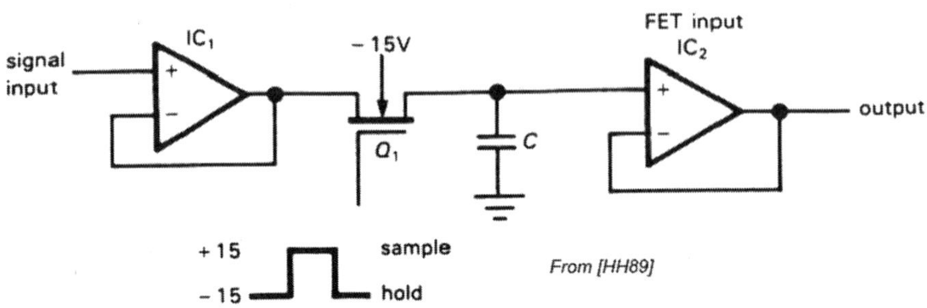

그림 7.24 샘플 앤드 홀더 회로

한편 A/D 변환해야 할 신호가 여러 개 일 경우 멀티플렉서(multiplexer)를 사용하면 순차적으로 변환할 수도 있다. 멀티플렉서는 다수의 아날로그 스위치를 이용하여 여러 입력 중 하나만 출력으로 연결하는 기능을 한다. 통상 아날로그 스위치는 n형 MOSFET을 이용하므로 양방향 스위치로 작동할 수 있고 하나의 입력을 여러 개로 분주하는 디멀티플렉서(de-multiplexer)에 사용할 수도 있다.

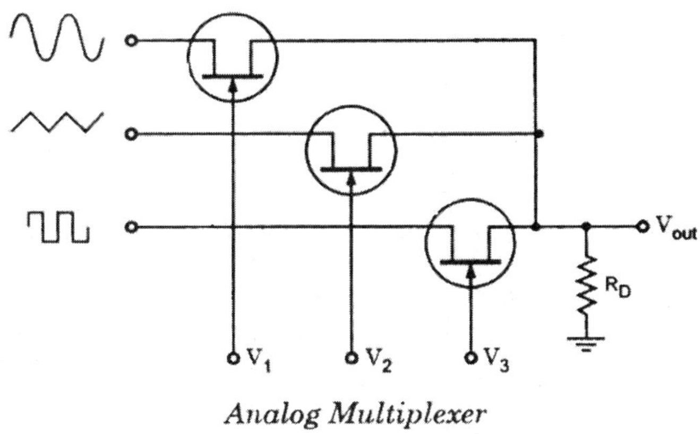

그림 7.25 아날로그 멀티플렉서회로

이처럼 아날로그 스위치는 여러 입력 신호 중 하나만 선택하는 방식을 멀티플렉싱(multiplexing)이라고 하는데, 고가의 ADC 소자를 하나만 사용한다는 장점은 있지만 각 신호별 변환 시점이 달라지는 문제가 있다. 이와 대별되는 방식은 입력 채널별로 독립적인 ADC 소자를 이용하여 동시에 샘플링하는 방식으로 변환 채널 간 지연이 없다는 장점이 있다.

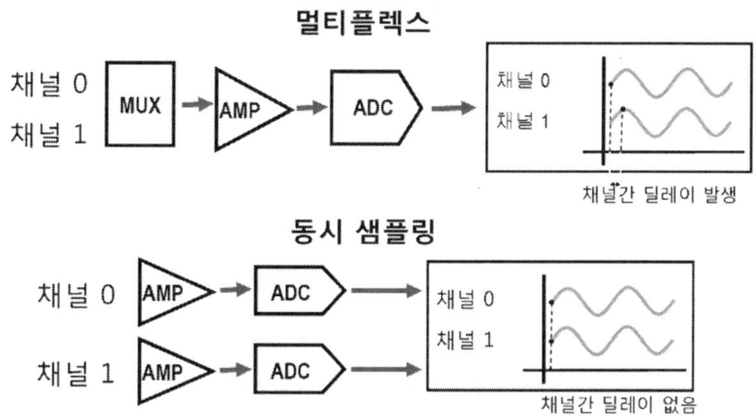

그림 7.26 멀티플렉싱에 의한 DAQ 방식

A/D 변환기와 D/A 변환기는 흔히 IC 소자로 제작되는데, 경우에 따라서 컴퓨터에 삽입 가능한 카드나 독자적인 DAQ 시스템으로 구현되기도 한다. 성능은 주로 비트 수와 처리속도 등에 따라 달라진다.

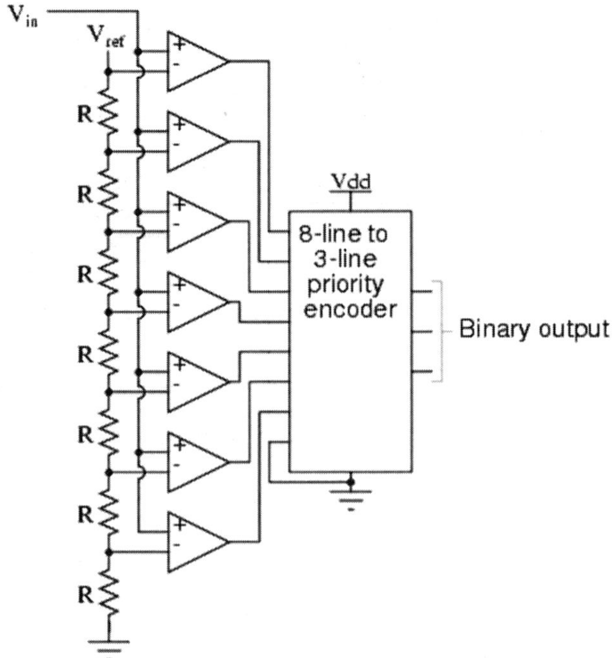

그림 7.27 플래시형 A/D 변환기

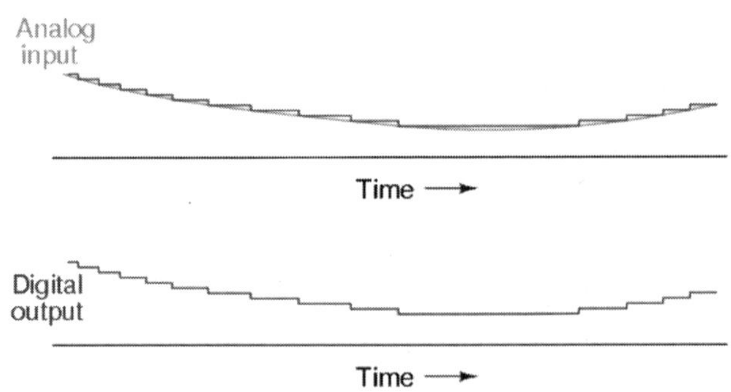

그림 7.28 플래시형 A/D 변환 동작

대표적인 A/D 변환 방식으로는 병렬 인코딩형을 들 수 있다. 이는 전압 비교기와 일련의 저항을 이용하여 주어진 입력 신호를 기준 전압과 동시에 비교하는 방식이다. 이 방식은 모든 비트가 동시에 비교되므로 변환속도가 매우 빨라서 통상 플래시(flash) 방식이라고 부른다. 그러나 N 비트 변환의 경우 (2^N-1)개의 비교기가 필요하므로 비용이 많이 드는 방식이라고 볼 수 있다. 플래시형의 또 다른 장점으로는 다른 크기의 저항을 사용하여 비선형 A/D 변환기를 만들 수 있다는 점이다.

다른 방식으로는 이진 카운터(counter)와 D/A 변환기 그리고 아날로그 비교기로 구성하는 램프형(ramp) A/D 변환기를 들 수 있다. 이는 초기에 카운터가 리셋된 상태에서 아날로그 입력과 카운터 출력을 D/A 변환한 결과를 비교해서 이 둘이 같아질 때까지 카운팅을 계속하는 방식이다. 카운터 동작에 의한 변환이기 때문에 카운터 A/D 변환기라고 부르기도 한다. 입력 신호의 크기에 따라 변환 시간이 달라지며, N 비트 변환의 경우 최장 2^N번 비교하는 과정을 거쳐야 하기 때문에 속도가 지나치게 느린게 단점이다.

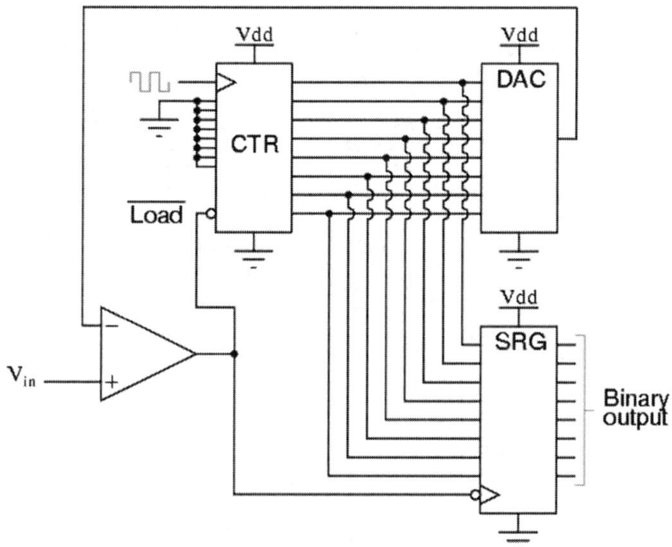

그림 7.29 램프형 A/D 변환기

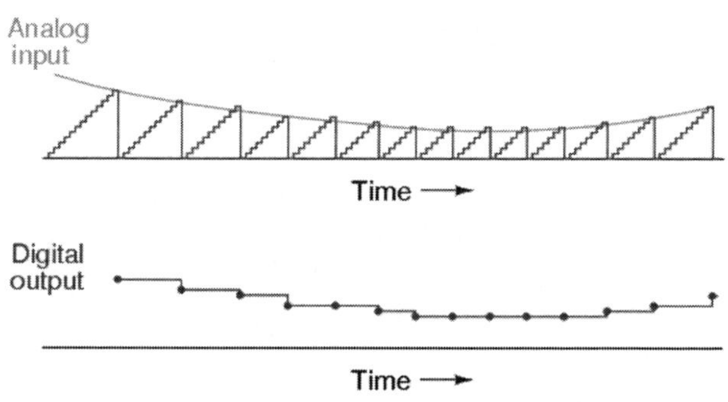

그림 7.30 램프형 A/D 변환기 동작

램프형 A/D 변환기의 단점을 해결한 것이 연속 근사형(sucessive approximation)으로 변환속도가 빠르고 저가로 구현할 수 있기 때문에 널리 이용되는 방식이다. 램프형 A/D와의 가장 큰 차이점은 연속 근사 레지스터(Successive Approximation Resistor, SAR)를 사용한다는 점이다. 동작을 살펴보면 연속 근사 레지스터의 최상위 비트(Most Significant Bit, MSB)가 1로 초기화된 상태에서 DAC 입력에 가해진다. 이는 입력범위의 절반에 해당하는 신호인데 이를 아날로그 입력 신호와 비교해서 그 결과에 따라 MSB를 결정한다. 이러한 과정을 최하위 비트(Least Significant Bit, LSB)까지 반복적으로 결정하면 A/D 변환이 완료된다. 변환을 위해 비트 수와 동일한 횟수로 비교하는 것이므로 속도 면에서 플래시형보다는 느리지만 저가로 구현할 수 있다. 연속 근사형 A/D의 경우 출력이 MSB부터 비트 단위로 순차적으로 결정되므로 직렬(serial) 데이터형 출력을 얻을 수 있다.

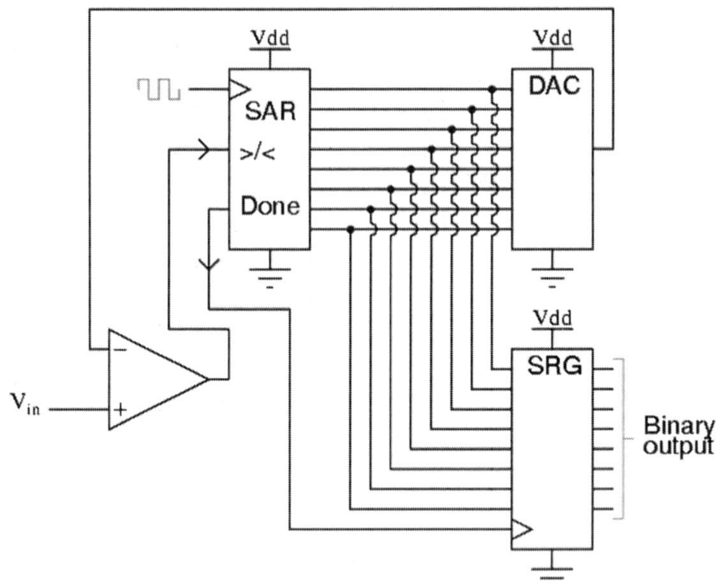

그림 7.31 연속 근사형 A/D 변환기

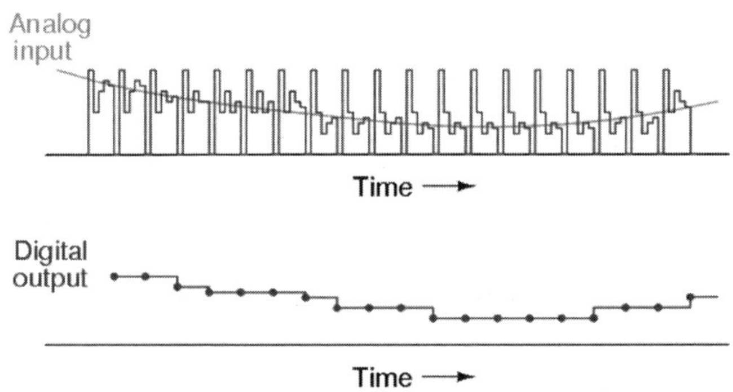

그림 7.32 연속 근사형 A/D 변환기 동작

카운터형 A/D 변환기가 단방향으로만 카운팅하는 것에 비해 양방향으로 카운팅하도록 변경한 것이 추종형(tracking) A/D 변환기이다. 즉 카운터의 출력을 D/A 변환한 값과 입력 신호의 크기를 비교해서 카운터 방향을 변경하므로 카운터 출력이 아날로그 입력을 추종하도록 작동한다. 따라서 이 경우는 매 클럭 입력마다 카운터의 출력이 바뀌므로 속도가 매우 빠르다는 장점이 있다. A/D 변환을 처음 시작할 때는 추종이 될 때까지 시간이 걸리며, 일정한 입력 신호에 대해서도 출력이 고정되지 않고 미세하게 움직이는 것이 단점이다.

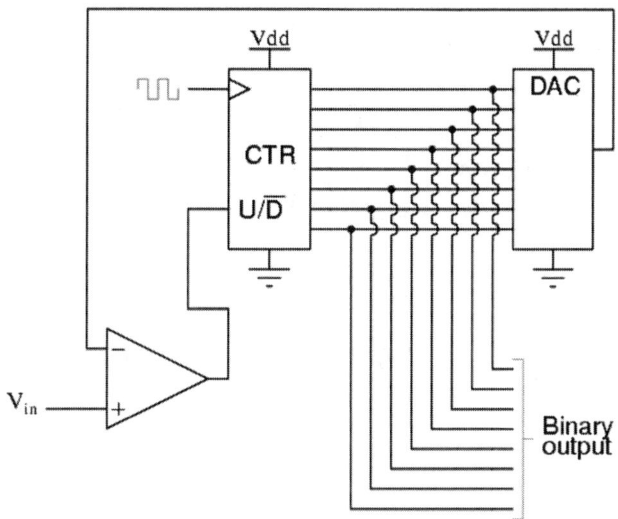

그림 7.33 추종형 A/D 변환기

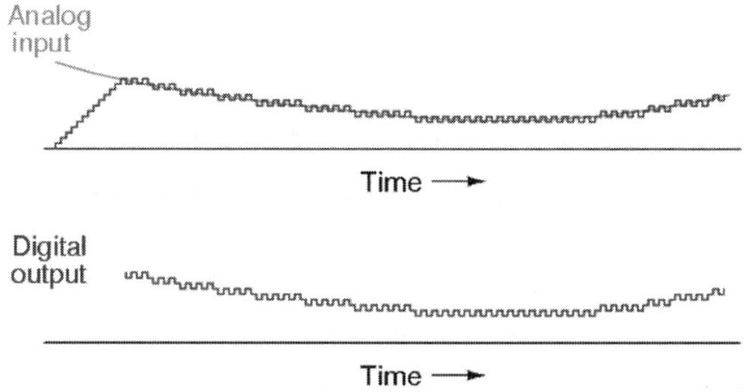

그림 7.34 추종형 A/D 변환기의 동작

한편 카운터형 A/D 변환기에서 D/A 변환 출력을 이용해서 비교하는 대신 아날로그 적분기를 이용해도 되는 데 이것이 적분형 A/D 변환기이다. 즉 OP-Amp를 이용하여 톱니파형을 만들고 입력 신호와 비교해서 같아질 때까지의 시간을 카운팅해서 시프트 레지스터(shift register)로 전송하고 즉시 적분기 출력을 0으로 만든다. 이 방식의 큰 장점은 입력 신호가 잡음이나 외란에 의해 순간적으로 큰 변화가 있더라도 적분 구간 내에서 평활화 되는 효과가 있다는 점이다. 결국 내잡음성이 커지므로 높은 정밀도가 요구되는 경우에 주로 사용한다.

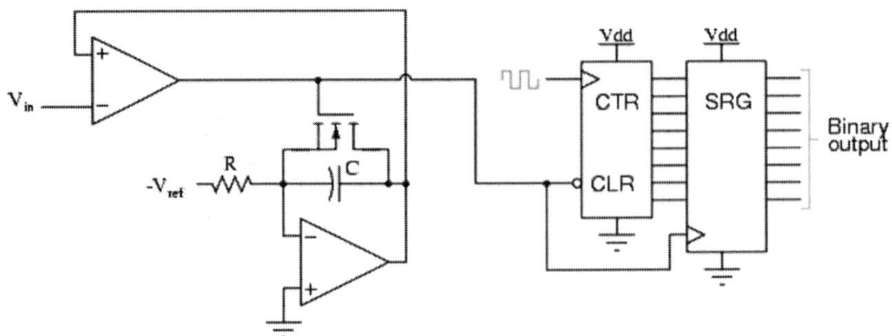

그림 7.35 적분형 A/D 변환기

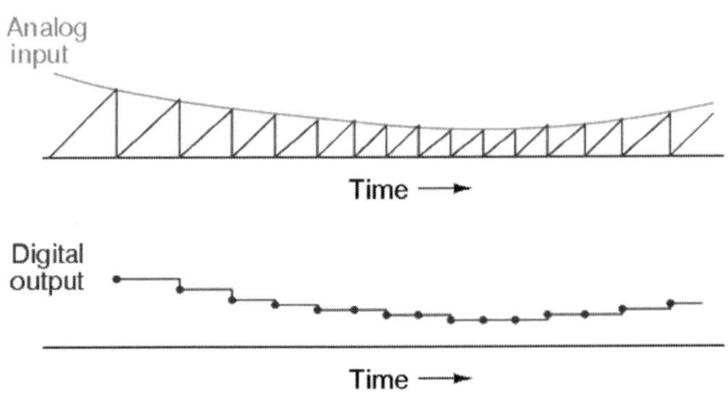

그림 7.36 적분형 A/D 변환기의 동작

델타-시그마(Delta-Digma, $\Delta\Sigma$) 방식 A/D 변환기는 가장 진보된 방식의 A/D 변환기이다. 여기서 Δ는 미분치를 나타내며 Σ는 적분을 의미한다. 이 방식에서 입력 신호는 적분기에 연결되고, 적분기 출력은 기준전위와 비교된다. 이 비교기는 1 bit A/D 변환기 역할을 하는데 이 출력은 다시 D-플립플롭(Flip-Flop, F/F)에서 고속으로 래치(latch)되어 적분기의 또 다른 입력으로 작용한다. 결국 입력 신호의 크기 정보는 D-F/F에서 직렬 데이터 형식의 출력으로 나타난다.

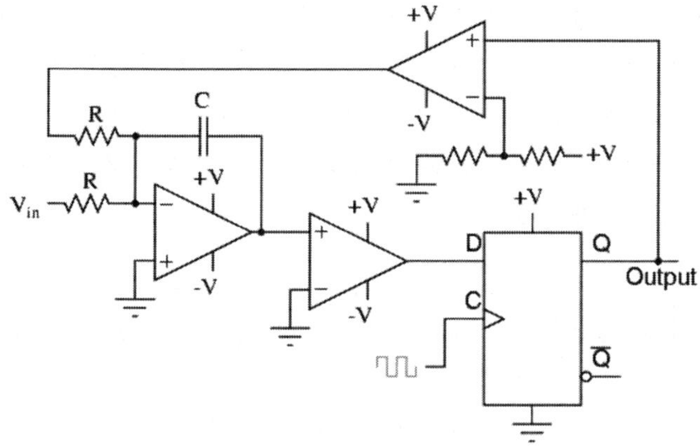

그림 7.37 델타 시그마 A/D 변환기

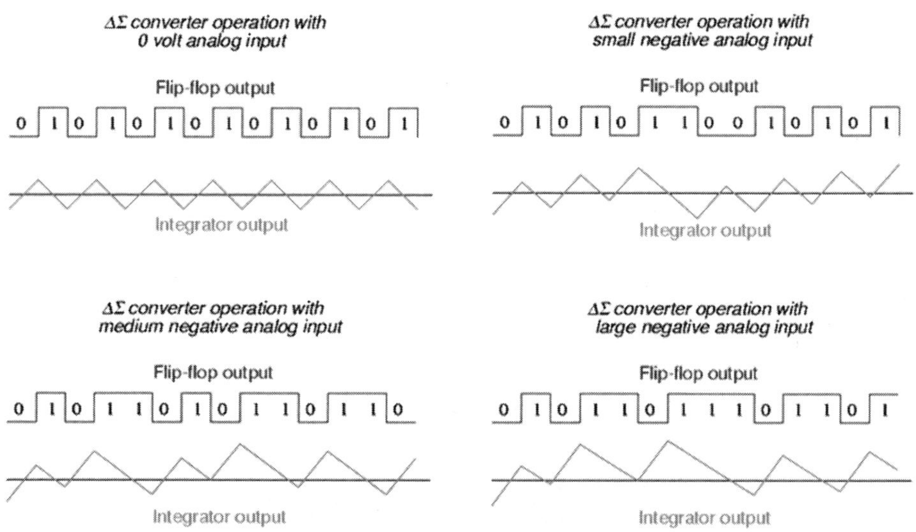

그림 7.38 델타 시그마 A/D 변환기의 동작

7.5 가상 계측기

가상 계측기 (Virtual Instrument, VI)는 종래의 계측기 기능을 수행하기 위해 데이터 수집 하드웨어와 소프트웨어가 장착된 PC로 구성한다. 즉 독립된 전용 장비를 사용할 수도 있지만 고성능의 DAQ에 전용 소프트웨어를 결합하여 계측 시스템이 요구하는 기능을 설계하고 통합함으로써 사용자 애플리케이션을 개발하는 데 사용할 수 있다.

실제로 대부분의 계측 시스템의 구성은 유사하며 기본적으로 아날로그 입/출력, 디지털 입/출력, 카운터/타이머, 외부 장비와의 인터페이스라는 단위기능이 반복적으로 사용된다. 따라서 이러한 기본기능을 서로 연결하고 처리하면 되는 것이므로 복잡한 계측 시스템을 PC 환경 내에서 소프트웨어적으로 구현하는 것이 가능하다. 일반적인 가상 계측기의 아키텍처는 아래와 같다.

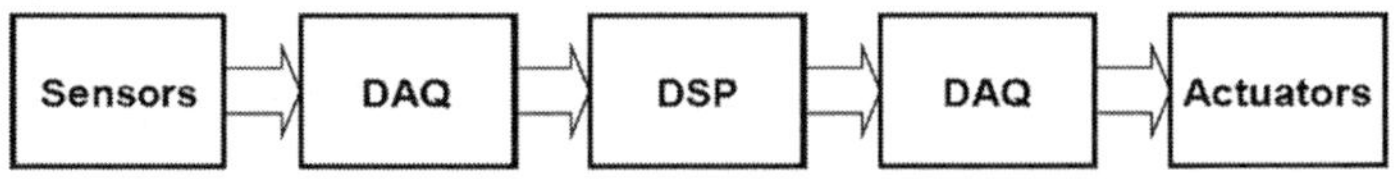

그림 7.39 계측 시스템의 구성

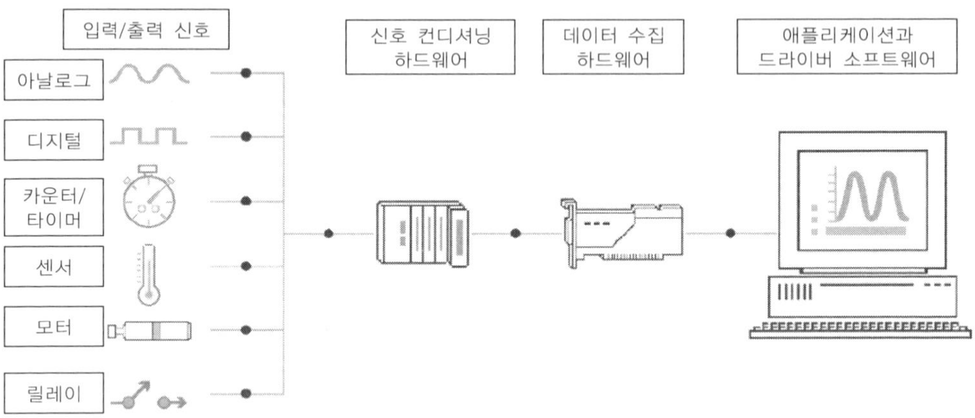

그림 7.40 PC 기반 데이터 수집 개념도

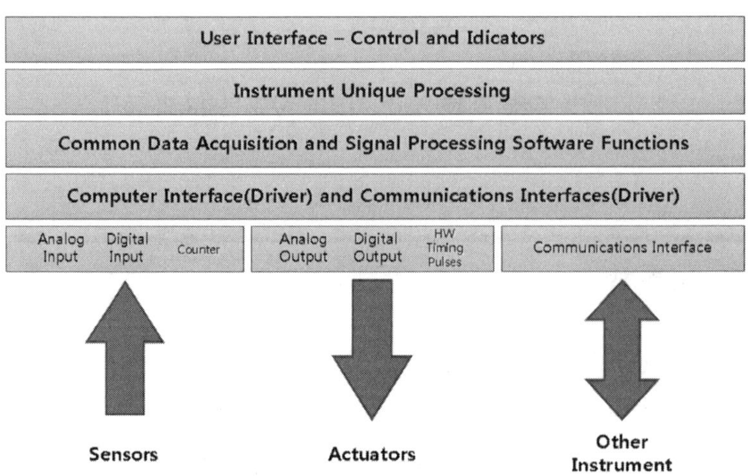

그림 7.41 가상 계측기 아키텍처

대표적인 제품으로 National Instruments사의 LabView(laboratory Virtual Instrument Engineering Workbench) 개발 환경을 들 수 있다. LabView는 다양한 하드웨어를 소프트웨어로 쉽게 연결할 수 있는 강력한 기능을 제공한다. 또한 도식적인 프로그램 환경을 사용하기 때문에 복잡한 프로그래밍 기법을 동원하지 않고도 직관적으로 쉽게 개발할 수 있다.

LabView에서 VI는 실제 계측 시스템과 유사한 형태로 정의할 수 있는데, 프런트 패널(front panel)과 블록도(block diagram)이라는 2개의 프로그래밍 모드를 사용한다. 프런트 패널은 사용자 조작부(control), 상태 표시부(indicator) 그리고 기타 표시 장치(graphics)로 구성되며 블록도는 각 단위기능과 하위 VI 등의 상호 결선 관계를 정의한다.

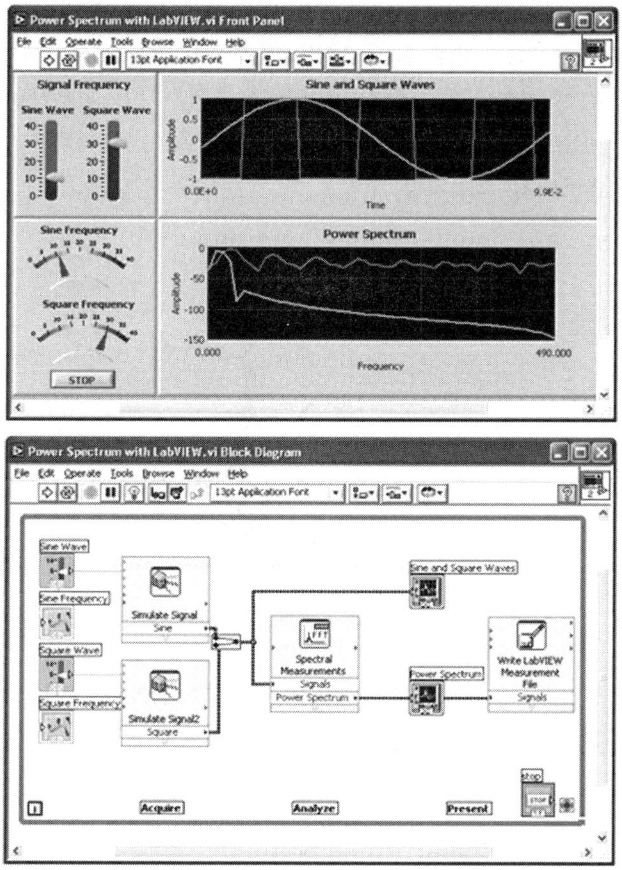

그림 7.42 LabView 프런트 패널과 블록도

7.6 센서 계측 실험

센서 데이터 수집을 이용한 디지털 계측은 용도와 구성 방식에 따라 여러 형태로 구현이 가능하다. 이를 위해선 센서 출력을 읽어들이기 위한 DAQ 장치와 소프트웨어 프로그래밍이 필요하다. 이 장에서는 도식적인 프로그래밍 언어인 LabView를 이용하여 구현한 간단한 몇 가지 예를 들어 살펴보겠다. LabView 언어의 사용법에 관해서는 시중에 많은 교재가 있기 때문에 본 장에서 자세한 설명은 생략한다.

7.6.1 디지털 온도 측정

아래는 2단자 온도 센서인 서미스터(thermistor)를 이용한 디지털 온도계 구성을 나타낸 것이다. 4장에서 살펴본 바와 같이 서미스터는 NTC(Negative Temperature Coefficient)를 갖는 저항형 센서이기 때문에 간단히 전압 분할회로를 이용하여 구성하기로 한다. 초기저항이 10 [kΩ]인 서미스터의 경우 동일한 크기의 고정 저항을 연결하는 것이 출력 감도를 높이는 측면에서 유리하다.

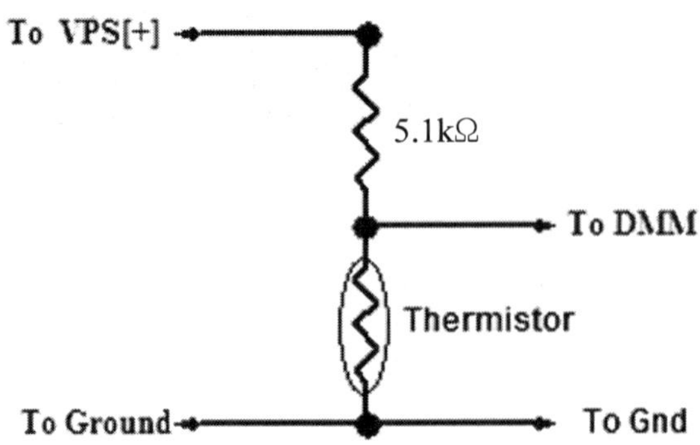

그림 7.43 서미스터의 전압 분할회로

이때 인가 전압을 3 [V]로 가한다면 전압 분할회로의 출력(V_T)을 DAQ로 읽어들여서 서미스터 저항(R_T)의 크기를 파악할 수 있다.

$$V_T = V_{ps} \cdot \frac{R_T}{R_1 + R_T} \tag{7.13}$$

$$R_T = R_1 \cdot \frac{V_T}{V_{ps} - V_T} = 5.1k \cdot \frac{V_T}{3 - V_T} \tag{7.14}$$

또한 온도 T [K]와 서미스터의 저항 R_T [Ω]특성은 스테인하트(Steinhart-Hart) 방정식으로 근사화할 수 있으므로 다음 식을 이용하여 보정곡선을 수식으로 표현할 수 있다. 이 과정은 LabView를 이용하여 쉽게 구현할 수 있다.

$$\frac{1}{T}[k^{-1}] = A + B \cdot \ln(R_T) + C \cdot (\ln R_T)^3 \tag{7.15}$$

$$T[k^{-1}] = \frac{1}{T_o} + \frac{1}{B}\ln\left(\frac{R_T}{R_o}\right) \tag{7.16}$$

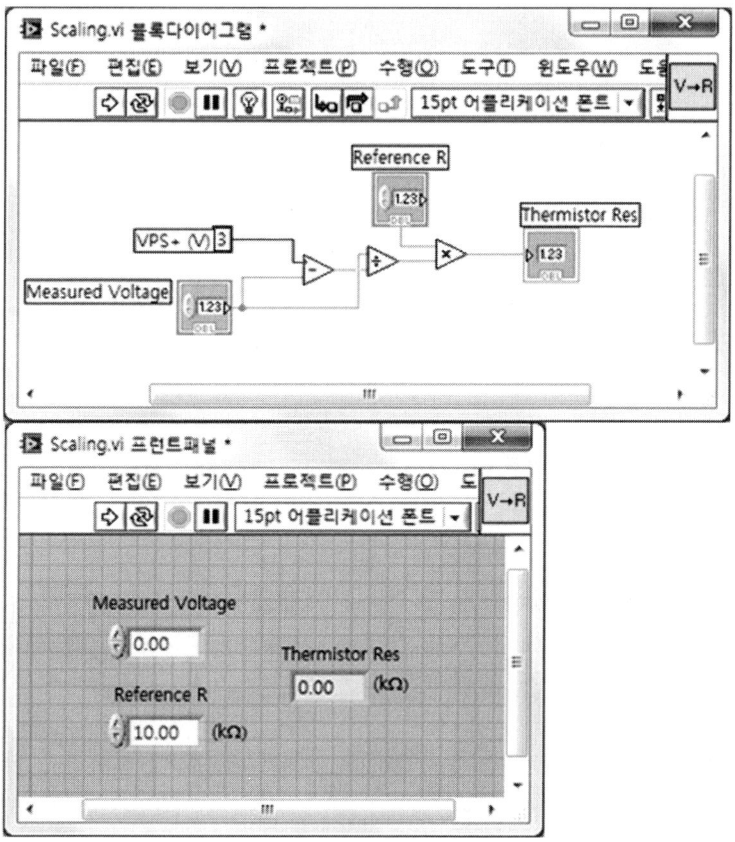

그림 7.44 서미스터 전압을 저항으로 변환

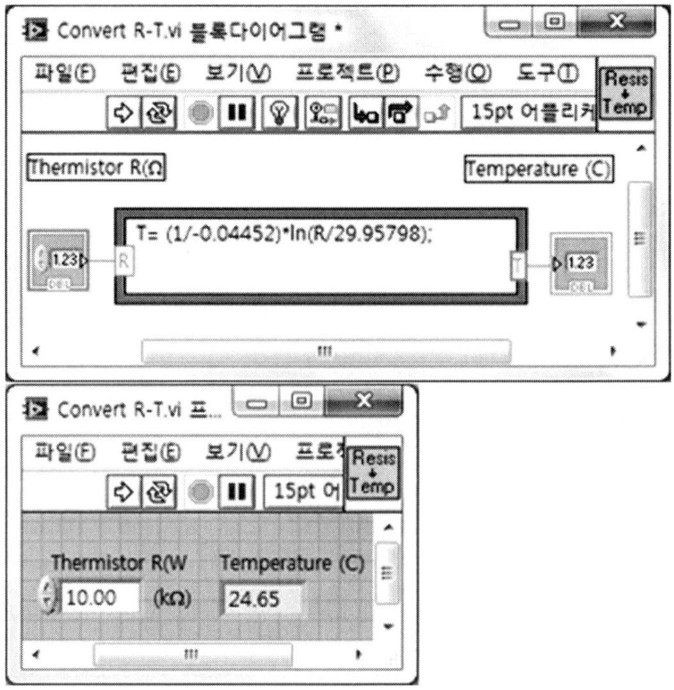

그림 7.45 서미스터 저항을 온도로 변환

이제 전압 분할회로의 출력 전압을 샘플링해서 읽어들이면 된다. 여기서 DAQ 장치를 이용하여 데이터를 읽어들이되 고주파성 잡음 영향을 배제하기 위한 필터가 필요하다. 아래는 간단히 구현하기 위해 100개의 샘플을 읽은 뒤 이를 평균하는 방식으로 구현한 예를 보인 것이다.

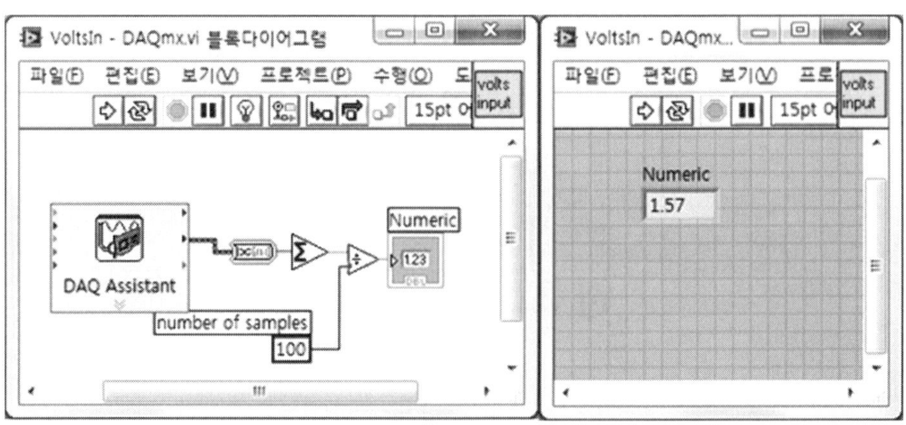

그림 7.46 서미스터 출력 전압 데이터 수집

아래는 이들 요소를 이용한 디지털 온도 측정용 가상 계측 시스템의 전체 구성을 보인 것이다. 온도는 빠른 속도로 변하지 않기 때문에 100 [ms]간격으로 측정 데이터가 저장되고 이를 변환해서 온도를 계측하는 구성이다. 온도 변화를 실시간으로 표시하기 위해 게이지와 차트로 시각화할 수 있게 구성하였다. 또한 장시간 자동 측정을 하고 추후에 관측할 수 있도록 측정 데이터를 로그(log) 파일 형태로 저장할 수도 있다.

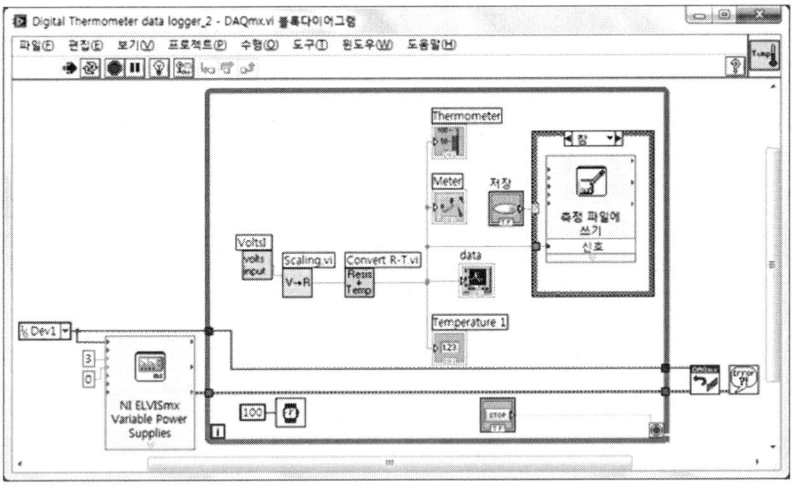

그림 7.47 디지털 온도 측정용 가상 계측 시스템 구성 예

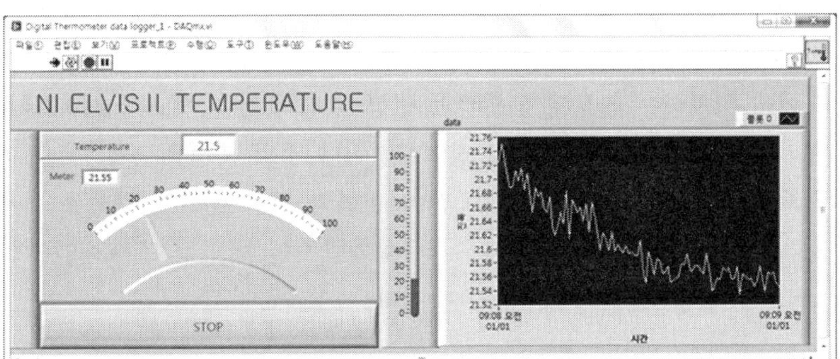

그림 7.48 온도 측정 결과 시각화

7.6.2 변형률 측정

외력에 의한 변형률을 측정하게 되면 이로부터 센서의 구성에 따라 힘의 크기나 압력, 가속도 등의 크기를 알 수 있기 때문에 활용범위가 매우 넓다. 변형률을 측정하는 대표적인 센서는 4장에서 살펴본 스트레인 게이지를 들 수 있다.

스트레인 게이지는 변형률에 따라 저항 크기가 변하는 센서이므로 전압 분할회로를 이용하면 되는데 출력 변화량이 너무 작기 때문에 후단에서 크게 증폭을 해야 한다. 따라서 게이지 출력을 차동으로 증폭할 수 있도록 6장에서 살펴본 휘트스톤 브리지와 OP-Amp 증폭기를 사용하는 것이 일반적이다. 이때 최종 출력은 아래와 같이 결정된다.

$$V_{amp} = -\frac{R_f}{R_{i1}} V_{TH} = -\frac{2R_f}{R_o} V_{in} \cdot x = -\frac{2R_f}{R_o} V_{in} \cdot GF \cdot \epsilon \qquad (7.17)$$

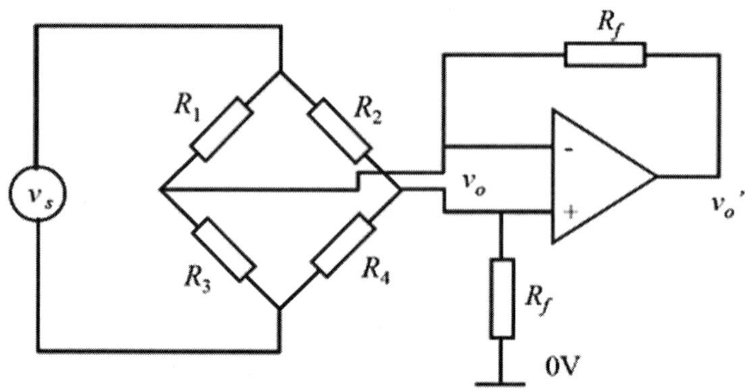

그림 7.49 풀 브리지 증폭회로

4장에서 살펴본 박막형 스트레인 게이지의 구조 자체는 매우 간단하지만, 이를 측정대상에 잘 부착하는 것이 실제적으로 매우 중요하다. 이는 박막형 스트레인 게이지와 측정대상 사이에 위치하는 접착제의 특성과 접합 위치의 정렬 정도에 따라 센서 출력에 차이가 생길 수 있기 때문이다. 따라서 산업현장이나 정밀 측정용도에는 스트레인 게이지 전용 접착제를 사용해야 한다. 그러나 간이 실험의 경우 순간 접착제를 사용해도 단기 측정에 큰 차이는 발생하지 않는다. 아래는 일반적인 박막형 스트레인 게이지를 로드셀(load cell)에 부착하는 과정을 보인 것이다.

1) 스트레인 게이지를 붙일 로드셀 표면을 사포로 거칠게 처리
2) 붙일 위치를 정해서 연필로 표시
3) 적절한 크기로 투명 테이프를 잘라서 부착 위치에 가접합한 다음 게이지를 테이프의 하부에 부착
4) 테이프의 한 쪽을 떼서 들어 올리고 스트레인 게이지의 하부에 접착제를 균일하게 도포
5) 다시 테이프를 덮고 면봉으로 문질러서 균일하게 부착(약 30초 소요)
6) 연결 PCB(Printed Circuit Bboard)를 게이지에서 약 10 [mm] 떨어진 위치에 부착

7) 휘트스톤 브리지가 구성될 수 있도록 게이지 연결선을 연결용 PCB와 인두기로 gauge 의 lead 선을 연결 PCB에 납땜하고, 다시 연결 PCB에서 결선부로 연결
8) IPA나 아세톤(acetone)을 면봉에 묻혀서 솔더 플럭스(soldering flux)를 제거하면 완료

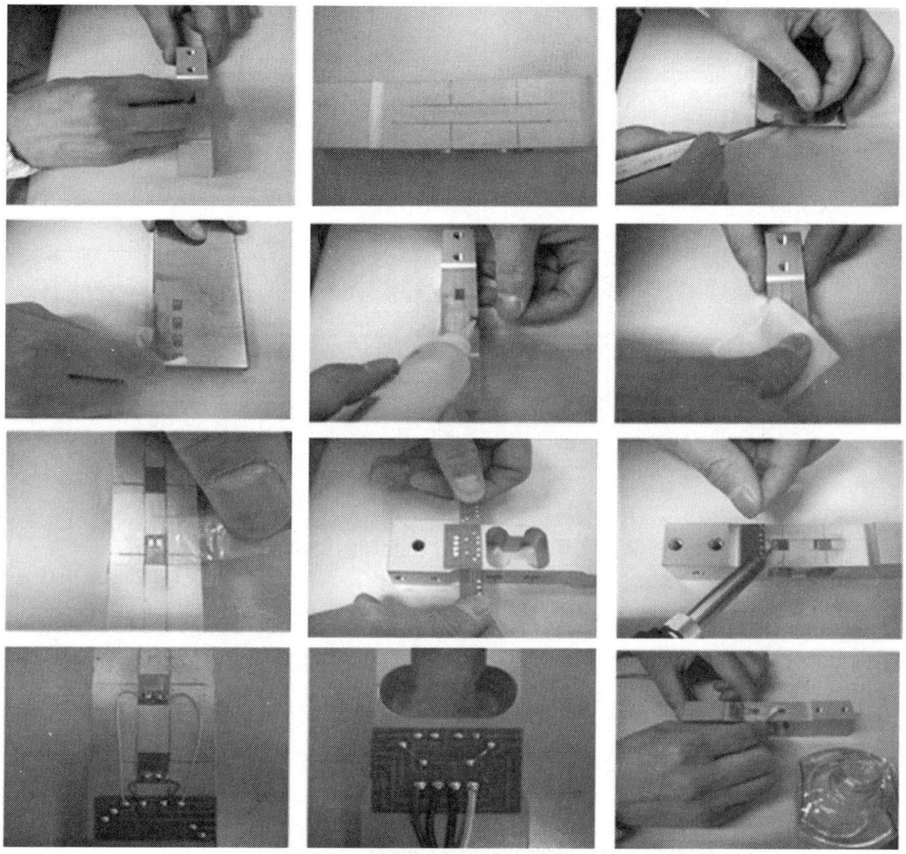

그림 7.50 스트레인 게이지 부착 공정

다음과 같은 풀 브리지 스트레인 게이지를 측정대상에 부착하고 출력단에 OP-Amp 차동 증폭기를 연결하면 변형률을 계측할 수 있다. 이때 증폭기를 거친 최종 출력은 스트레인 게이지의 초기저항과 게이지상수(gauge factor) 그리고 차동 증폭회로의 궤환저항과 인가 전압에 의해 결정된다.

$$V_{amp} = -\frac{2R_f}{R_o} V_{in} \cdot GF \cdot \epsilon \tag{7.18}$$

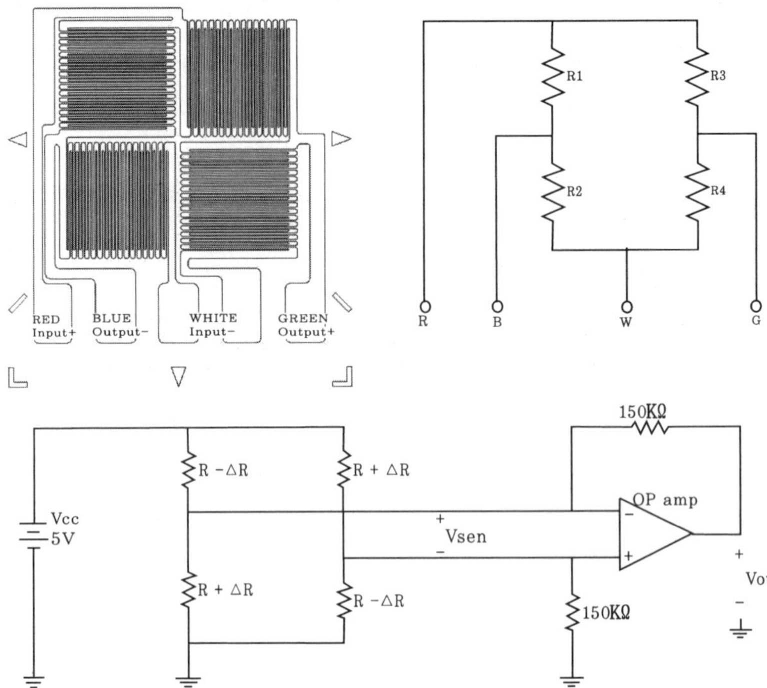

그림 7.51 풀 브리지 스트레인 게이지 증폭회로

위에 설명한 센서와 변환회로를 이용하면 변형률을 전기적인 신호로 측정할 수 있다. 이를 이용해서 어떤 물체의 고유 진동수를 측정하고자 한다면 스트레인 게이지를 부착한 상태에서 외부에서 충격을 가하고 이때 발생하는 진동 신호의 주파수를 계측하면 된다. 아래는 비어 있는 알루미늄 캔의 고유 진동수를 측정한 결과를 보인 것이다.

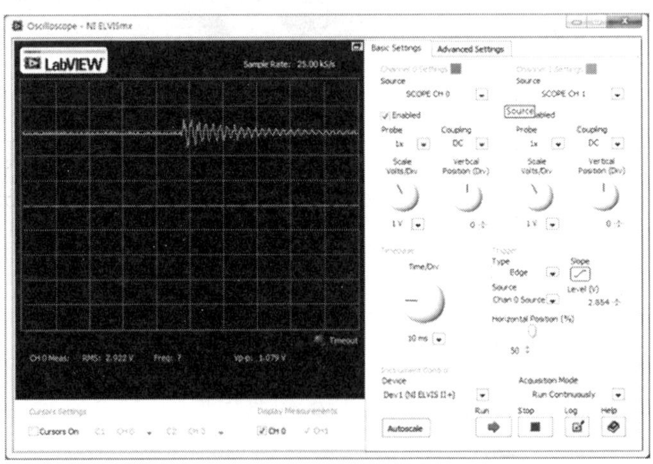

그림 7.52 고유 진동특성 관측 결과

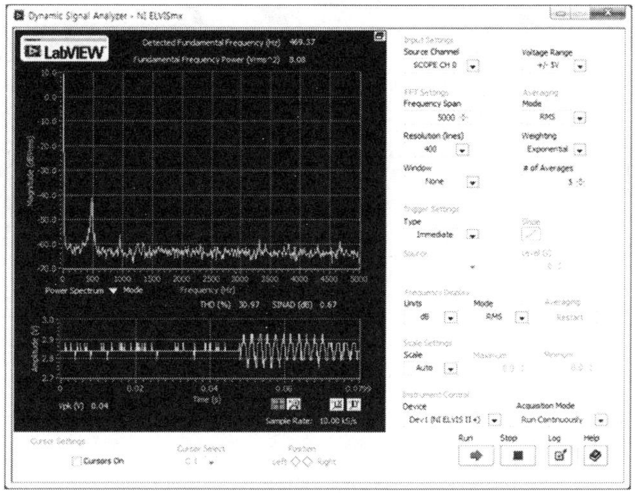

그림 7.53 고유 진동수 측정 결과

7.6.3 회전속도 측정

물체의 기계적 운동 검출은 광학 센서를 이용하면 간단히 구현할 수 있다. 대표적인 센서로 포토 인터럽터(photo interrupter)를 들 수 있는데 이는 IRED(Infra-Red Emitting Diode)와 IR 센서를 단일 기판상에 배치한 것이다. 결국 IR 발광부와 수광부 사이에 광 경로를 차단하는지 여부를 검출하는 것이므로 스위치나 위치 검출의 용도로 사용할 수 있다.

그림 7.54 포토 인터럽터

포토 인터럽터를 이용한 회전체의 속도 검출은 증가형(incremental) 광학 인코더의 원리와 동일하며 슬릿이 있는 원판을 회전축에 부착하여 빛을 단속할 수 있게 구성한 다음 인가 전압에 대한 RPM(Revolution Per Minute)을 계측하면 된다. 따라서 포토 인터럽터의 IR 발광부는 연속해서 IR광을 출력하도록 구성하고 빛이 슬릿을 통과할 때만 포토 트랜지스터에 전류가 흘러서 논리 출력이 high가 되도록 구성하면 된다.

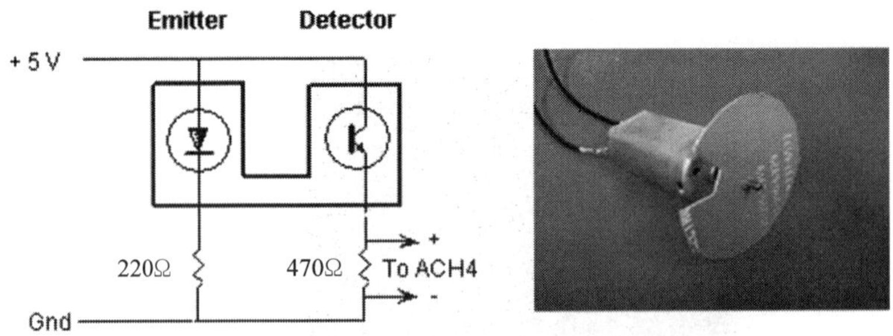

그림 7.55 회전수 검출을 위한 포토 인터럽터 결선

이때 출력은 1회전마다 하나의 펄스를 발생시킬 수 있으므로 이를 계수하면 회전체의 속도를 파악할 수 있다.

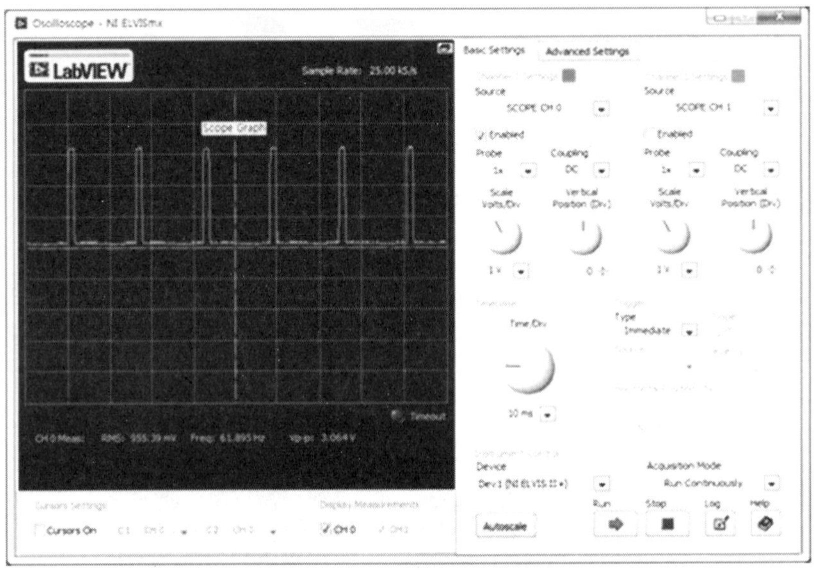

그림 7.56 회전형 인코더에 의한 포토 인터럽터 출력

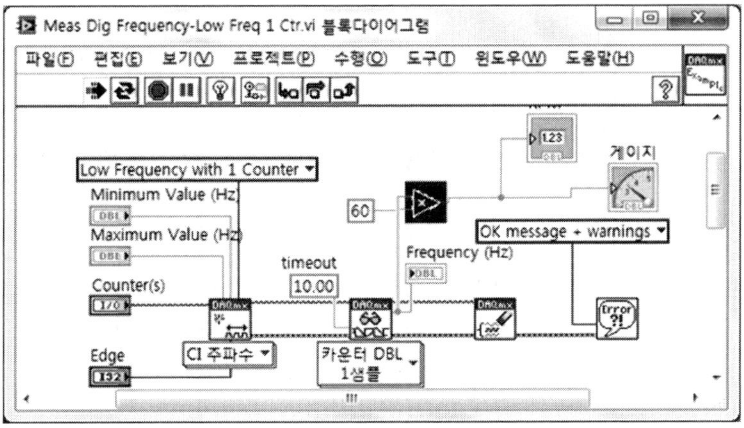

그림 7.57 회전속도 측정을 위한 가상 계측 시스템 구성 예

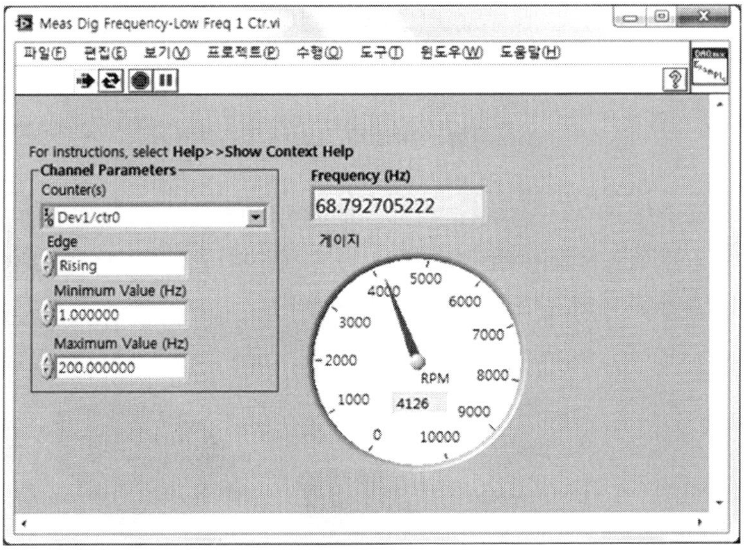

그림 7.58 회전속도 검출 결과 시각화

7.6.4 자계 검출

반도체 자기 센서 중의 하나인 홀 센서(Hall sensor)는 크게 아날로그형과 디지털형으로 구분된다. 둘 다 3단자 소자인데 아날로그형의 경우 외부 자계에 따라 기준 전압을 중심으로 변동하는 출력 신호를 발생시킨다. 반면 디지털형은 임계 자계를 초과하는 지 여부에 따라 논리 출력을 발생시키는 스위칭소자로 동작한다. 이 경우 임계치 부근에 이력(hystersis)를 부과하여 내잡음성이 높도록 구성되어 있다.

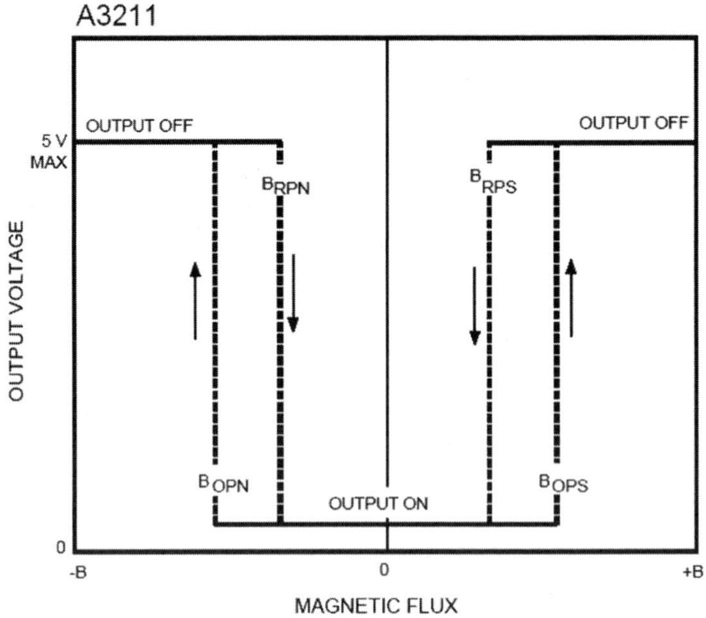

그림 7.59 홀 스위치 입출력특성

디지털 출력형 홀 센서를 홀 스위치(Hall switch)라고 부르는데 근접 스위치나 샤프트의 회전속도를 검출할 때 주로 이용되며 특히 영구자석형 브러시리스((brushless) 모터의 경우 위치제어를 위해 반드시 필요한 소자이다.

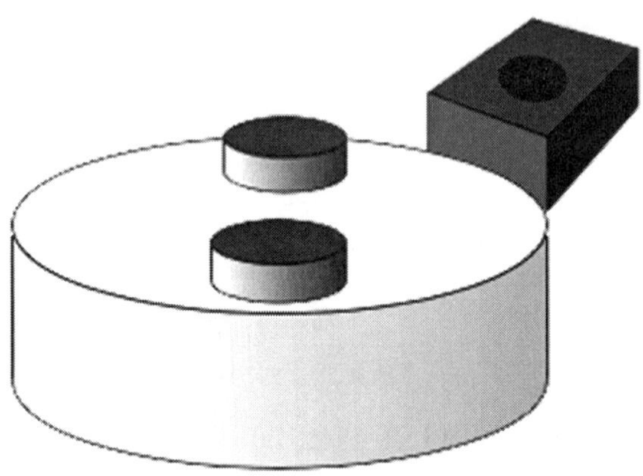

그림 7.60 홀 센서를 이용한 회전속도 검출

이는 자석이 홀 스위치에 근접했을 때와 멀어질 때의 논리 출력의 차이를 이용하여 펄스를 세는 것이다.

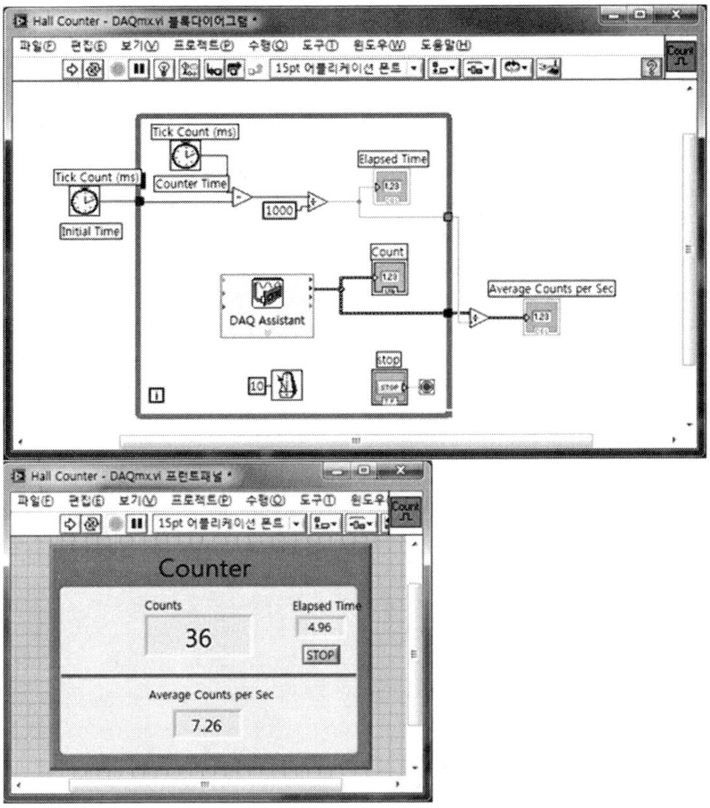

그림 7.61 자계 검출을 위한 가상 계측 시스템 구성 예

(ㄴ)

(ㄷ)

(ㅊ)

(ㅋ)

(ㅌ)

(ㅍ)

본 과제(결과물)는 교육과학기술부의 재원으로 한국연구재단의 지원을 받아 수행된 광역경제권 선도산업 인재양성사업의 연구결과입니다.

Following are results of a study on the "Human Resource Development Center for Economic Region Leading Industry" Project, supported by the Ministry of Education, Science & Tehnology(MEST) and the National Research Foundation of Korea(NRF).

정가 19,000원

센서 계측공학

2011년 8월 16일 초판 인쇄

2012년 8월 30일 수정판 발행

저 자 : 이 병 렬

발행자 : 우 명 찬 · 송 준

발행처 : 홍릉과학출판사

주 소 : ㊒142-885 서울시 강북구 인수동 455-60

등 록 : 1976년 10월 21일 제5-66호

전 화 : 999－2274~5, 903－7037

팩 스 : 905-6729

ISBN : 978-89-7283-949-1

hongpub@hongpub.co.kr

www.hongpub.co.kr

저자와의 협의하에 인지생략